景观设计学教育参考丛书（八）

徒步阅读
世界景观与设计

——"世界建筑、城市与景观"课程
教学案例之三

□ 主编　李迪华　路露　韩西丽

高等教育出版社·北京

内容简介

　　如何在全球视野下思考和解决当代中国景观规划与设计的问题，如何借鉴世界经验发展中国的景观设计学教育，中国景观设计如何融入世界和参与国际竞争，是当代景观教育和行业参与者所面临的共同责任。 本书收录了 2010、2011 年北京大学景观设计学专业研究生"世界建筑、城市与景观"课程赴法国、西班牙、荷兰学习后完成的 27 个专题研究报告，内容以考察参观国家的城市为对象，全面展现学生对建筑、景观、空间与设计的观察与理解，对历史文化与生活的感受与分析，对当代城市与景观设计的理念、方法与营造手段的研读与介绍。 本书以每个参与者最强烈的直观感受和写作意愿为基础完成，是交流学习西方国家建筑、城市与景观的理想读物。 本书为景观设计学教育与实践工作者提供了新思路与新模式，可作为城市规划、城市设计、景观设计、景观规划、建筑学专业师生以及相关专业领域科研人员的参考书。

图书在版编目(CIP)数据

徒步阅读世界景观与设计："世界建筑、城市与景观"课程教学案例之三/李迪华,路露,韩西丽主编 .--北京:高等教育出版社,2015.9

(景观设计学教育参考丛书/俞孔坚主编;8)

ISBN 978 - 7 - 04 - 042992 - 3

Ⅰ.①徒… Ⅱ.①李… ②路…③韩… Ⅲ.①景观设计-案例-世界 Ⅳ.①TU986.2

中国版本图书馆 CIP 数据核字(2015)第 126440 号

策划编辑　柳丽丽	责任编辑　柳丽丽	封面设计　王凌波	版式设计　范晓红
责任校对　陈旭颖	责任印制　刘思涵		

出版发行	高等教育出版社	咨询电话	400-810-0598
社　　址	北京市西城区德外大街 4 号	网　址	http://www.hep.edu.cn
邮政编码	100120		http://www.hep.com.cn
印　　刷	北京明月印务有限责任公司	网上订购	http://www.landraco.com
开　　本	787mm×1092mm 1/16		http://www.landraco.com.cn
印　　张	18	版　次	2015 年 9 月第 1 版
字　　数	420 千字	印　次	2015 年 9 月第 1 次印刷
购书热线	010-58581118	定　价	59.00 元

本书如有缺页、倒页、脱页等质量问题,请到所购图书销售部门联系调换

版权所有　侵权必究

物 料 号　42992-00

"景观设计学教育参考丛书"编委会

主　编：俞孔坚

副主编：李迪华　李津逵

编　委（以姓氏汉语拼音排序）：

包志毅	蔡　强	陈可石	杜春兰	段渊古
韩　巍	韩西丽	李迪华	李津逵	李　敏
李树华	李　伟	刘海龙	刘　晖	孟　彤
庞　伟	彭　军	史　明	唐　军	王　皓
王　林	王　澍	王　铁	谢　纯	余柏春
周年兴	朱　强			

秘　书：路　露

总　　序

　　景观设计学是对土地及土地上空间和物体所构成的地域综合体的分析、规划、设计、改造、管理、保护和恢复的科学和艺术。景观设计学是一门建立在广泛的自然科学和社会科学基础上的综合性较强的应用学科，尤其强调对于土地的监护与设计，与建筑学、城市规划、环境艺术等学科有着紧密的联系，并需要地理学、生态学、环境学、社会学等诸多学科的支持。

　　在我国城市迅速发展的背景下，景观设计师所承担的责任显得愈发重要。在城市建设如火如荼的情况下，在几千年来未有的发展机遇面前，我国正面临着同样严峻的挑战。由于长期以来片面追求经济发展，我国显现出日益突出的人地关系危机。值得庆幸的是，近些年来，国家领导清醒地认识到了问题，及时做出转变，明确提出科学发展观，强调人与自然和谐共存的可持续发展理念。在党的十七大文件中，更是明确提出生态文明的重要性。在这样明智的宏观政策的指引下，面对仍然严峻的生态灾难，景观设计学作为协调人与自然的关系，全面而系统地解决人地危机的学科，需要也应当承担起时代赋予的使命。因此，培养适应我国当前需求的景观设计学专业人才刻不容缓。

　　然而，总体来说，我国当代的景观设计学教育还处于初级阶段，学科建设与教学体系还很不完善，各学校之间各自独立，没有形成相对统一的教学模式与教育体系，这对于我国景观设计学的学科发展和人才培养显然是不利的。

　　面对如此的趋势与需求，以北京大学为首的各高等院校相继设立景观设计学专业，学科教育联盟初见雏形，教学体系也在探索中逐步走向完善。在各高等院校的大力支持与配合下，北京大学景观设计学研究院在吸取国外学科建设模式经验的基础上，逐步探索出一套适应我国国情的景观设计学专业与学科教育体系。为了促进我国景观设计学发展，为国家培养和输送更多有用的专业人才，北京大学景观设计学研究院组织了"景观设计学教育参考丛书"。本丛书收录了优秀的景观设计学课程教学案例，旨在为我国景观设计学专业教育提供更新、更完善的思路，为开设相关专业的各高等院校搭建广泛的交流平台，使学科得以良好健康地发展，为我国构建可持续发展的和谐人地关系培养更多的专业人才。

俞孔坚

前　　言

　　"世界建筑、城市与景观"是北京大学深圳研究生院、景观设计学研究院（GSLA）自 2006 年起开设的一门兼具探索性与创新性的研究生课程。之所以承担高额的成本、克服巨大的困难将所有学生带到国外进行为期两周的考察学习，并出版课程教学案例，是基于以下动机：

　　其一，让景观设计学专业的中国学生们走出国门，切身体会和解读现代景观规划与设计教育和实践的先行国家已经和正在做些什么；

　　其二，从各个方面理解与建筑、城市、景观密切关联的历史、文化、生产、生活对规划与设计的影响；

　　其三，展望世界和中国的景观设计未来，重新定位个人的责任和行动方向。

　　在出国变得越来越习以为常的今天，"世界建筑、城市与景观"课程为学生们提供了第一次出国的机会，课程中学生们掌握的观察和思考世界的方法必将影响他们终生的职业理想。出版课程教学案例，希望为其他以各种方式出国参观学习的学生和同行提供参考，把这种影响变成普遍的行动。

　　"世界建筑、城市与景观"课程大体分为四个阶段开展：

　　第一阶段，由李迪华老师主持，提前 6 个月在普遍征求意见和论证的基础上，确定候选访问学习的国家，并与支持我们的外国教师一道制订教学和访问计划。

　　第二阶段，出访前 1 个月，学生广泛收集将访问国家的自然、历史、文化、建筑、城市、景观等各个方面的资料，包括地图、照片和文献，通过反复研讨交流，不断补充完善，让学生对即将出访的国家和城市形成"故地重游"的印象，同时编辑资料汇编。通过研讨，每个同学还要求结合自己感兴趣的问题，确定一个或者数个专题研究方向。

　　第三阶段，学生出国考察，每日行程中安排与考察内容相关领域的国外专家带队并讲解，学生每晚组织讨论，交换考察感受，通过讨论，确定课程报告的选题，访问学习结束前 1~2 天留给学生进行个人专题研究。

　　第四阶段，学生回国后撰写研究报告，举办专题研究报告会、出国学习成果展览。

　　本书收录了 2010 年、2011 年北京大学景观设计学专业研究生"世界建筑、城市与景观"课程出访法国南部、西班牙南部、荷兰等国家后，从完成的近 40 个专题研究中遴选的 27 个集结出版，内容涉及访问国家的城乡建设、自然保护、市民生活和历史文化保护等和景观设计学学科与行业密切关联的方方面面问题,具有一定的参考价值。报告以学生的观察与思考收获为主线。在课程研讨过程中,大家探讨最多的基本问题包括三个方面。一是保持传统和创新的关系,二是如何塑造现代性或者当代性,三是人和城市与景观的关系。显然,这些问题都是无一致答案的,都是一代又一代景观设计学人需要永恒探讨的问题,因此,收录的报告中,学生的独立思考和直观感受描述部分应该是我们推荐给读者重点阅读的部分。

"世界建筑、城市与景观"课程教学开启了我国景观设计学专业教育中指导学生走出国门,理解西方,思考中国城市城乡建设问题的探索之门。希望本书能够起到抛砖引玉的作用,在获取同行的建议与指正,完善"世界建筑、城市与景观"研究生课程教学的同时,希望引起更多的对景观设计学教育的思考和探索。

本书的完成分为三个阶段:一是由各研究专题参与人员完成研究报告,景观设计学专业研究生进行初次修改与排版;二是由李迪华负责,路露组织并指导各专题原作者进行三轮修改;三是由李迪华审稿,路露、王华清进行最终修正、整理。

文章标题	作者	修改	校对	审稿	整理修正
人人共识,处处共享 ——美好城市生活的法国范本	吴巧	吴巧、路露	吴巧、姜芊孜、韦仪婷、张诗洋、孟慧杰	李迪华	路露、王华清、吕瑶
论法国南部城市的新旧共融	马丽	马丽、路露			
行走里昂	殷洁	殷洁、路露			
街道生活的营造	姜芊孜	姜芊孜、路露			
法国老城的开放空间系统营造——以里昂、尼姆、蒙彼利埃、阿维尼翁为例	徐希	徐希、路露			
城市户外公共空间的分割、组织与使用——以法国南部城市为例	赵爽	赵爽、路露			
景观设计中的"同"与"不同"——解读法国里昂城市景观设计有感	徐云飞	徐云飞、路露			
水岸的平行线	林双盈	林双盈、路露			
"法国制造"的线	洪彦	洪彦、路露			
"一块板"城市街道	张磊	张磊、路露			
里昂植物景观的设计境界	熊玮佳	熊玮佳、路露			
法国城市健身系统	潘纪雄	潘纪雄、路露			
没有树的街道	龚瑶	龚瑶、路露			
精以致美——西班牙伊斯兰园林中理水方式对于现代景观的启示	韩舒颖	韩舒颖、路露			
细节的魅力——体验马德里植物园	张玮琪	张玮琪、路露			

文章标题	作者	修改	校对	审稿	整理修正
西班牙大型城市广场的社会品质与空间品质	韦仪婷	韦仪婷、路露	吴巧、姜芊孜、韦仪婷、张诗洋、孟慧杰	李迪华	路露、王华清、吕璠
西班牙城市小广场	曾晶晶	曾晶晶、路露			
生活在街道——马德里老城的商业业态对城市空间及市民生活的影响	陈希	陈希、路露			
马德里老城区步行体验	刘远哲	刘远哲、路露			
西班牙城市公共空间的多层次空间体验	王华清	王华清、路露			
开放的城市，开放的公园——马德里丽池公园使用情况调查	李源	李源、路露			
从城市更新的角度解读马德里里约项目	倪碧波	倪碧波、路露			
城市规划的反思——以马德里为鉴	杨嘉杰	杨嘉杰、路露			
思学于欧洲	葛雪梅	葛雪梅、路露			
荷兰自行车系统规划与设计	陆慕秋	陆慕秋、路露			
现代城市中的有轨电车——以鹿特丹为例谈绿色出行	蒋理	蒋理、路露			
适当减少道路安全设施的合理性——以荷兰多德雷赫特老城区为例	王彦彬	王彦彬、路露			

特别感谢无私为"世界建筑、城市与景观"研究生课程提供指导的全体外方与中方教师们，为学生出行提供无私帮助的朋友们，他们的名字和给学生们留下的指导意见，均见于书中正文，这里不一一罗列，他们的睿智和奉献已经融入学生的成长进步中。感谢编写与修改报告的所有人员，他们的不懈努力使本书得以最终出版。感谢高等教育出版社柳丽丽编辑为推动本书出版付出的巨大努力。

感谢北京大学深圳研究生院改革开放与务实进取的办学精神，为课程的实现提供了精神和物质的保障！

李迪华

目　　录

法国南部篇

一、行程简介

  此次法国之行由法国蒙彼利埃建筑学院、里昂美术学院邀请。行程从法国南部城市里昂开始,先后考察了蒙彼利埃、尼姆、阿维尼翁等多个法国南部城市。

时间	城市	参观区域	内容
2010.11.11 (周四)	里昂	旅馆周边	罗纳河堤岸 里昂二大/里昂城市规划学院
11.12(周五)	里昂 (第1日)	(上午)富维耶山区 (下午)半岛区	圣让首席大教堂 Primatiale St-Jean 高卢-罗马文化博物馆 1-3. Fourviere 圣母院 里昂装饰艺术博物馆 Musee des Arts Decoratifs 丝织博物馆 Textile Museum 1-6.Gare Perrache 广场 Place de Bellecour & Place Antonin Poncet 广场 Place des Terreaux & opéra 广场
11.13(周六)	里昂 (第2日)	(上午)半岛区 (下午)红十字坡区	里昂美术馆 Place de la Bourse 广场
11.14(周日)	里昂 (第3日)	(上午)里昂一大、 公园、杨盖尔案例 (下午)金头公园、 国际城、LYON 6	里昂一大 维勒班区 Feyssine 公园 维勒班区 Place Charles Hernu 金头公园 当代艺术博物馆(Musée d'Art Contemporain) UGC 影城(UGC Ciné Cité) 会议中心(centre de Congrès)
11.15(周一)	里昂 (第4日)	(上午)CBD、 街区复兴(下午) 汇流区、 维斯工业区更新	CBD 铅笔头 街区复兴 汇流区 工业区更新

时间	城市	参观区域	内容
11.16(周二)	里昂 蒙彼利埃	罗纳河堤岸 其余自由安排	罗纳河堤岸 戏剧广场 Pl de la Comédie 圣皮埃尔大教堂 Cathédrale St-Pierre
11.17(周三)	蒙彼利埃		蒙彼利埃的医学院 Faculté de Médecine 蒙彼利埃植物园 法柏尔美术馆 Musée Fabre
11.18(周四)	蒙彼利埃		历史中心街区/凯旋门 安堤功区(quartier d'Antigone) 公园.Domaine de Grammont
11.19(周五)	尼姆		Roman Amphitheatre 古罗马竞技场 Maison Carrée 四方神殿 Musée d'Art Contemporain 当代艺术博物馆
11.20(周六)	尼姆		Musée du Vieux Nîmes 尼姆老城博物馆 Tour Magne 涅塔 Vers-Pont-du-Gard, France 加尔桥
11.21(周日)	阿维尼翁		Ramparts 城墙 Place de l'Horloge 大钟广场 Maison Jean Vilar 尚维拉故居 Palais des Papes 教皇宫 Cathedrale Notre Dame des Doms 圣母院 Rocher des Doms 罗雪公园(岩石公园) Musee du Petit Palais 小宫殿博物馆 Pont Saint-Bénezet 圣贝内泽桥(阿维尼翁桥) Palais du Roure 鲁尔宫 Musée Calvet 卡尔维博物馆
	帕拉瓦斯		水巷 教堂 小公园1 沙滩 & 港口 勒格蕾克工业区 小公园2
11.22(周一)	巴黎返京		

二、行走中的思考

在法国的短短十九日中,我们不断地背起行囊,出发、行走、停留、拍照、记录……宾馆酒吧里无边无际的讨论,有感而发时的欢笑、聚焦问题时的困惑。继续行走,对异域好奇的观察逐渐变成对法国南部城市、历史和人们生活的思考,渐渐地忘记了出发前努力争取"在巴黎停留几天"的期望,甚至从内心里开始感激老师们坚持"不顺访巴黎"的决定,虽然内心里仍然充满对巴黎的期待。

我们的足迹踏遍了里昂的大街小巷,还到达了法国南部的蒙彼利埃、尼姆、阿维尼翁以及颇具地中海风情的帕拉瓦斯岛,最后一日更是骑自行车 70km 到达古罗马引水渠加尔桥。穿梭在里昂的老城与新城之间,历史建筑与现代景观悄无声息地完美变换;徜徉在罗纳河和索恩河河畔,亲水散步道和周末集市为里昂市民提供了休闲生活的好去处;漫步在尼姆古罗马竞技场内,触碰到公元前的历史遗迹,寻觅竞技场内穿越时空的厮杀和呐喊;骑行在山路田园之间,如画的风景在身边流淌……每当我们恍如隔世,觉得自己离历史那么近,离现实那么遥远时,便利的交通、发达的通讯又把我们从梦境拉回来。就在这时空纷乱中,我们用脚步丈量历史、用心灵体味生活、用理性解读城市。

三、困惑中探索

一旦启动思维的机器,在参观中更多遇到的其实是困惑。冒着秋季冷雨走在狭窄的街道上,仿佛在和时间对话。为什么像中国城中村一样的里昂老城不但没有被拆除还成为了世界文化遗产?为什么博物馆可以建设成和高卢古城遗址融为一体,透过博物馆的大玻璃窗让人瞬间穿梭于两千多年的时空中?为什么绿地并不多的法国南部城市,在大街上走路总是那样惬意的事情?为什么从滨河到城市、从公园到街区,从历史建筑到新建房屋,法国南部城市中所见总是那么协调?为什么野花野草、枯枝落叶可以成为令城市狂欢的节日……

太多的为什么伴随我们的行程。正是这些困惑激励我们一定要把自己的想法表达出来,澄清我们已经发现的、想到的,以期激发更多地思考和探索。

四、诚挚感谢

安建国老师是我们的老朋友,2007 年北京大学"世界建筑、城市与景观"课程才刚刚进入第二个年头,有关课程组织的一切对我们来说还远没有成熟,课程开展的实际效果也远没有十足的信心。就在我们最需要支持的时候,当时和我们才刚刚认识的安建国老师,就像一把钥匙帮助我们开启了法国之门。同样,当我们为 2010 年考查目的地进行反复论证和犹豫不决时,又是安老师的无私帮助让我们下定决心不选择巴黎、柏林这样的大城市,而去考察城市规模和等级较小的里昂。

还需要感谢许多像安建国老师一样无私给予帮助的人们,他们是法国蒙彼利埃国家高等建筑学院院长 Laurent Heulot 教授、外事办主任 Christien Esteve 教授,蒙彼利埃艺术学院 Christian Gaussen 教授,尼姆高等美术学院院长 Dominique Guterz 教授,世界著名艺术家 Hubert Duprat,法国景观设计师联盟朗省分会主席 Cecil Mermier,法国国家注册景观设计师 Mahaut Michez、Pierre Gatoin。

五、教师团队

李迪华,北京大学景观设计学研究院副院长,副教授,课程负责人

韩西丽,北京大学深圳研究生院副教授,北京大学人文地理学(景观设计学)博士,课程指导教师

安建国,法国里昂国立高等建筑与景观设计学博士候选人,法方主要联系人

洪敏,北京大学景观设计学研究院助教授,课程指导教师

路露,北京大学景观设计学研究院助教授,课程指导教师

李迪华

北京大学景观设计学研究院 2009 级全体同学

专题 1　人人共识，处处共享
——美好城市生活的法国范本

吴巧

摘要：本文从法国之行的见闻感受出发，对法国南部的城市精神进行解读，提炼出共同特点——"共识"和"共享"，分析其在塑造城市空间和创造城市生活等方面的作用，并总结了法国城市中共识的来源和共享的方式，最后就其对当代中国城市建设的启示进行了讨论。

关键词：城市精神；共识；共享；法国

1. 引言

　　城市，如何让生活更美好？这不仅是上海世博会要探求的主题，更是当代中国城市化进程中需要不断追寻的答案。

　　全球的城市化发展到今天，法国城市已基本上走完了其兴起、发展和成熟的历程，进入自我完善阶段（费跃，阳建强，2006）。其城市空间和城市生活所传递出的活力，让人感到有某种暗含在城市美丽外表下的力量，在促进城市自然地生长、进步，并有生机勃勃不容停止之势。笔者将这种力量概括为"城市精神"，它作为城市文化的一部分，推动城市的可持续发展。本文从法国之行的见闻出发，对法国南部的城市精神进行解读，分析其在塑造城市空间和创造城市生活等方面的作用，进而获得对中国当代城市建设的启示。

　　通过对此行到访城市的城市空间和城市生活的观察和参与，笔者将其城市精神的共同特点概括为"共识"和"共享"。在这些城市中，城市居民共同认可并施行某些行为方式和规则；在这些共识的基础上，城市公共资源在最大程度上被所有居民共享。"共识"植根于精神文化，"共享"落实为物质空间，它们共同塑造了法国的城市空间和城市生活。

2. 共识——城市生活中共同认可的价值观

　　汽车对行人的礼遇、落叶随处堆积的美景，这些场景在法国街头反复出现正是某些共识的体现。对于城市居民，共识有着深刻的作用和意义。这些共同认可并被不断实施的内容产生默契、形成规则，成为城市居民的行为方式和准则，成为城市共同的血液和联系居民之间的纽带。这些共识指导着人们如何使用城市、如何在城市中和他人共同生活。

2.1 人人有共识

2.1.1 交通

在法国城市里,有一个观点旗帜鲜明,那就是交通绝不仅仅是交通,尤其不仅仅是汽车的交通。在这里,交通的服务对象是所有的城市空间的使用者:行人、运动者、残疾人、自行车,最后才是汽车;在这里,道路承担了更多的功能。关于交通的共识促使使用者尽可能地使用交通的多样化功能(图1-1~图1-3),而这些使用也得到了汽车使用者的尊重和礼让。

图1-1 便利舒适的自行车出行环境

图1-2 机动交通让位于步行环境

图1-3 承载市民生活的街道

6

2.1.2　公共空间

在公共空间中丰富的休闲活动,是法国城市的特征之一。一方面,设计师们尽可能设计满足更多活动可能性的公共空间,给所有人群提供活动的方便以刺激活动的发生;另一方面,除了那些被设计用作休闲活动的空间得到最大限度的利用之外,很多具有公共活动潜力的户外空间也都被使用者灵活地利用起来,有些往往在设计师的意料之外。尊重这些活动的发生并愿意将所有具可能性的空间提供给大众使用,是法国城市关于公共空间的共识(图1-4,图1-5)。

图1-4　高雅的尼姆美术馆内的休闲设施　　　　图1-5　所有公共空间都做到无障碍

2.1.3　环境保护

在法国城市里,环境保护是重要议题。政府有严格的法律法规,并提供各种设施来倡导城市居民的环保行为;同时,市民都积极参与到保护环境的行动中来,爱护城市和自然环境、回收利用废旧物品。法国城市中的落叶都不予清扫,大都采用堆积的方式使其参与到自然循环过程中(图1-6),说明了城市居民对自然环境和过程的尊重。另外,城市乃至乡村街道旁都随处可见分类垃圾桶和回收饮料瓶的专用设施(图1-7),充分反映了保护环境这一共识。

图1-6　城市中堆积和收集的落叶成为独特风景

图1-7　城市和农村随处可见资源分类和回收的设施(右为李迪华摄)

2.1.4　当代生活

　　悠久的历史文化、大量的历史遗迹是法国城市共有的特点,但历史的厚重并不妨碍法国人享受当代生活的便利。即使里昂市中心最古老的老城,大量的历史建筑都被利用起来承担现代的功能。一个典型的案例便是里昂歌剧院,这幢文艺复兴时代留下的建筑经过多次的改建整修后,在传统的建筑上加建了一个现代的五层玻璃建筑并被用作公共活动的空间,供参观者使用,提高了历史建筑的人气(图1-8)。又如阿维尼翁的历史街区,传统的石板街道上增添了现代铺装,既方便了使用也使周边商店的橱窗更加醒目(图1-9)。这些对历史的主动改造都在传达这样一个共识:在现代城市中,满足当代生活的功能需求才是创造空间的第一原则。

图1-8　承担现代功能的
里昂歌剧院

图1-9　阿维尼翁历史街道上的现代铺装(李迪华摄)

　　法国城市中所体现出的共识比比皆是,大到整个社会,小至每个群体。因为有了共识,所以行动一致;因为有了共识,才有了互相信任和尊重的社会基石。所有的共识归根结底其实是对人与人、人与环境关系的普遍价值观。如何构建以及处理这些关系,正是城市建设的全部内容。

2.2　共识的来源

这些共识是怎么形成的?笔者尝试从西方文化的根源、特定社会发展的价值观、规划设计师的创造和促进、民众的自发探索和参与这四个方面深入理解。

2.2.1　西方文化的根源

毋庸置疑,当代法国城市精神中的深层次本源植根于西方悠久的历史文化,成为法国城市发展的基石。如城市空间应该提供给市民用作公共交往活动,是西方社会十几世纪前就已达成的共识。这类共识成为传统并累积了很多经验,对城市空间的形成产生深远的影响,并不再容易被改变。

2.2.2　特定时期社会发展的价值观

既然有传统的共识,就有当代的共识。随着社会的发展、新问题的产生,新的思考和认识乃至价值观也随之产生。进入21世纪,环境污染、资源枯竭等问题成为制约社会发展的头号问题,并随之形成了保护环境、回收利用资源的共识。这类共识有鲜明的时代特征和变化、发展的可能,而正确的共识将有助于解决当代社会的种种问题。此外,除了基于本地的文化根源和社会发展,外来文化的入侵带来的新理念也往往影响城市共识的形成和内容。

以上的两类来源都最终会发展为全社会或者地区性的共识,范围较广、影响较深,往往经由整体影响个人,从而形成全社会的、大众的共识。相较此类,以下两类经由个体创造而影响大众,继而形成大范围共识的现象更值得关注。

2.2.3　规划设计师的创造和促进

规划设计师职业的美好之一,是在塑造城市空间的同时可以引领一些人的生活方式向好的方面转变。设计师通过作品表达对地区、对城市、对场地的认识从而传达给使用者;如果这些认识得到大众的认可,就可能在累积一定影响力、影响范围之后而成为共识。并不是每个成功的规划设计师都能做到这一点,但能做到这一点的设计师毫无疑问是优秀成功的设计师,因为他不仅是在设计城市,而且是在与大众分享更好的关于城市使用的思想。

设计作品的环境教育作用一直备受推崇,这一点在法国城市中也有体现。阿维尼翁新建的高速火车站门前广场中设置有风力发电的路灯(图1-10)和可供浇灌植物的饮水装置(图1-11)。作为一个少雨的城市,水装置的设置耐人寻味。使用剩余的水流入长长的植物

图 1-10　风力发电的路灯

图 1-11　可供浇灌植物的饮水装置(李迪华摄)

槽,既最大限度地利用了水资源,更给民众树立了一个珍惜水、善用水的好榜样。

　　如果说基于历史文化和社会发展而产生的共识具有客观、较难改变的特性,那通过设计师创造和促进的共识因其主观性反而成为可以控制和改进的手段。拥有越来越多能创造和表达正确认识的设计师,对城市的发展无疑是极为有利的。

2.2.4　民众的自发探索和参与

　　城市空间中常有居民自发利用的现象,有些往往出乎设计师的意料之外。和规划设计师通过作品传达认识不同,民众的自发利用传达的是使用者的需求。路人随处席地而坐是需要座椅,汽车青睐路旁停车是需要便利。当某些需求成为使用者的共识之后,其理应受到设计师的重视。有些共识也许并不是早就存在,但当民众通过切身使用探索出自己真正需要什么,民众的使用习惯和设计师的敏锐捕捉将会巩固这些共识。

　　在法国里昂,令人印象深刻的共识之一是“城市需要增添活力和趣味”,这由著名的“错视”艺术来体现。在里昂街头,没有窗的整面空墙上被画上窗户和人物,呈现城市生活生机勃勃的景象(图 1-12)。相信这起初是某位艺术家的创意和玩笑,却最终被认可推广成为里昂全城无处不在的作品。它的蔓延证明了里昂市民对由这类作品带来的城市活力和趣味的认可、对城市生活如何才能更好的共识。

　　和前两类共识不同,规划设计师的创造和促进、民众的自发探索和参与具有个体特点,充满了无穷的可能性。它们可能引领城市生活走向不同方向。如果把来源于历史文化和社会发展的共识比作树木的主干,那来源于个体的后两类共识就如同树木大量的枝干和分散的

图 1-12　“错视”艺术给平淡的城市街道增添了趣味和活力

枝叶,在牢固有力的主干上长成各自的形状。它们既受主干影响,也与其他枝干和枝叶彼此联系,它们共同长成了城市生活这棵繁茂的大树(图1-13)。

图1-13　城市生活如同这棵繁茂的大树

民众的自发探索和参与

规划设计师的创造和促进

某时期社会发展的价值观(外来文化的入侵)

西方文化的根源

3. 共享——对于城市最根本的"共识"

有了共识,才有共享的可能。法国城市所反映出来的根本共识之一,便是城市居民应该共享城市资源和城市发展进步的成果。这条共识促使他们愿意"将好东西分享给大家"。对于那些达成共识认为是美好的事物,更是值得被所有市民共享。

植根于共识,法国城市的共享精神反映在城市生活的方方面面。在这里,你能看到公共空间没有边界和阻碍,尽可能地满足着每个市民的使用需求;而使用者们互相尊重和礼让,充分发挥着每个人的分享精神。

3.1 处处能共享
3.1.1 共享街道

街道是法国城市里被分享得最多也最具创意的地方,一切具有可能性的活动不断被创造着。在这里,除了街道的传统的功能,设计师和使用者们都发挥着各自的创意使很多城市生活都加入进来。购物、休闲、健身,多样的活动在城市的大街小巷发生融合和碰撞,为城市贡献了巨大的活力(图1-14~图1-16)。

3.1.2 共享公共空间

除了悠久的文化传统和优秀设计师的创造,法国城市高品质、高利用率的公共空间来源于所有使用者的共享。每个市民都可以平等地共享作为公共资源的公共空间,而空间的所有者们也乐意将那些有利于城市公共生活的空间贡献出来给他人使用。在这样的共识下,公共空间得以发挥出最大的价值(图1-17~图1-20)。

图1-14　餐饮娱乐空间与街道共享

图1-15　健身空间与城市街道共享

图1-16　贸易场所与街道共享

11

图1-17　堤岸作为公共停车场

图1-18　滨河路上设置供货商储货的小书箱

图1-19　市政广场被咖啡店的座椅占掉一半

图1-20　美术馆庭院开放给市民休息

3.1.3　共享历史

此行到访的法国城市都拥有上千年的历史,城市中历史古迹比比皆是,并和现代的城市风貌和谐交融在一起。在这里,历史并不是被封存保护起来的"贵重物品",而是开放的、可触碰的、属于广大市民的。大部分历史建筑被尽可能地利用起来以承担城市生活的各种日常功能,这使得真实的历史环境被共享给城市居民使用并散发出无穷魅力(图1-21~图1-23)。

3.1.4　共享艺术

在法国城市里,艺术不只属于艺术家,更是全民参与的思想交流和狂欢。街道上无处不见的"作品"、每周末固定的艺术品集市,让艺术成为整个城市重要的公共活动之一,也让法国人的生活充满乐趣、更加美好。艺术普遍化、平民化的共识促成了其在法国城市里的共享。这里既有专属的音乐会、也有普通市民的露天演艺;既有集中展览的艺术品,也有街前屋后的小创作。受众上至老人、下至小孩,艺术的表达、交流和教育充满在城市的各个角落(图1-24,图1-25)。

图 1-21　今天的生活可以分享昨天的历史

图 1-22　原中世纪城墙遗址作为日常街道使用

图 1-23　历史悠久的嘉德水道下的停车场

图 1-24　随处可见走入日常生活的艺术品(左为李迪华摄)

3.2 共享的方式

这些共享是怎么实现的？笔者归纳的主要方式有所有人共享、多种功能共享、不同时间共享、私人资源的巧妙共享这四种类型。

图 1-25 里昂美术馆里认真听课的儿童（李迪华摄）

3.2.1 所有人共享

共享基本的含义，是所有人都能平等地使用和参与。最好的表现便是法国城市中整体的无障碍设计。相较国内专辟的盲道和残疾人坡道，法国城市的"无障碍"设施不为专门对象而设，城市每一处都是符合残疾人使用需求的，同时也考虑了儿童、老人等弱势群体的需求，真正让所有人都能参与到城市生活中来（图 1-26）。

图 1-26 新建区和老城区都有完善的、形式各异的坡道系统（左为李迪华摄）

3.2.2 多种功能共享

满足所有人的需求，意味着要提供多样的功能；提供多样的功能，也促成城市被不同的使用者共享。城市空间的混合功能，给法国的城市生活注入了无穷活力。以餐厅、酒吧、咖啡馆为代表的休闲商业遍布在城市的各个角落，它们和广场、公园、艺术馆、商场、市场、街道、市政设施等结合在一起，既共享了城市空间，也共享了各自的人气和氛围。

3.2.3 不同时间共享

不同功能的混合最大限度地利用了空间，不同时间的"错峰"利用则将空间的使用价值进一步挖掘。在法国城市中，城市空间所承载的使用功能在每个阶段乃至每一天里都会发生变化。里昂的罗纳河堤岸，夏季是滨水音乐会的场地，冬季是日光浴的最佳场所；众多街道和小广场，平日是行色匆匆的步行道，周末上午是全民参与的露天集市；

还有一些小角落,白天是普通的公共空间,夜晚则变成自由艺人的表演舞台。不同时间配合相应功能,让更多人、更多功能得以共享城市,让城市达到了最佳的使用效果(图1-27)。

图1-27　城市滨河步道(左)和小广场(右)在周末上午作为艺术品集市和蔬果市场(李迪华摄)

3.2.4　私人资源的巧妙共享

除了理应被共享的公共资源以外,私人资源也以各种巧妙的形式被共享着。里昂红十字坡区一处私人花园和公园紧密相连,中间的分隔仅是一条宽不足10 cm的排水沟,可以轻松跨越。孩子们在公园和花园间来回奔跑,私人资源就这样被共享给大众。又如在蒙彼利埃新建住区里,虽然每户都有自己单独围合的小花园,但围栏都采用通透的金属网,且略高于人的视线高度,确保建筑的形态和花园的景致都能完整地被观赏。

部分私人资源被共享的背后,是基于城市资源应当被如何分配的共识。不难看出,公共资源应当被所有人平等共享,私人资源应当得到尊重和保护是法国社会的共识。人们各尽所能地共享公共资源,同时与私人资源保持绝对距离。除了那些被主动分享的资源,所有人都对私人资源保持着敬畏态度。

通过以上共享方式,法国城市展现出开放、包容的姿态,城市空间以最佳效率为所有人共享,进而形成了美好迷人的城市生活。

4. 对当代中国城市建设的启示

4.1　建立共识

美好的城市空间不单由规划设计师水平的高低决定,全体城市居民所呈现的精神和态度才是城市生命力最重要的来源,而维持这种生命力需要的就是共识。有了如何建设和使用城市的共识,才有相互信任的基石和步调一致的城市化行动。城市不是被规划设计师和政府官员所创造,城市理应被全体城市居民所创造。在当代中国城市建设中,应当注重达成相关共识,让全体城市居民都以行动或思想参与到城市建设中来,可借鉴国外经验通过公众参与、民意调查来实现。居民所认可的城市,才能成为其心灵的归属并为其创造美好生活。值得一提的是,和法国在漫长的城市化进程中逐步累积共识不同,中国的急速城市化过程使共识的达成变得更加困难,也对城市规划建设者们提出了挑战。

4.2 促进共享

共识引导建设和使用城市的行为,这些行为中最重要的便是共享。在当代中国的城市化背景下,规划建设中应当采取策略,注重促进城市空间和资源的共享,并通过法律法规来保证全体居民能平等享有城市建设的成果,而不是使之沦为少数人牟利和专享的资源。共享城市建设的成果,就是在共享社会进步发展的成果,这符合社会主义国家的根本宗旨。而通过共享,让所有城市居民平等地参与到空间和资源的使用中来,有利于创造和谐的城市生活和促成进一步共识的达成。在不断达成共识和促进共享的循环过程中,城市空间和城市生活的品质必将得到极大的提升。

4.3 用城市精神塑造城市

由于发展进程的不同,法国与当代中国的城市建设没有横向比较的意义,其物质层面的理念技术值得学习,但其业已发展完善的城市精神特点更值得剖析。法国城市的迷人之处,不仅来源于其城市布局、建筑形态等物质要素,更来源于受城市精神所影响的城市生活的特点,即所有城市居民的行为模式和精神面貌。简·雅各布斯(2005)在《美国大城市的死与生》、芒福德在《城市发展史》中都曾明确反对把城市规划看作是一项工程技术,简单地进行物质形体设计,而应看重其社会、人文的要素。这要求当代建设者们,不能仅从物质空间出发进行规划设计,而应考虑建设对全社会、全体居民乃至个体产生的精神层面的影响,并促成积极的城市精神的维护和引导。

城市,是否让生活更美好,取决于其是否让身处其中的居民获得了生活在城市的幸福感,而幸福感是由行为模式和精神面貌决定的。当代中国的城市化较重视物质空间的规划建设,在一定程度上忽略了城市精神的塑造,这是在未来仍将持续几十年的城市化进程中需要我们关注的问题。

5. 结语

回顾改革开放以来中国的城市化进程,过去的三十年是城市设施和空间营造的三十年,是解决城市居民基本生存需求的时期;而在解决物质需求之后,用怎样的城市精神构造符合中国文化根源和社会伦理的城市,怎样营造当代中国的城市生活,怎样达成共识,怎样促进共享,这些都是在即将到来的时代里需要所有人去思考和回答的问题。

中国相比其他国家最大的优势在于现代城市的发展才刚刚起步,有太多的经验和教训可循。出现的城市问题并不可怕,可怕的是没有解决问题的态度,没有达成"城市应该让生活更美好"的共识,没有共享城市发展进步成果的行动。

毫无疑问的是,城市将越来越与我们的生活质量紧密相连。为了美好的生活,我们必须构筑美好的城市。城市不单单是我们生活所在的某个地点,它就是生活本身,这就是法国范本的最大意义。

参考文献

费跃,阳建强.法国城市发展战略的概念、机制与实施[J].现代城市研究,
  2006(1):39-44.
简·雅各布斯著,金衡山译.美国大城市的死与生[M].北京:译林出版社,2005.

*未特别注明的照片和图片均为笔者拍摄和绘制

专题 2　论法国南部城市的新旧共融

马丽

摘要：分析法国里昂、蒙彼利埃和阿维尼翁三个城市中的新建筑与历史景观及新景观与历史街区融合与互动的四个案例，总结现代建筑与景观设计融合历史环境的设计手法，并探析案例所体现出来的法国历史传承下来的设计精神。本文旨在为当代设计师在处理新建筑、新景观设计与历史环境的关系时提供借鉴，引发读者对历史景观和历史街区保护问题的深入思考。

关键词：景观设计；城市建设；法国

1. 引言

众所周知，法国人对历史文化的保护是非常重视的。早在 1962 年，法国就颁布了关于保护历史街区的法令——马尔罗法，立法要求对历史街区进行保护。法国人先进的保护理念和有力的保护措施使得法国的城市中依然保留着浓郁的历史气息，处处充满了故事和记忆。然而令人更加惊叹的是，法国对历史景观和街区的保护并没有影响法国优秀的现代建筑和景观设计的蓬勃出现。相反，法国的设计师通过各自不同的对历史保护的阐释，设计出了大量优秀的现代建筑和景观作品。新旧事物共融与对话，既强调了历史的存在，又彰显了新建筑和新景观的魅力，反倒促进了历史街区的有机更新。下面的几个案例即分别运用了不同的设计手法实现了新旧的共融。

2. 新建筑与历史景观

建筑相对于景观来说，似乎总扮演着主角，不管你愿不愿意看到它，它就矗立在那里，以一种积极主动的姿态向世人展示着自己。怎样抑制建筑天生不安分的特质，让它与周围环境和谐相处，特别是在一大片历史景观中进行新建筑创作，无疑是一个挑战性课题。下面的两个案例分别用不同的手法实现了这一目标。

2.1　消隐与对话——高卢-罗马博物馆与古罗马剧场

2.1.1　案例背景

在里昂老城区的富维耶山上，坐落着通过考古发掘的一大一小两个古罗马剧场遗址。这里曾是古代里昂的中心,现在被作为重要的文物古迹而保存完好。虽然舞台部分的建筑早已逝去,但是场地上仍保留了当时的基底和柱子的位置,不由得使人们想象到两千年前罗马人在这里召开市民大会,争相发表演说的情景(图2-1)。

而高卢-罗马博物馆就位于古罗马剧场的东侧(图2-2)。该设计完成于1975年,设计师是法国著名的Bernard H.Zehrfuss。设计师使用了消隐和对话的手法来实现新建筑与历史景观的和谐与互动。

图2-1　古罗马剧场遗址　　　　　　　　图2-2　隐藏在山体里的高卢-罗马博物馆

2.1.2　消隐

博物馆除地上一层外,地下四层都埋在了山坡里。从外面看来只有一层的高度,而且立面处理简单,色彩柔和,与周围的建筑浑然一体(图2-3)。虽然博物馆外部看似简单,但内部空间设计非常丰富。设计师使用清水混凝土作为建筑材料,使得梁柱浑然一体,仅仅用结构就实现了丰富的内部空间,再配合各种有意无意的光影,视觉效果美轮美奂(图2-4)。博物馆的陈设按时间顺序,每往下走一层就讲述新一时期的历史,每层之间用坡道连接,流线设计自然顺畅。

图2-3　从遗址看高卢-罗马博物馆

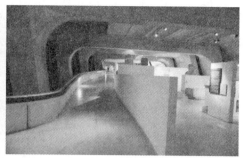

图 2-4　高卢-罗马博物馆室内效果(李迪华摄)

2.1.3　对话

　　整个建筑的最精彩之处是建筑面向古罗马剧场遗址开的两个大玻璃窗。这两个玻璃窗就像建筑的"眼睛"一样,凝视着整个古罗马剧场。

　　透过这两个大玻璃窗,你能看到整个罗马剧场的全貌。窗内窗外强烈的明暗对比,使得玻璃窗像一个巨大的画框,框住了窗外美丽的风景(图 2-5)。两个玻璃窗分别位于不同的两层,因而可以从不同的高度欣赏古剧场。

图 2-5　高卢-罗马博物馆的玻璃窗(郝爽,李迪华摄)

　　这两扇玻璃窗不仅将窗外的千年历史融入建筑,而且还创造了人与历史的互动空间。窗前摆放有钢制长椅供游人休息停留。窗玻璃在 1.5 m 处特意设计一道窗棂,供游人观景时扶靠。设计师意在让参观者在此停留,慢慢品味窗外的历史。窗内外光线的强烈对比,使得这块空间富有神秘色彩,如同一个时光机,走进玻璃窗前明媚的阳光里,就恍然走进了千年前的罗马时代,或微笑,或沉思,或久久伫立,或手舞足蹈,整个人脱离了这个纷繁的现世,追逐自己最原始的本性,开始思考自己灵魂最深处的渴望和宿愿。

最后值得一提的是,设计师用他的设计表达了这个遗址的场地精神,所谓剧场,就涉及"观者"和"演者"两种身份。昔日的"观者"因其肩负沧桑的历史而华丽转身,变成了今日的"演者",让剧场遗址登上舞台,而博物馆即是今日的"观者"(图2-6)。从窗外看去,那些来参观的游客有的坐,有的站,有的爬,有的拍照,不就是一个个活生生的演员,在重新演绎这段逝去久远的历史吗?

图 2-6　窗外的剧场和游客

2.2　抽象与反射——里昂半岛区的玻璃盒子与历史保护街区

如果说前一个例子告诉我们,在面对历史性景观时,新建筑要让步,要低调,要消隐,那这个例子告诉我们,世界上从没有绝对的事。出挑和引人注目,一样能与周围环境协调一致,这就是建筑艺术的魅力所在。

2.2.1　案例背景

这个案例位于里昂市的半岛区。该区曾经是里昂中世纪贵族的聚集区。这一街区主要形成于17—18世纪,是文艺复兴时期各种风格建筑的荟萃之地。1998年,整个街区都被评为历史文化遗产保护地。而设计师在密密麻麻的中世纪教堂和文艺复兴时期的府邸民居中,硬塞了一个玻璃盒子,高调地向周遭的许多老古董展示着现代文明的气息。但是,当你看到它时,却发现它与周围环境竟是如此和谐(图2-7)。

图 2-7　新建筑与周围街区的关系

仔细分析之后,发现这个现代建筑之所以与周围环境如此协调,主要有两点原因:一是尺度和比例,二是玻璃的材质。

2.2.2　抽象——尺度和比例

关于尺度和比例,首先看这个建筑的平面,是完全遵从场地原建筑的回字形平面,因而建筑的平面大小与周围的建筑无异。而建筑高度与周围建筑保持一致,因而建筑物的体量与周围的传统建筑相当,

21

亲切近人。

最精彩的是建筑的立面设计（图 2-8）。虽然全是玻璃幕墙，但是幕墙各部分的划分，都与周围的建筑立面有千丝万缕的关系。

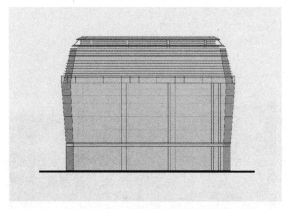

图 2-8　玻璃盒子的立面划分

如图所示，设计师针对建筑的不同部分，对窗玻璃的划分处理完全不同。建筑的屋顶部分像法国传统宫廷建筑一样向内收起，窗玻璃划分密集，越往下越稀疏。划分密集的地方象征传统法国建筑的青灰色屋顶，四层之下的窗玻璃划分不明显，与传统建筑中光滑的墙面相吻合。由于使用了从传统建筑中抽出的建筑各主要部分的比例，让人恍然觉着眼前的这栋建筑分明就是一栋传统建筑，只不过抽象化、概念化了。这其实反映了人对事物的认知方式，比例本身就传达了很多信息，使其具有可识别性。建筑师巧妙地利用了这一点来达到与周围环境的和谐。

2.2.3　反射——玻璃的精妙

在这个设计里，玻璃的反射性能也被设计师巧妙地运用。建筑所在的场地的四面是风格各异的法国传统建筑：北边是法国宫廷建筑式的里昂市交易所，东边是哥特风格的里昂圣约文教堂，南边和西边是带有底层商铺的法国住宅建筑。我们知道，现代建筑的立面设计常常很简洁，很容易与周围的历史景观格格不入，但是在这里，设计师巧妙地利用了玻璃的反射特性，使得我们惊喜地发现，反射使这个玻璃盒子拥有了四种样式的立面，颇为奇妙。再配合它符合古典比例的建筑体量和立面划分，远远望去，仿佛场地原来的那栋建筑根本就没有消失。行人走过，看到那历史的片段在阳光下若隐若现，仿佛时刻向世人告知着这里曾经发生过的故事，颇为奇妙（图 2-9）。

图 2-9　玻璃盒子的反射效果

3. 新景观与历史街区

人们往往认为,建筑总是在我们的视线中扮演着主角,而景观设计总是陪衬"红花"的"绿叶"。但其实,景观设计师更强大。新建筑与周围环境的融合往往只能利用空间手法,但是景观设计却添加了时间的要素,从区域的视角,从时间和空间两个层面出发,给人长久而深刻的体验。因为,景观是可供人运动的,人走来走去,看到或看不到一些建筑,都是短暂的瞬间,但它一直在景观设计作品里体验,从来不曾离开。因而,优秀的新景观设计与历史街区的融合往往更容易产生历史与现实的互动和共鸣。

在下面的两个案例中我们将看到,系统的、有规划的景观设计不仅容纳了那些精彩的建筑点,而且将这些点连成序列。这些新设计创造了一个个历史的观景台,在这里人们读到的是一部长篇小说,情节时缓时急,充满了伏笔和惊喜。故事随着人们的走动,向它的读者娓娓道来。

3.1　尊重——新广场序列与中世纪教堂

在蒙彼利埃的古城里藏匿有好几座大小不一、保存良好的哥特式大教堂。圣皮埃尔大教堂是其中非常著名的一座。教堂前有一个高大的帆拱形门廊,再配上地中海明媚的阳光投下的清晰的阴影,其雄伟壮观让人久久难以忘怀。

我们知道,中世纪的教堂周围通常都有一个小广场供人们礼拜时集散所用。这些小广场通常没有轴线,形状也是不规则的。长久以来,这些小广场和它周围的教堂一起,成为中世纪城市历史的一部分。历史上有人曾把主教堂周围密密的小建筑拆掉,创造一个广阔的、像停车场般大的广场空间,这种做法改变了历史本来的面目,篡改了城市留给我们的历史信息,是必然遭到谴责的。巴黎圣母院前面的广场改造就是一个失败的案例。

但蒙彼利埃的设计师们显然是懂得中世纪历史的。首先,蒙彼利埃古城里的小广场的改造和设计仍然保留着小巧、无轴线和不规则的特质,丝毫没有影响整个街区划分的尺度,没有破坏中世纪城市的肌理。其次,设计师结合中世纪的大小教堂和重要公共建筑做出一系列小广场空间,这些小广场开放或拔高了人的视野,让人在平地行走和拾阶上下的过程中总是有不经意的发现。往往走着走着,突然豁然开朗,眼前出现宏伟的教堂、小巧却充满细节的广场,还有广场上怡然自得休憩的市民;或是蓦然回首,发现身后教堂的侧影,远望那些精致而复杂的尖拱、玻璃窗和飞扶壁,可称之为又惊又喜,于是感叹景观序列带给人时间上更长久的感官体验(图2-10)。

①圣皮埃尔教堂前广场（李迪华摄）

②坡地广场（李迪华摄）

③高地广场　　④从高地广场回望教堂

⑤梯形+台地小广场(李迪华摄)

图2-10 圣皮埃尔教堂周围广场序列空间

3.2 传承——全新街道铺装与阿维尼翁历史街区

案例二则位于曾为罗马教皇居住的阿维尼翁城。虽然是这样一座古色古香的历史保护城市,但它并不排斥现代设计师的创作。我们发现,阿维尼翁的老城区中,有一片历史街区的街道铺装全部被更新,而且运用的是现代的材料和铺装手法。这不禁让人产生疑问,很多国内的设计师都希望自己的地段里有一两块历史悠久的石块砖头,好把它供奉起来,彰显自己对历史的尊重。但是在这个案例中,我们看到,法国人更懂得保护历史的本质,保护的是历史的精神,如果非要保留破损和凹凸不平的路面,但却导致坑洼积水、绊倒行人的话,那绝对不是保护历史的正确途径。

设计师采用了现代的金属线、黄色花岗岩以及仿古的石块,几种材质混合交错,形成了丰富多变的铺装效果(图2-11)。在这个街区中,街道铺装竟是它最抓人眼球的亮点。细腻的铺装设计和施工工艺,时而光滑、时而粗糙的质感,让整个历史街区充满了细节,充满了变化,走路都变成了一种探险。虽然整个历史街区的铺装全部被更新了,虽然设计师用了极其现代的金属线和黄色花岗岩,虽然连似乎有一点历史气息的石砖都锃亮如新,但是一切如此协调。

图2-11　新旧结合的地面铺装

毫无疑问,这个设计是成功的。反复思索原因,得出结论,设计师巧妙地使用铺装通过你的脚掌,通过你的触觉,通过你的行走将中世纪城市规划的一大特色——曲折多变的街道映射到你的脑海中。仅用脚掌,你就可以读懂中世纪的城市。

于是恍然大悟,为什么身处历史气息浓厚的古城里,同时又走在一条全新材质的道路上,但一点也不觉得错乱。当你行走时,脚下的触感不停地变,时而转弯,时而上坡,时而下台阶,引导着你在这个迷宫般的古城里转圈,然后才终于明白了什么叫中世纪的城市,和我们现在的城市有多么的不同。因而,只有用最精良的铺装,才能让你放心地走在街道上,不用担心会被绊倒或一脚踩进泥坑,才能把全部心思放在个人的空间体验上。总而言之,设计师用最新的设计手法传承了街区的历史精神。

4. 设计精神

分析完这四个新旧共融的成功作品,不难发现,在所有这些巧妙的设计背后,闪烁的是法国千年历史所传承下来的设计精神。

4.1 创新——设计态度

法国人求新求异的精神是众所周知的。西方建筑史上有一个有趣的典故:法国建筑师劳尔麦在长期研究古典柱式之后,提出一个观点:一棵柱子应该反映出一种特殊的地方性,一种民族特色。他相信每个伟大的民族都应有他们独特的形式,于是设计了五种“法国柱式”。连建筑学最经典的柱式,法国人也要因地制宜,将之改造为“法国特色”。像前面提到的高卢-罗马博物馆和里昂半岛区的玻璃盒子,无一不是设计师创新精神的充分展现。即使面对古罗马剧场、历史保护街区这样厚重的历史,他们也没有给自己一个因循守旧的理由。

4.2 精确与简洁——设计原则

精确性主要体现在法国设计师对比例的尊崇。在意大利文艺复兴热潮红红火火的时候,冷静的法国人并没有盲目跟风,而是在借鉴了文艺复兴的精髓之后,发展出了自己独特的法国古典主义。当时的法国建筑师把比例尊为建筑造型中决定性的、甚至唯一的因素,认为美产生于度量和比例。的确,比例和尺度确实是设计师最需要掌控的要素之一,而案例二中里昂半岛区的玻璃盒子,更是技高一筹,抓住了比例的本质,用比例作为设计亮点,来取得与历史的统一和对话。

简洁也是法国设计的一大特色。法国经过古典主义之后开展了启蒙运动,当时的建筑师推崇简单和自然美,认为建筑物只应该由最单纯的几何形构件组成。像本文中的高卢-罗马博物馆、蒙彼利埃的广场序列空间,虽然设计语言不多,但却充满了细节供人慢慢品味,简洁却不简单。

4.3 人文主义——设计本质

人文主义在西方的设计中体现得非常明显。法国设计师追求功能和美的和谐统一,不会为了单纯的保护而保护,把历史景观当成文物供养起来,放弃再次使用它的可能性。我们看到,即使是非常珍贵的历史古迹,法国设计师也是以现代人使用为最主要的目的,试图给历史古迹赋予现代的功能。我们看到,拥有千年历史的古罗马剧场被改造成可随意进入的休闲公园,供市民及游客游憩使用;里昂半岛区的玻璃盒子,虽然原址的前身是一座宫廷建筑,但是新建筑的功能则改为商业,与周围的商业街一起保证功能上的连续。蒙彼利埃的广场序列以及阿维尼翁的街道铺装更是以服务现代人的使用为目的,大胆摒弃腐朽和陈旧的过去。能够同时满足当代人使用和纪念两种功能才是可持续的设计策略,设计作品才会成为有生命力的创作。

5. 结语

总而言之,这四个案例正是法国人尊重历史、珍惜历史的表现。只有真正地尊重历史,才能潜心研究并努力挖掘历史赋予场地的精神和文化。当一个设计能够很好地体现场地精神时,也就自然与周围环境融为了一体,也就无所谓新旧,因为它们在精神上都是从属于一个场地的,是血脉相通的。当你看到这些和历史环境完美地融合在一起的现代设计作品时,你会不由地想起它的过去,思索它的现在以及憧憬它的未来。你看到的不是某时某刻,而是漫漫的历史长河,看到的是时间——这个宇宙中最伟大的力量,怎能不流连忘返,大声赞叹?

*未特别注明的照片和图片均为笔者拍摄和绘制

专题 3 行走里昂

殷洁

摘要:步行环境的营造是城市建设中的重要组成部分,本文从法国里昂市的步行体验角度出发,阐述里昂市的步行环境营造方式,分析城市在不同区域下步行环境建设的差别以及行人感受的变化,总结不同区域步行环境营造的共同设计理念。

关键词:步行环境;道路设计;法国里昂

1. 引言

在里昂数日,多是靠着双脚出行。行走原本只是一种最平凡的运动,但在里昂,行走变得丰富有趣。里昂是一座"平面上的城市",步行系统顺着城市肌理延伸,形成连贯而完整的系统。这里的街道稠密而连贯,步行者游走其中,畅行无阻;这里的公交换乘与步行区域无缝拼接,"公交+步行"的出行方式舒适高效;这里的道路设施设计得体贴细致,排除了步行的重重障碍;庞大的步行系统延伸至城市的不同区域,不同的区域隐藏着不同的行走机会。于是这个城市处处可行,处处乐行。

2. 行走体验

2.1 行走在老街——时空交错的奇幻旅程

里昂老城区主要为建于 15—17 世纪的老建筑与街巷。在这里,步行者被给予了一种特别的行走体验。行走在幽深的街巷中,仿佛不经意间闯进时空的隧道,那些人与景是相似的却又不同的、规整的却又无序的、连续的却又变幻的。步移景异,每走过一步,便又来到一个新的世界。街道的丰富层次使得行走超越了它本身的涵义,演化为一种对历史的探寻、一种对美丽的感悟。

这里的街道空间是线性又不是线性。线性是因为连续,非线性意味着打破连续。Bernad Rudofsky 曾指出:"街道是母体,是城市的房间,是丰沃的土壤,也是培育的温床,其生存能力就像是人依靠人性一样,依靠于周围的建筑,完整的街道是协调的空间,无论是非洲的卡斯巴那密室似的住房,还是威尼斯的纤细大理石宫殿,他们所构成的街道都主要是靠周围建筑的连续性和韵律街道。正是沿着它的建筑才称其为街道,摩天楼加空地不可能是城市。"因此,完整而丰富的街道界面成为了步行环境营造的基石。

以老城区的柏夫路为例，如图3-1所示，这条街道历史悠久，保存完好而又富有活力，为步行者提供了丰富的空间体验和视觉享受。街道两侧的建筑体量相似，材料相近，色彩统一。建筑层高均为4～5层，一般为砖石结构，外表面以浅黄或浅红色居多，与此同时，街道也采用土黄色砖石铺装，与建筑风格产生共鸣，各种景观元素综合达成一种和谐的视觉连续。建筑与建筑之间呈无缝拼接状，在街道两侧形成两排连绵的"墙"，而街道平均宽度仅为3～5米，建筑对街道产生了巨大的围合作用，行人位于其中则不会受到老城区外围新街的视觉干扰，其视域的各个方向均可保证完整连续的老街景观效果。

图3-1　里昂城市的街道空间
（林双盈摄）

在保证了整体视觉效果连续性的基础上，街道又以纷繁的时空细部变化创造出丰富的景观层次，从而打破呆板的视觉单调性，丰富了整条街道的行走体验（图3-2，图3-3）。

图3-2　里昂老城街道-A（林双盈摄）

图3-3　里昂老城街道-B

具体分析这一案例，首先，从平面上看，街道内部空间不断呈现细微的扩张、收缩、转折，街道原本连续的直线空间被分隔为无数多边形（图3-4），弱化了整条街道直观的线性视觉。这些多边形空间可提供多样的步行路线，同时产生多层次的视觉效果，提升了步行活动的趣味性。

其次，从立面上看，利用建筑本身或阳台的外凸与内退，同时结合植物、橱窗、茶座或景观小品设施，打破了街道立面的直线造型，在立面上塑造出饶有趣味的层次变化（图3-5，图3-6）。街道两侧店铺种类纷繁，琳琅满目，行人从街道走过，既可停在橱

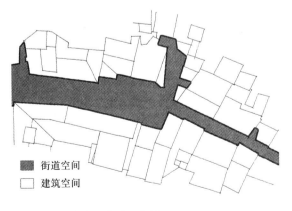

■ 街道空间
□ 建筑空间

图3-4　柏夫路街道平面布局

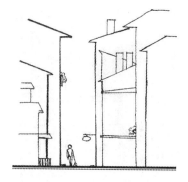

图 3-5　街道立面-A

图 3-6　街道立面-B

窗前欣赏,又可沿街寻个咖啡座停下休憩闲聊。特别是当夜幕降临,沿街出现的卖艺者,或弹琴,或歌唱,更是为这条街道的步行者增添了无限乐趣。

此外,柏夫路街道两侧建筑群的建成时间不尽相同,"时间"在它们身上雕刻出不同的印记。培根(E.Bacon)曾以"空间-时间相关性"提出了"运动空间"的概念:如果我们承认生活的目标是获得和谐感受的过程,那么经历时间感受到的一个个空间之间的关系就成为设计的主要问题(埃德蒙·N·培根,2003)。而在柏夫路中,步行者有机会走过这一条变幻的长廊,去细细品味那隐藏在砖石中的时光流逝。

当街道与建筑浑然天成,当空间与历史融为一体,老城区的同一条街道便在不同的时空中衍生出不同的记忆,幻化出重重叠叠的奇妙景象,为步行者提供一场美轮美奂的奇幻旅程。

2.2　行走在新城——张弛有度的轻快乐章

若说在老城的行走还是沉静怀旧的探访,行走在新城的感受却平添了几分轻快的韵律。这里的街道少了些古朴,多了些新奇。街道空间贯穿着美妙的韵律,脚下行过的仿佛不是道路,而是用脚步化作一个个音符,有前奏,有序曲,有高潮,有尾声,在道路的空间序列中演奏出一曲轻快的乐章。

新城的街道与老城的街道有相似亦有不同。相似的是契合全城的统一材质色调,不同的是这里的道路属于普通人的现代生活,见证了一座城市的日臻成熟。随着城市生长而变化的空间序列营造出了不一样的步行环境。若以新城的将军布罗塞大街——比若路为例,这一段路虽然总长度不过一公里,但各段道路与广场景观相结合,开合有节,张弛有度,创造出具有丰富节奏感的空间序列(图3-7)。

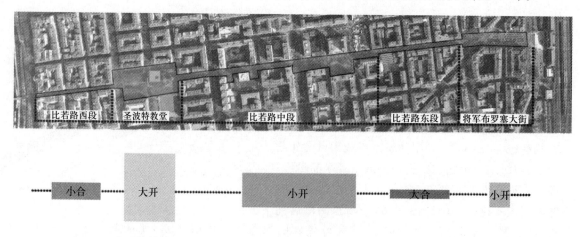

图 3-7　里昂新城街道空间序列示意图

前奏:将军布罗塞大街

将军布罗塞大街东端与里昂火车站前广场直接相连,整条大街一分为二,连同中间的绿化带共约 50 m 宽,蕴含着一份开阔的气势。绿化带采取大片草坪与低矮灌木相结合的游园设计方式,保证了整片区域场所和视域的开敞性,但绿地旁为附带的停车场地,并没有设置供行人停留的座椅或游憩设施。当大批人流从里昂火车站涌出,这段道路在空间序列中起到一个开的作用,吸引行人进入,同时督促行人以较快的速度通过,向下一段路前行。

停顿:比若路东段

从将军布罗塞大街西段直接走入比若路东段。比若路东段长约200 m,街道宽度缩窄为 12 m,加上两侧 6~7 层高的楼房围合,整体空间感由之前的开阔转变为闭合。且道路两侧车道设置为停车位,满布的停车一方面在视觉上进一步缩减了空间尺度感,另一方面将人行道与车行道隔离开,保障了行人的步行安全(图 3-8)。道路两旁为古朴风格的居民楼,一层临街处商铺数量较少,也无行道树。街道上亦采取了相应的交通稳静化措施,如交通窄点等,限制车流,既保障了周围居民的居住环境,也为行人营造了平和静谧的步行环境。

图 3-8　街道断面图

序曲:比若路中段

当行至比若路中段,建筑物从古朴风格转变为现代风格,建筑位置朝道路两侧缩进,弱化了之前的空间围合感。虽然道路本身宽度不变,但路旁空出的位置被设计成各类绿地游园以及咖啡座,提升了空间的情趣,为行人提供了更多的活动机会。因此此段路为整条路中一个从闭合走向开放的部分,行人在此可行可停,与之前倾向于督促行人前行的密闭空间形成了对比。

高潮:圣波特教堂与广场

比若路中段末连接了雄伟的圣波特教堂及宽阔的城市广场(图 3-9,图 3-10)。这里是城市的重要活动区域,设置了大量的绿化和活动设施,有专供儿童玩耍的游乐场,也有供成人休息交流的喷泉座椅,还结合了周边的商铺活动。在行人花费较长时间从封闭的比若路中走到这里,整体空间感豁然开朗,气氛壮丽欢快。景观与设施吸引了大批行人停留于此,使这里成为步行活动中最重要的一个停留节点。在这里,"街道应为驻留而设,而非为通过而设"(Alexander 等,1977)。

图 3-9　广场

尾声:比若路西段

与开敞的城市广场相连接的是比若路西段。这段路为比若路末端(图 3-11),再往西为罗纳河堤岸的休闲运动空间。虽然这段道路已为道路末端,但道路两侧各种各样的店铺活动既延续了广场的活跃气氛,也与罗纳河堤岸的运动气氛相契合。且整段道路笔直,即使是

图 3-10　圣波特教堂

31

图3-11　比若路西段（李迪华摄）

图3-12　富维耶山水景

图3-13　富维耶山山道（李
迪华摄）

行走在罗纳河堤岸上的行人观赏圣波特教堂的视线也丝毫不受干扰。但比若路西段的空间围合方式与比若路东段类似，收缩了之前被广场打开的空间感觉，为这段行程画上一个完美的休止符。

2.3　行走在山间——依山而建的连绵画卷

富维耶山也是里昂市重要的组成部分，行走在山间，便又与行走在平地上有着孑然不同的感受。整座富维耶山被漫山遍野的秋色树木包裹，赋予整座山体诱人的缤纷色彩，若隐若现的建筑拉成一道连绵起伏的天际线。上山的道路从山脚处的教堂开始，一路串联了跌水、游园、遗址、博物馆，最后以山顶的大教堂结束。而下山时则以建筑和阶梯作为景观主角，引领行人们安全愉快的下山。在整个登山下山的行程中，都仿佛有一个隐秘的线索，提醒行人们，刚刚走过的不是一条山道，而是走入了一幅真实的连绵画卷，无论是上山下山，还是仰视俯瞰，都有惊喜在等待（图3-12，图3-13）。

富维耶山不动声色地将自己所有美好的景致呈现给登山的行人。之所以能达成这样的效果，一方面是因为上山时，景点位置与形式都设计得恰到好处，前行与停留相结合，山景与市景相呼应，让行人既能愉悦地仰视山景，又能惊喜地俯瞰市景。另一方面是下山时，街道依山而建，建筑与阶梯形式融洽且层次多样，使得行人下山的道路连贯而不单调。

上山的路上，道路的设置通常为每行走15~20分钟，便会在路旁有一可供停歇的景点，这样的距离使得行人既不至于应接不暇，又不至于过度劳累。而且无论是跌水、游园，还是遗址与博物馆，形态上均与山体融为一体。以古罗马剧场遗址旁的历史博物馆为例（图3-14），整个建筑物大部分埋于山中，仅留几块巨大的玻璃橱窗从山体中伸出，使得参观博物馆的行人与游历古罗马剧场遗址的行人互相之间存在看与被看的关系，增加了游历的趣味性。景观点缀了山体，山体衬托了景观，二者交相辉映，展现出壮丽的立面景观（图3-15，图3-16）。每每行人行至途中，抬头仰望，都能有变化的视觉体验。

图3-14　历史博物馆

图3-15　富维耶山山景

图3-16　里昂城市全景（李迪华摄）

而当行人逐渐接近山顶，一路上的景观设施傍山而建，好处便逐渐体现出来，它们以谦和的姿态避免了阻碍行人向下看的视线。于是当行人一步一步地向上走时，整个里昂市的完整风光亦像一幅巨大的画卷，一点一点地摊开在登顶行人俯瞰的视野中，将行人的景观体验推至极致（图3-17）。

下山时的景观元素主角是沿山势延伸的街道。街道的设计充分体现出尊重自然和以人为本的设计理念。一方面，街道两排的建筑基座沿山势的起伏与蜿蜒建造，保留山体本身的形态变化，同时也可利用自然的高差变化营造独特的街道景观效果（图3-18）。另一方面，街道的阶梯本身充分考虑到行人的需求：阶梯材料经过特殊的防滑处理，即使在雨天行走也十分平稳；阶梯尽头设有安全护栏，防止行人因速度过快冲下阶梯；阶梯每一阶的宽度约为1 m，行人下山时正好每两步为一阶，行走过程十分舒适安全。另外，在凡是有地形高差的地方，均配有相应的坡道，给予坐轮椅的残障人士同样的行走机会。

图3-17 富维耶山街道

图3-18 富维耶山街道景观示意图

当踏下最后一级阶梯，除了疲惫，富维耶山为一位行者留下的感触更多的应该是壮丽雄伟的景致，还有那些无微不至的人文关怀。

2.4 行走在河岸——运动与美的展示长廊

里昂市传说是由罗纳河与索恩河孕育而生。两条大河穿城而过，河岸成为了整座城市重要的步行空间。行走在滨水地带，自然又与行走在市区和山间有了不一样的感受。而两条河的河滨地带也因为不同的处理手法而具备了不同的步行环境。罗纳河畔蕴含着运动的气息，而索恩河畔则散发着艺术的芬芳。二者共同构成了里昂市的滨河步行带。

有幸于某日的清晨沿着罗纳河畔行走。时值冬日，但宽广的河岸却丝毫没有冷清的气息，身后矫健的脚步节奏预示着这里非一般的活力四射。回头，一位青年沿着左侧的跑道疾行而过；停顿，数个孩童在右边的河滨小游乐场中玩耍嬉戏；前望，一对老夫妇沿着河岸缓缓行走；转身，一只大狗吐着舌头喘着白气，努力跟上主人的自行车奔跑。仿佛不知不觉间走进一个巨大的虚拟体育馆，这里每时每刻都在上演着精彩的比赛，每一位市民都是参赛的预备队员。行走其中，人人既是观众，又是选手。

这里本是城市旧码头区，后逐渐被停车位所占据，直到里昂城市委员会决定重新整治利用这些土地，将其归还给步行者，才逐渐演变为现在这样一块虚拟的"城市运动馆"。这段河岸长达数公里，设计风格简约轻快，但设计手法却丰富细致，为行走其间的人们提供了多样的活动机会和空间体验(图3-19)。

设计师首先以"曲线"搭建起整片场地的结构脉络，线状的步行道、线状的跑步道、线状的自行车道、线状的绿植花坛、线状的木栈道，不同材质不同用途的"曲线"沿河岸交织为一个连续的平面，空间组织丰富合理，景观构图行云流水，文化寓意亦象征着罗纳河地区的传统编织产业特色。"曲线"的脉络暗喻着整块场地的运动属性，无论慢行、快走，还是奔跑，都能在这里找到一条合适的"曲线"(图3-20，图3-21)。

设计师娴熟地搭配运用交错的自然与人文的景观元素，将规整的南段与自然的北段融洽地衔接在一起，打破了沿线景观的单调。硬质的铺装与木栈道为步行者的脚底带来不同触感，用条形花坛与自然丛林为步行者带来不同视野，甚至用直射的阳光和茂林的树荫为步行者带来不同的冷暖。步移景异，变化无穷(图3-22，图3-23)。

图3-19　罗纳河畔清晨景象

图3-20　罗纳河铺装示意图-A
(洪彦摄)

图3-21　罗纳河铺装示意图-B
(李迪华摄)

图3-22　罗纳河景观-A(李迪华摄)

图3-23　罗纳河景观-B(李迪华摄)

值得一提的是,整块场地的设计虽然大气简明,但也依然隐藏着设计师为"特殊的"步行者无微不至的考虑。宽阔的河岸阶梯沿对角线错落分成两块,下方的一块正好比上方的一块整体下沉一道阶梯的高度,这样便在两块阶梯间排出一道笔直的坡道,方便残障人士坐着轮椅上下。这样的设计相当于是把这条坡度隐藏于阶梯之中,只有在某种特定的角度才能呈现出其形态,既不会破坏河岸阶梯整体的宏伟气势,也省去了通常的之字形坡道会给残障人士带来的漫长行走距离。设计师的匠心独运,由此可见一斑(图3-24,图3-25)。

图3-24　罗纳河阶梯-A

若说罗纳河畔空间为步行者展示的是都市的运动活力,索恩河则将全里昂市的公众创造力聚沙成塔,为在此的步行者们奉上一场民间艺术视觉盛宴。

每逢周末在索恩河畔举办的市民创意集市可谓是里昂市的一大特色景观。若说里昂市的其他行走空间都是自然景观与人文景观相融合造就的,那这里便是百分百由里昂人的创意与思想搭建起的一条"文化之路"。行走在这个创意集市中,无异是一种艺术的熏陶与享受。来往的人流与索恩河静谧的水流相得益彰,无数的居民与游客行走在思想与创意的滚滚洪流之中,行走的目的绝不仅仅在于购买,商品的展示也不只是为了世俗的评判,更多的是人与人之间的交流,以及文化和思想的传播。

图3-25　罗纳河阶梯-B
(李迪华摄)

这个创意集市每周日上午在索恩河两岸举办,使用的是索恩河两岸的滨河空间。参与集市售卖的基本上是里昂市的普通市民,每个摊位占用几平方米的位置,在两边的河岸各形成一条双向的贩卖长廊。售卖的物品多种多样,大多是市民自己制作的各类艺术品,也有少量食物和日常生活用品。这两条奇妙的艺术长廊成为里昂市民每个周末散步徜徉的绝佳场所(图3-26,图3-27)。

事实上,这个创意集市并不存在太刻意的设计,它仅仅是为普通市民提供了一块可以自我展示的场地。"无设计"同时也意味着"无约束",其结果是每位参与集市的普通市民在这里都成了设计师,他们凭借自己的喜好与实际的需求创造了空间的变化,决定了道路的走向,构建了奇妙的景观。自发的设计形成变化的景观,变化的景观吸引多样的活动,多样的活动衍生了无穷的乐趣。

图3-26　创意集市-A
(李迪华摄)

当众多艺术品与人群聚集于此,集市中的行走便充满了趣味和交流——人看艺术品有着新奇的趣味,人看人产生多样的交流。在这里,行走又一次超脱了它固有的含义,人们已经不再仅仅是行走在实体的河岸旁,更是走进了一个艺术与智慧栖居的流动剧场。在这个没有固定边界的"剧场"中,生活与艺术不分彼此,实体景观与精神景观融为一体。

当集市结束,摊主与行人各自散去,精神的殿堂消解,喧嚣的河岸

图3-27　创意集市-B
(李迪华摄)

又突然变回它本来安宁优雅的模样。新的一拨行人出现在这里,为了欣赏美丽的河岸风光。

滨河地带对于任何一个城市而言总是珍贵的空间,而里昂则将河岸留给了行人。变幻的道路景观带动了空间的高效利用,不同的步行体验源于生活与艺术的完美结合。而这一切的发生并不需要太过于刻意的设计与营造,只需要借助文化与创意的无穷力量,便已足够提供独特而变幻的步行体验。

3. 思考

漫步里昂市,不同的道路为行人带来变化的景致和丰富的体验,可变幻的设计手法背后也有着某些共同的设计理念。

首先,路权应该优先属于行人,然后才属于汽车。行人优先的思想在里昂市的各种道路中都体现得淋漓尽致。无论是遍布街道的道路窄点、随处可见的街道封闭设施还是无处不在的安全岛,都共同发挥着保障行人安全、限制机动交通的重要作用(卡门等,2008)。

其次,道路不仅具有通行的功能,还同时具有容纳步行者交流、停留、购物、观景等功能。因此里昂市各处的道路通常与商店、座椅、景观小品、小型集市以及游憩场所等相结合,创造出活动丰富的出行空间。

最后,步行不仅是健康人的活动,残障人士也应具有同样的权利。因此,里昂的各条道路几乎都配有相应的坡道等设施,保障全民均有公平的出行权利。

4. 结语

在机动交通越来越普及的今天,里昂这座城市却依然为步行这种最原始的方式保留了不可替代的重要地位。行走已变成了人们亲近土地的有效方式,变成了感知城市的重要媒介,人们需要靠行走去感受这个城市,城市需要借行走去感染它的子民。

行走在里昂,会感受到隐藏在一条条道路之中的城市共识:人与城市的亲密关系是靠人们身在其中游走而一点点地建立起来的,因此汽车从来都不是里昂街道的主人,行走的人们才是道路的主人。通过街道将行人与城市的文化历史,乃至城市认同感连接起来,让步行成为人与城市、人与人之间产生互动的媒介。因为只有在街道上日常生活才是活生生的,才具有真实性和实践性,只有在街道上行走,人们才能体验城市的基本形态(王建国,2008)。步行已经是这里的人们生活中不可割舍的重要部分,城市需要为人们提供安全舒适的步行机会。

参考文献

埃德蒙·N·培根著.城市设计[M].北京:中国建筑工业出版社,2003:43-46.

卡门·哈伦斯,英奇·诺尔德、格特·比科尔,格雷汉姆·克兰普顿著,郭志锋,陈
　　秀译.文明的街道——交通稳静化指南[J].北京:中国建筑工业出版社,2008:
　　57-68.

王建国著.城市设计[M].北京:中国建筑工业出版社,2009:160.

Alexander C, Ishikawa S, Silverstein M. A Pattern Language[M]. NewYork:Oxford
　　University Press,1977:21-23.

*未特别注明的照片和图片均为笔者拍摄和绘制

专题 4 街道生活的营造

姜芊孜

摘要:街道生活最能够彰显一个城市的活力,体现地域特色与场所精神。本文通过对法国城市街道的案例分析,探讨设计师与市民共同营造街道生活的途径。

关键词:街道空间;街道生活;街道设计

1. 引言

街道生活最能够彰显城市活力、体现地域特色与场所精神。自古罗马时期,欧洲的城邦就开始倡导自由而平等的城市生活,街道和广场构成了市民日常生活与政治生活的主要舞台。广场是欧洲城市的会客厅,街道又何尝不是呢? 直到今天,欧洲的许多城市仍以独具魅力的街道生活而著称。相比之下,我国各地宽大的马路和拥堵的交通使城市到处都充斥着噪音与尾气,以小汽车为主导的街道抹杀了生活的可能性。城市建设忽略了作为城市生活主体的"人"的需求,行人难以在路上停留,甚至不愿意在路上行走。趋同的街道风貌也使城市逐渐丧失了原有的特色。

在法国,笔者见到了街道上丰富多彩的生活场景,感受到了街道与日常生活的密切联系。街边饮食、沿路健身和欣赏街头艺术,这些很少在国内街道上发生的活动,却在法国随处可见。细细想来,设计师创造的空间成为街道生活的主要载体,而人们自发的活动和空间中的多种生活才是街道生活的主要内容。从这个意义出发,街道生活的营造凝聚了设计师与市民的双重努力,任何一方的角色缺失,都不可能营造出生动的街道生活。

2. 街道空间与街道生活

空间是物质生活的载体,也是人们精神生活的源泉。街道,作为城市最重要的公共空间,不但满足了人们交通方面的基本需求,也成为人与人之间相互联系的纽带,成为人们社会交往、与外界发生联系的重要场所。设计师对街道空间的关注多集中在街道尺度、功能划分、色彩比例以及材质运用等方面。而人们对于空间的使用是随机的,一些必要的活动诸如行走、停留等对空间的要求并不高,而另外一些富于生活气息的活动诸如室外就餐、健身运动及艺术欣赏等,则对街道空间提出了更高的要求。街道生活的营造，一方面要基于使用者的需求，另一方面取决于设计师是否创造了合适的空间，诱发并满足这种活动的需要。

笔者主要选取法国里昂、尼姆等城市的街道案例，分析室外饮食、健身休闲和艺术欣赏三种典型街道生活的营造方式。

2.1 街道作为室外饮食的场所

作为室外饮食的场所，尼姆城内的维克多雨果大街具有典型的特色。它连接了古罗马竞技场、圣保罗教堂、卡尔艺术博物馆和方殿等多个著名历史文化建筑，是城内主要的交通干道之一。整条街的沿街建筑都在 3~4 层高，立面协调而统一。从平面图上看（图 4-1），整条道路郁郁葱葱，几乎全被绿荫遮盖。行走在其中，街道生活十分丰富，人们在街边的活动丝毫没有受到机动车的干扰。街道两旁接连不断的露天咖啡座，为街道带来了十足的活力。这里选取 A、B、C 三个节点进行分析。

图 4-1 维克多雨果大街平面图

2.1.1 维克多雨果大街节点 A

节点 A 是雨果大街的起始点（图 4-2），由四个方向的道路交汇而成。设计师巧妙地利用了两条主干道交汇形成的三角地段，开辟出步行区和生活区。从空间功能划分来看，步行区、生活区和停车区占据主要地位（图 4-3）。雨果大街经此节点由三车道分流为二车道，车道之间用半球状铸铁分割，作为边界。道路周边的步行区也都用铁质的圆柱体进行界定，起到对行人的保护和提示作用。椭圆形的竞技场增加了周边道路设计的难度，设计师运

| 步行区 | 行车区 | 步行区 |

图 4-2 节点 A

用错落的台阶与铺装界定出步行区,在路边设置座椅和栏杆用以分割步行与车行空间。错落的台阶形式还与竞技场内部的结构相呼应。转角的商铺利用植物盆栽划分出街头生活的空间,并在其内部摆放了大量座椅和遮阳棚(图4-4)。

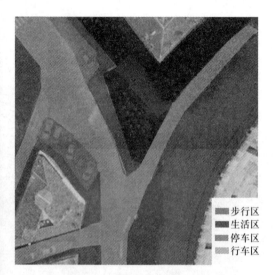

图4-3 节点A空间功能分区

■ 步行区
■ 生活区
■ 停车区
■ 行车区

图4-4 露天商铺

人们在街头的活动抵消了交叉路口带来的消极影响。行人在此相会,并发生诸如聊天、进食、拍照、看与被看等各种各样的活动。倘若没有这些丰富的街头活动,这一区域将变成人们匆匆穿越而不愿停留的空间。设计师通过空间的功能区划把街道更多地留给步行者,店铺老板将咖啡座与遮阳棚贡献给街道,而由此引发的人类活动带来的活力与生机,使这一切变得和谐与美好。美丽的邂逅在尼姆的街头成为可能。

2.1.2 维克多雨果大街节点B

节点B是雨果大街的典型剖面(图4-5),由步行区、车行区、停车区和生活区构成,仍以步行空间为主(图4-6)。路中央的车行区宽约10m,由单向的一条公交车道和两条机动车道组成。两侧建筑底部为5~7m宽的步行区和生活区。停车区宽2.5~3m,停在路边的小汽车起到了分割车行区和生活区的作用,马路另一侧用镂空的围栏将步行区与车行区分开,确保步行安全。建筑底部的商家用可移动的植物盆栽和围栏划分空间,每家商铺在店面装饰上都十分考究,色彩搭配、家具挑选与摆放协调统一,但相互之间又风格迥异。

图 4-5 节点 B

　　两侧建筑的底部是街道生活最为丰富的区域。行走在其中丝毫不会感到乏味,精心设计的橱窗和经过认真摆放的座椅,以及在其中享受美食的顾客,都吸引着来来往往的行人,构成看与被看的关系(图 4-7)。

图 4-6　节点 B 空间功能分区图

图 4-7　露天咖啡座聚集人气

2.1.3　维克多雨果大街节点 C

　　这一节点位于雨果大街的北端,道路两侧主要建筑为卡尔艺术博物馆和方殿(图 4-8,图 4-9)。博物馆前的大台阶设计使建筑空间很好地延伸到户外,与街道相融合,为行人提供可以休息静坐的空间。大台阶与路对面的方殿广场形成呼应,设计师除去用若干植栽界定广场边界外,几乎没有进行任何特殊的设计。空间的留白激发人们对空间的主动利用,周边的店铺在广场上摆放了许多座椅和遮阳棚。人们在大台阶上聊天、闲坐、赏街景,或者在广场上约会、喝咖啡,人的活动为广场带来了丰富的活力(图 4-10)。

步行区 | 行车区 | 步行区

图 4-8　节点 C

■ 步行区
■ 生活区
■ 停车区
■ 行车区

图 4-9　节点 C 空间功能分区

图 4-10　广场上人的活动

2.1.4　小结

　　丰富的室外饮食活动,得益于宜人的气候、干净整洁的环境和精心设计的街道空间。从城市设计层面上看,设计师为街道创造了舒适而安全的步行环境,划定街道尺度,并确定沿街建筑的功能。从 A、B、C 三个节点平面图可看出,步行区与生活区占到户外空间区域面积的一半以上。对街道安全的考虑可以从路面铺装、围栏设计和人行道设计等方面看出。从街道环境的营造出发,沿街商铺竖立的菜单招牌、街边座椅、阳伞和植物盆栽都是对街道的贡献。食物可以吸引人,人的活动会吸引更多的人,人们在街道中的各种活动使街道活起来,成为一道更加亮丽的景观。创造安全舒适的步行环境,提供静坐和集会的场所,设计功能连续而丰富的沿街建筑是营造这种街道生活的关键。

2.2 街道作为健身休闲的场所

如果说由两侧建筑围合而形成的街道空间是街道的一般形态的话,那么沿河岸两侧的线性空间可谓是街道的特殊形态。"一旦大运河被看作是一条街道,人们将会很容易地意识到那是一条伟大的街道。"河流之所以会吸引人的存在,是因为河流本身所具有的天然特性和人们的亲水本性。如何构建水与人之间的空间联系,是设计师需要考虑的问题。里昂的罗纳河沿岸是健身休闲活动的典型场所。相较于其他街道,设计师的设计并没有集中在沿河建筑的底层公共空间上,而是更多集中在运河两岸的空间处理上,为里昂市民营造了一个良好的健身休闲的环境。根据河岸断面的不同构造,东岸大致可分为三种类型,现以节点 A、B、C 说明(图4-11)。

图4-11　里昂罗纳河东岸街道平面

2.2.1 罗纳河东岸节点 A

这一节点处河岸宽约 23 m,机动车道约 3.5 m,绿化带 10 m(图4-12),用以吸收由机动车行驶带来的噪音和尾气,创造良好的小气候。健身休闲带约为8.5 m,设计师根据人们不同的活动需要,运用不同铺装材料将其划分为 4 m 宽的碎石路和 5.5 m 宽的木栈道。碎石路两侧设置石质座椅,供人休息和强化边界。人们一般会在碎石道上进行慢跑、骑车等健身运动,在木栈道上多沿河岸观赏水景或者静坐(图4-13)。

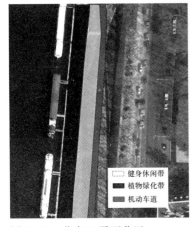

图4-12　节点 A 平面分区

图4-13　节点 A 的健身活动(李迪华摄)

2.2.2 罗纳河东岸节点 B

节点 B 处河岸宽约15 m,机动车道仍为3.5 m,绿化带缩窄至5 m,健身休闲带约为6.5 m,其中约5 m 为碎石混凝土铺地,1.5 m 为沥青铺地(图4-14,图4-15)。沿河岸停靠的船只许多都开辟为咖啡厅或餐厅,如同沿街建筑的各个底商,每一家都独具风味,吸引着前来健身休闲的市民。这一区域有较多的市民骑车健身,少数步行或慢跑。在节点 B 与 C 之间的区域,设计师在堤岸底部放置了连续的儿童游戏设施及诸如木船、座椅等景观小品,增加了沿河街道的趣味性和舒适性(图 4-16,图 4-17)。

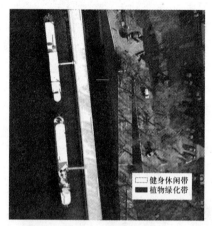

图 4-14 节点 B 平面分区

图 4-15 节点 B 的健身活动(李迪华摄)

图 4-16 街道一侧的儿童活动(李迪华摄)

图 4-17 静坐:景观小品中人的活动(李迪华摄)

2.2.3 罗纳河东岸节点 C

节点 C 是罗纳河右岸健身步道结束段的典型界面。与上述两个节点不同,此处无机动车道,植物绿化带宽约 10 m,位于水面与健身休闲带之间(图 4-18)。健身休闲带宽 8 m,分别用混凝土碎石铺路和沥青铺地,最靠近堤岸部分采用天然砂土铺地,宽约 1.5 m,其上摆放石质座椅界定出静坐空间。散步与慢跑者均喜欢沿绿化带一侧运动,骑车与快跑者多位于另一侧(图 4-19)。

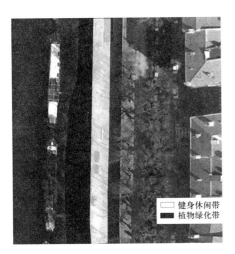

图 4-18　节点 C 平面分区　　　　　　图 4-19　节点 C 的健身活动（李迪华摄）

2.2.4　小结

河岸街道具有丰富的景观资源和良好的城市小气候条件。A、B、C 节点处的健身休闲带分别宽约 8.5 m、6.5 m 和 8 m，占据整个道路的大部分。三段不同的道路设计虽然在形式和比例上有所不同，但健身休闲的功能保持了较好的连贯性，使市民在健身运动中有效而不间断地利用各分区。高质量的路面铺装处理奠定了不同活动发生的基础：防滑耐磨的碎石路提高了骑车、跑步的安全性；木栈道的使用使休闲散步的人们更加舒适；变化的景观和连续多变的儿童活动空间增添了运动过程中的趣味性，也提供了更多活动发生的可能性。功能的丰富与连续、高质量的路面处理、对沿岸自然资源的充分利用是这一区域成功的关键。

2.3　街道作为艺术欣赏的场所

法国深厚的历史文化底蕴造就了独具魅力的城市街道。每条街道都有独具特色的建筑、景观及艺术作品值得细细欣赏。法国人把城市当作自己的家一样进行精心设计：大到城市的整体保护与规划，小到城市街道铺装、排水井盖甚至防护栏的设计，充分展现出他们对艺术的追求和对生活的热爱。走在街上，街头表演的艺人、街边商铺的橱窗、创意集市上的手工艺品展览以及不时出现在建筑墙壁上的视错艺术，都值得细细品味。艺术欣赏活动不再仅局限于美术展览馆和博物馆，在法国的街道上，就在时时刻刻地进行。

2.3.1　场所 A——索恩河畔的创意集市

设计师对索恩河沿岸的处理手法十分简洁，两排高大的法国悬铃木构成了滨河散步道，巨大的树冠和枝干界定了两岸的顶部空间。路面采用沥青铺地，树根部保留原有的细砂石，利于植物吸收雨水。设

图4-20 创意集市中的艺术品

图4-21 欣赏艺术品的市民

图4-22 蒙彼利埃街头的视错艺术

计师充分运用了紧靠河岸的垂直空间,设计了三层停车场,为市民的出行停车提供便利。每逢周末,来自里昂周边的手工艺者纷纷聚集在此,展示油画、雕塑、衣帽、书籍、手工制品等。同样的街道空间在不同时间段得到充分利用:平日作为市民日常通勤和散步休闲的空间,周末则成为出行购物、享受艺术及与人交往约会的场所。索恩河沿岸的创意集市已经成为了里昂城市的一道亮丽风景线,很多游客慕名而来(图4-20,图4-21)。

露天市场的存在是各方共同努力才得以实现的结果。一方面,城市管理者为这种需求创造了合理开展的途径,另一方面设计师的留白为活动开展提供了充足的场地,最重要的是市民积极自发地参与。倘若没有人的参与,这种周期性的具有规模的社会活动很难长久持续地进行。

2.3.2 场所B——蒙彼利埃视错艺术

场所B位于蒙彼利埃老城区的一个路口,这一建筑侧面是法国街头视错艺术的典型代表。艺术家们用画笔画出建筑的门窗、摆放的植栽,在建筑入口和内部活动的人,甚至还有窗玻璃反射出来的教堂的影子(图4-22)。商家在建筑底部摆放的座椅更增添了这一场景的真实性,巧妙的艺术构思和细腻的笔触让人以假乱真。视错艺术为人们的街道生活增添乐趣,是诱发人际交往互动的"第三方因素"。行走至此的游客,无一不驻足停留细细端详一番,或拍照留念,或就此发表评论和意见。巧妙利用建筑立面进行艺术创作,是提升街道空间艺术品质的重要方法。

2.3.3 小结

街道作为艺术欣赏的场所,是城市创意生活的体现。营造具有此种街道生活的场所,与整个城市的历史文化积淀和发展策略密不可分。设计师的工作在于抛砖引玉,空间留白或点睛之笔都是为了引发市民自身的艺术创作和参与互动的热情。

3. 结论

威廉姆·怀特曾在《小城市空间中的社会生活》一书中提到"供给创造需求"(Whyte,2001)。一个好的新的公共空间能够吸引一批新的来访者,从而引发多种生活。空间的设计是营造街道与城市生活的重要前提,如何吸引人的到来,并且长久地聚集人气,则是城市经营者和设计师们更应考虑的问题。街道生活的主体是人,是长久的生活在本地的市民。检验一条街道或者一座城市的设计是否成功,就是要看这里是否积聚了足够的人气,是否有足够丰富的活动。

自上而下的设计与自下而上的活动相比,后者对于街区和城市更为重要。设计师的工作不仅仅是要设计物质空间,更重要的是要将一种共同的生活理念注入作品里,让普通民众共同自发地去履行,一起去营造一种平等和谐的氛围,创造更加丰富的街道生活。里昂市民像布置自己的家一样精心地打扮着这座城市,用心经营着这座城市。从这一角度出发,每一个致力于街区生活健康发展的市民,其实都是设计师。从里昂的实践中看,街道生活的营造不仅仅是设计师和城市经营者的课题,更是生活在城市中的每一位市民共同的责任。

参考文献

Whyte W, H. The Social Life of Small Urban Spaces[M]. Project for Public Spaces
　　Inc.,2001.

*未特别注明的照片均为笔者拍摄

专题 5　法国老城的开放空间系统营造
——以里昂、尼姆、蒙彼利埃、阿维尼翁为例

徐希

摘要: 法国老城有紧凑的布局和高效的开放空间系统,这些开放空间是由建筑的围合形成的。本文通过对法国里昂、尼姆、蒙彼利埃、阿维尼翁四个老城的分析,发现它们开放空间的面积都占老城面积的 14% 左右,不同尺度和功能的老城开放空间的数量和分布有所不同,面积越大(老城面积大于 1 000 m^2),开放空间越多,面积小的老城则倾向于采用多而密集的小型开放空间。这些开放空间是规划和自发形成双重作用的共同结果。经过各种力量的协商和努力,使得城市公共空间更加符合人们日常生活的需求。

关键词: 老城;开放空间;法国

1. 引言

在法国老城,开放空间随处可见,它们在人们的生活中扮演了十分重要的角色,但与中国不同,不需要刻意用划分地块来建造公园广场,欧洲人用建筑围合的办法解决这个问题。建筑底层临街是各种小商业,除去建筑以外的空间,每寸都是功能明确的。有的是中庭、有的是街道、有的是广场、有的是公园,老城的开放空间就是这样被建筑围合而形成的。它们有的是刻意预留的土地,有的是城市古老历史的遗留产物,有的是不经意间利用了城市的边边角角,总之它们功能丰富、导向性明确,最高效率地利用了城市的每寸土地。

2. 老城与老城建筑的尺度

老城的精华在于建筑的布局。老城的开放空间正是通过建筑围合形成的,所以,老城开放空间的形成和特点离不开老城本身以及老城的老建筑。欧洲老城没有像中国这样巨大的广场,它们用自己的方法,通过建筑的巧妙排列,围合出一个个小而适宜的活动空间。

2.1　里昂老城区

里昂是法国第二大城市,是法国南方的经济、文化和工业中心,历史文化名城。里昂市区面积 45.75 km^2,人口 47.23 万人,包括郊区约

125.71 万人。

老城区位于富维耶山脚下，索恩河西岸，面积 24 hm²，城内是建于 15—17 世纪文艺复兴时期的居住建筑、教堂和狭窄弯曲的铺石街巷，建筑之间是用石板铺砌的窄小街道，古朴而富有生活气息。20 世纪 60 年代，里昂老城曾一度陷入十分破烂的状况，不少建筑年久失修，还有一些面临拆除或改建。在法国当年的文化部长及里昂文艺复兴协会等有关方面的联合干预和努力下，于 1964 年被法国列为重点保护区（法国第一个城市历史保护区）。之后里昂老城三分之二的建筑得到面貌及内部设施的双重维护，并对相近的社区居民进行安抚。

里昂老城区呈狭长带状分布在罗纳河西岸。它宽约 200 m，长约 600 m，建筑往往由 30 m×60 m 的街区组成，再由这些街区组成城市。建筑的体量不一，大部分是经过翻修的中世纪以前的老建筑，每个老建筑的平均规格约为 15 m×18 m。

2.2 尼姆老城区

尼姆位于法国南部，是加尔省的省会，并是此省的最大城市，拥有 2000 年悠久历史，面积 61.85 km²，人口密度为 906 人/km²。尼姆的人口不过只区区 24 万，从城市南边步行走到西北角只需要 20 分钟。

尼姆有许多古老的建筑：建于公元 1 世纪可容纳数万人的圆形剧场；高约 30 m 的八角形塔；曾经供应城市用水的古水塔等。尼姆老城区呈三角形，南部是罗马竞技剧场，城中没有主要的道路，城市以古罗马竞技场为中心向外辐射式分布，地势北高南低，北部低矮山区开发程度低，城市向西与向南分布着工业、商业、教育等功能分区。

尼姆老城面积约 32 hm²，有各种步行小道，和里昂一样，建筑组合成大小、形状各不相同的组合体（平均规格约为 50 m×50 m）。组合体由各种大小的建筑组成，平均层数为 4 层，平面约是 12 m×6 m，均为民房。与里昂不同，组合体不只有一个庭院，它的组成比较复杂，内部房屋互相交错但有序。

2.3 蒙彼利埃老城区

蒙彼利埃位于法国南部，地中海沿岸，经莱兹河与海相通，是朗格多克-鲁西永大区（Languedoc Rossillon）的首府和埃罗省（Hérault）省会，是法国第六大城市，也是法国西南部最重要的商业、工业中心。面积 56.88 km²（相当于尼姆的 1/3）。2009 年，市区人口为 26.5 万，大行政区人口约为 60 万。市区人口密度 4 670 人/km²（接近尼姆的 5 倍）。蒙彼利埃距巴黎 746 km，乘高速火车 3 个多小时，是通往西班牙的必经之路。蒙彼利埃阳光充足,属亚热带地中海气候。

蒙彼利埃城市为辐射式布局,建筑十分出挑。从拉法耶特前门出去是保存完好的老城小巷,石板路、歌剧院、凯旋门、望台、古老的旱桥、罗马式的雕塑和花园;而从拉法耶特后门出去则是仿古希腊神庙大殿但采用现代理念建起的居民区"安提港"。"安提港"里还有一条通向大海的河,周末的时候有许多人或跑步或骑车 20 km,沿着河一直到达海边。

蒙彼利埃老城约 55 hm²,呈盾形,建筑形成的组合体是由各个方向的道路组成的,很少有规则的方形,大小约为 50 m×50 m,建筑多为 3 层,平面大小约为 15 m×15 m。

2.4 阿维尼翁老城区

阿维尼翁人口 8.9 万,包括郊区人口是 15.8 万(1982 年)。工商业并不发达,有水果、蔬菜和葡萄酒以及食品市场,大部分时间均是个安静的历史性观光城市。

阿维尼翁老城面积较大,为 150 hm²,保留良好,呈圆形。道路呈放射状,有内外两层城墙,外城墙保留良好。教皇广场是其中心,20 世纪对老城进行改造,打通了教皇广场到火车站的道路,并且新建市民广场。建筑高度大部分为三层,组合体被放射状的道路分割,大部分呈梯形或者三角形,大小约为 50 m×100 m,其中的建筑排列复杂,往往含有多个庭院和对着道路的开敞空间。

3. 老城开放空间的尺度和分布

欧洲老城的公园广场尺度不大,分布均匀,围合形成空间,大部分空间都有硬质铺装和绿化,有些分不清楚到底是广场还是公园,但是它们的功能和形式基本一样,在此就不分开讨论。

里昂老城呈狭长状,有两条南北向的主街,宽度大约 3 m,东西向联通的道路宽度在 1~2.5 m 不等,沿河面经过改造,最宽的道路把人从河岸引向老城,大约宽 10 m。主街长度大约为 750 m,通过 google 地图经过 arcgis 的数字化后,得出数据,里昂老城区街道总长约 8 800 m,广场公园 30 个,其中面积大于 500 m² 的 10 个,介于 500~1 000 m² 的 9 个,面积大于 1 000 m² 的 11 个。公园分布在老城区西面,广场多在城中。里昂的开放空间平均面积约为 1 150 m²,总面积约 35 600 m²,占老城区面积的 14.3%。大于 1 000 m² 的开放空间大多分布在城周围,城中最主要的大广场位于中部的教堂前。开放空间分布均匀,老城中的任何一户人家,步行 150 m 肯定能到达一个开放空间(图 5-1)。

尼姆老城呈三角形,面积约 32 hm²,南部是市民活动中心——圆形剧场。老城内主要道路宽 8.5 m,可以行车,一般道路宽 2.5 m。老城内道路总长约 11 km。开放空间一共 48 个,总面积约 27 200 m²,占老城面积的 8.5%,平均面积 1 110 m²,其中面积小于 500 m² 的开放空间 31 个,面积介于 500~1 000 m² 的 10 个,面积大于 1 000 m² 的 6 个。尼姆老城以小型开放空间为主,这种散而密的布置使得尼姆老城虽然只有不到 10% 的开放空间面积,但居民步行不到 100 m 定可以到达一个开放空间。大空间少而精,南部的圆形剧场是最重要的大型公共场所,它基本满足了人们公共活动的所有需求(图 5-2)。

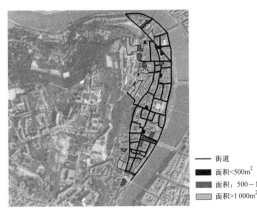

图 5-1　里昂开放空间分布

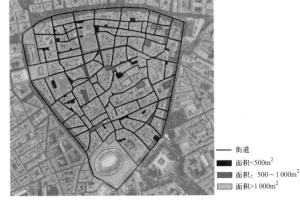

图 5-2　尼姆开放空间分布

蒙彼利埃老城呈盾形,面积约 54.5 hm²,开放空间总面积约 80 890 m²,占老城面积的 14.8%。和里昂一样,公园位于老城边缘,老城共有 100 个开放空间,平均面积约 1 600 m²,其中面积小于 500 m² 的 64 个,面积介于 500~1 000 m² 的 17 个,面积大于 1 000 m² 的 19 个。蒙彼利埃主要以分布均匀的大开放空间和密集的小型开放空间为系统。盾形的老城中央是最主要的活动广场,便于各个方向的居民到达,小型开放空间的密集布置使得居民步行不过 100 m 即可到达一个休息交谈的场所(图 5-3)。

阿维尼翁的老城区较大,曾经是罗马教皇的居住地,面积约 150 hm²,其开放空间的尺度也相应较大。开放空间总面积约 21 hm²,占老城面积的 14%,个数为 117 个,平均面积 3 550 m²,其中面积小于 500 m² 的仅 21 个,面积介于 500~1 000 m² 的 35 个,面积大于 1 000 m² 的 61 个,居民步行 120 m 内能到达开放空间。阿维尼翁的开放空间主要分布在外城,另外,沿轴线的两个大广场是城中居民最主要的大型活动的举办场所,也是阿维尼翁最主要的历史见证者。城中的开放空间系统以大于 1 000 m² 的空间为主,中型公共空间为辅,小型的不多,仅作点缀(图 5-4)。

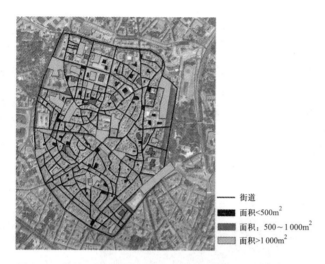

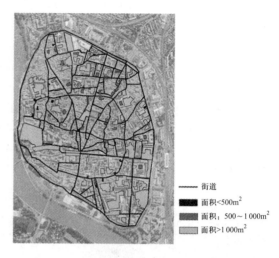

图 5-3　蒙彼利埃开放空间分布

图 5-4　阿维尼翁开放空间分布

4. 老城开放空间的形成

老城的开放空间系统不是一朝一夕能够形成的,这些开放空间不像中国一样有明确的功能地块招标设计而来,它们有的是城市规划师精心打造,但更多是市民组织根据自己的需要,利用城市的边边角角,在不经意间将城市的开放空间经过时间的雕琢后日趋完善。本节根据形成的原因,选取了四个经典的案例,说明老城中开放空间的形成过程。

4.1　历史遗留空间改造

这一类的开放空间是由城市过去的广场等开放空间保护改造而来。这些开放空间的功能随着时代的变化而发生了改变,但是开放空间的历史记忆依然被保留下来。本文列举的案例是位于法国老城区南部圣让大教堂(Cathedrale St Jean)前面的圣让广场(Place Saint Jean)。

圣让广场长约 60 m,宽约 40 m,位于建于 1180—1440 年的圣让教堂西边,四周都是建筑,东西南北各有道路相连。中世纪,以圣让大教堂、圣十字教堂(Eglise Ste Croix)和圣蒂昂教堂(Eglise St Etienne)为中心的教会区四周被高墙围护,成为里昂的城中城。广场极为古朴,铺地采用青砖,并采用古典主义手法,在中心布置了受洗的雕塑亭,雕塑四周有泉眼留下,雕塑位于抬高约 10 cm 的台地上庄重典雅又平易近人,四周的建筑除大教堂外,多为普通民居,底层设置为咖啡店。

现在的广场经过简单改造,被分割成车行、停车场、人行广场三部分,分割的工具是水泥的墩子,水泥墩之间用顶上的粗铁链相连(图5-5),这些可爱的水泥墩在确保了交通秩序的同时俨然和周围环境融合成了一体,台地上安装了路灯和排水孔等设施,保证广场的使用。

中世纪教堂前的广场是老里昂最为活跃的场所,每逢弥撒前后,市民们自然聚到一起,交流情谊。婚姻和生死都在教堂的门前公布名单。踏着厚厚的石板,时光恍惚,可以想象以前里昂人的生活。复活节,男孩穿着骑士装,女孩打扮成公主,像鲜花在广场上一朵朵盛开。广场边缘,店门口摆着咖啡座,总有人坐着闲聊,琥珀色的啤酒杯渐渐浅了,直到杯子完全透明了,闲坐的人们还是不肯起身离去。他们要尽情享受这里温馨的空气。广场里就这样终日上演着生活的各种场景,活跃而洋溢着浓重的人情味,赋予里昂这座城市鲜明的个性。

圣让广场如今依然是宗教和民俗活动的中心。从广场抬头可以望见富维耶山顶的圣母院(图5-6)。每年12月8日的灯节,市民们都会举着蜡烛和灯笼从广场登上富维耶山顶,在圣母院前感谢玛丽亚在1648年那场大瘟疫中拯救了这座城市。

图5-5 圣让大教堂广场空间划分

4.2 城市规划与民间组织协调

由于在老城中寸土寸金,加上法国的土地是私有制的,所以想增加开放空间面积是一件非常困难的事情。尽管如此,设计师们还是会通过各种努力给城市创造优美的环境。其中最常用的一种方式就是在需要开放空间的地点,与该土地的拥有者协商,通过协商说服土地拥有者将一部分土地分享给市民使用。这一类的土地所有者大部分为教会或慈善组织,通过这一方式形成的开放空间一般经过精心的设计,能满足土地所有者和大众使用的双重需求。本案例选择的是蒙彼利埃 Communaute d'Agglomeration de Montepllier 广场(图5-7)。

图5-6 从广场看圣母院

该广场位于蒙彼利埃新老修道院之间,是通过对老修道院改造形成的公共空间。它的形成是由于城市空间需要,将老修道院的一侧拆除,使原来修道院内向的空间面向街道,成为可以供市民使用的开放空间。

由于它西面的地形较高,为了让它与周围环境融合过渡,采用了台地的设计手法。通过高程变化形成三层台地,并将这三部分有机结合起来,形成新的设计。第一层是原有的古道,在保留原有古道铺装的基础上拓宽了路边,并用相同铺装将新修路与古道相融合,但采用了特殊的铺装方法保留原有建筑的基础,将新旧铺装区分开来。

图5-7 广场实景

第二层是一带状的平台,在平台上可以看见行人,平台东侧连接一个儿童活动空间,平台设栏杆,西侧与现有地形结合。

第三层是修道院的庭院。由于拆除了一面的房屋,所以修道院的内庭便暴露出来,供市民使用。不过在实际施工过程中,由于这些地都是修道院私人财产,修道院想保留部分私密性,所以这个庭院只能观赏,目前游人尚无法进入。

三层台地象征了蒙彼利埃的昨天、今天和明天,它是通过有关部门与修道院协调取得的结果,为市民争取了更多的开放空间。

4.3 利用城市边角的灰色空间

老城中大部分开放空间并不是刻意为之的,而是充分利用了建筑肌理的交错和建筑转角形成的灰色空间,通过加上简单的设施,比如篮球筐、座椅、树池等,巧妙利用空间,赋予场地新的意义和功能而形成的。本节案例是位于里昂老城区的 Place Saint-paul 广场。

Place Saint-paul 广场主要解决的是交通问题。它位于古典建筑 Hotel Saint paul 东北面。西北面由于富维耶山的影响,地形抬高,建筑肌理随着山势和河流的走向在这里交错开来。广场周围的建筑是普通的民居,底层是咖啡店,咖啡座是观察广场的良好场所,而广场也形成了一个观察建筑透视的良好平台(图 5-8)。

图 5-8 广场建筑透视

Place Saint-paul 广场是一个边长约 38 m 的等边三角形。为了解决交通问题,广场以交通岛的形式,被分成了三块,北面和西面外围是停车场;南面有个鱼形的小交通岛,设置了公交车的停靠站,周围路牙高出路面,并以铁质竖杆将其围住以保证其中人员安全。公交站南面是公交车的行车道,也是被一个三角形巧妙地划分出来;广场中间是一个三角形的区域,被不同铺装和抬高的路牙划分出来,它是里昂租借自行车的租借点之一。为了保证安全,在周围设置了栏杆和白色的石条。天然材质的石条不仅很好地与周围环境融为了一体,使古城更有韵味,还为行人提供了座椅,并且起到了栏杆的作用,保证了行人的安全。

图 5-9 自行车租赁点

与别的广场最大的不同点是,这个广场的主体是自行车租赁点(图 5-9)。2005 年 5 月 19 日,里昂推出了公共自行车 Velo'v——一种自动的公共自行车系统。这个系统允许用户在一个租赁点取车,在不同的租赁点还车。根据不同的预付费方式,用户可以享受 30 分钟到 1 小时的免费使用时间,超出部分费用也很低廉。系统简单、新颖、便捷,被里昂市民广泛接受,每天平均被租借 10 000 次。目前,这个自行车租赁系统共有 343 个租赁点,4 000 辆自行车。

这样的小广场在里昂到处皆是,它们构成了人们日常生活的一部分,为人们的生活提供便利。它不精美,却设计得简单直接,也没有过多设计的元素,可是能满足人们的日常生活需要。如果说那些大广场像大型超市,它们就像便利店一样,无声无息融入了寻常百姓家。

4.4 市民自发利用

这类广场本身并没有什么特色,甚至不是一个完整连续的场地,但是由于市民自发的定期活动,使得广场有了新的功能,并融入了市民的日常生活,成为市民活动的中心。本节案例选择的是位于里昂 9 区,富维耶山东面,靠近索恩河的 Rue Laporte 街三角形集市广场。

广场被三条主要的道路分割,形成完整的三角形,三边长分别约为 90 m、70 m、55 m,并且连接着六条城市道路,西面高高的钟塔作为标志物控制着广场(图 5-10)。广场上种植树木,周围是停车带,靠斑马线与周围的居住区相连。有意思的是,这个简单的三角形空间,形成了极其富有当地特色的早市,不同的卖主推着精心装点的货车,带着帐篷,到这个人流汇集的三角地卖自己的产品,非常热闹。

图 5-10 集市广场的钟塔

里昂的这些市场的营业时间是周期性的,每周一次至数次不等,大都是在上午,早晨大约 6 点就已经开始了,一般持续到中午,甚至有些市场会持续到下午 1 点半。在这个市场中多为食品,各类蔬菜水果肉类奶制品应有尽有。它们的存在满足了城市居民的菜篮子需求,方便了他们的生活,而且作为有名的美食之都,里昂城中有名的餐馆,其食物原料,除了有特定的供应商之外,基本上是在这样的露天市场上采购的。在这些露天市场上活跃着不同的职业群体,除了管理者和从事食品、卫生检查与市场清洁工作的市政人员外,主体便是各类商人,还包括商人在当地雇佣的打工者。这些商人基本上是长期拥有固定市场场地租赁合同,有规律地定期出现在市场的同一个位置。这些人中长期从事这样商业活动的人不在少数,甚至很多是子承父业。除此之外,一些零散的商人,他们来市场摆摊的时间不定,也没有固定的摊位。在这个三角形的露天市场上卖的多是有机食品,卖主多为里昂周围的农户,这些市场上活跃的职业人主导着市场的运作,他们与消费者之间的互动构建着当地的市场文化(图 5-11)。

图 5-11 集市广场实景

5. 总结

欧洲老城通过建筑围合构成了开放空间系统。通过四个案例的对比,我发现欧洲老城建筑围合的空间存在很多共性。她们建筑体量大致相同,平面尺寸大约为 12 m×7 m。这些建筑形成一个个内向围合的空间,再由这些组合体形成城市的街道和开放空间。由于老城形状不同,道路形态各不相同,所以组合体实际上是由道路分割的形状不一的斑块。街道宽度大多在 2~3 m,面对街道和开放空间的都是建筑的立面,开放空间面积占老城面积大多在 14% 左右,在老城中分布均匀(表 5-1)。

表 5-1　四老城开放空间比较

	里昂老城区	尼姆老城区	蒙彼利埃老城区	阿维尼翁老城区
形状	狭长形	三角形	盾形	圆形
总面积 （hm²）	24	32	54.5	150
开放空间 面积（hm²）	3.6	2.7	8.1	21
开放空间 用地比例	15%	8.4%	14.9%	14%
开放空 间数量	30	48	100	117
开放空间 策略	均匀型,大中小型开放空间数量均衡且分布较为均匀	集约型,以小型开放空间为主,南部圆形剧场是最重要的大型开放空间	折中型,以大型和小型开放空间为主,老城中央是最主要的开放空间场地	功能型,以大型为主、中型为辅、小型作为点缀

　　不同面积和不同形状的老城会形成不同的开放空间配比。面积越大的老城,面积大于 1 000 m² 的开放空间越多,面积小的老城则倾向于用多而密集的小型开放空间（面积小于 500 m²）来布置老城。

　　这些开放空间系统由一系列开放空间构成,其形成过程是漫长的,是规划和自发形成双重作用的共同结果。开放空间系统经过各种力量的协商和努力,使得城市公共空间更加符合人们日常生活的需求,提高了人们的生活品质。

*未特别注明的照片和图片均为笔者拍摄和绘制

专题6　城市户外公共空间的分割、组织与使用
——以法国南部城市为例

赵爽

摘要：公共空间因使用者交通和驻留的需要，被分割为不同功能的空间。同时，这些空间被有机地组合起来以丰富市民的公共生活。本文将户外公共空间视为立方体，归纳顶面、侧面、地面，分析法国南部城市公共空间边界设计手法。最后指出城市公共空间需要逐级满足市民安全、便捷和趣味的要求。

关键词：边界设计；公共空间；户外生活；法国

1. 引言

　　漫步法国南部城市，舒适又自由。走累了随时有地方休息，急着赶路时有最快捷无障碍的道路。稍远的地方，可以方便地使用公交线路，一路畅行。在这样的城市公共空间中，静则可以享受城市的文明和精致，动则可以最快捷的方式到达目的地。无论是街道、广场还是公园，"动"与"静"的行为总是同时存在同一公共空间当中，互为风景，互不干扰。人们可以随时变换行进的速度，或快步向前，或停下休息，或欣赏橱窗，或在咖啡厅小坐。

　　生活本不应严格划分为交通、休憩等绝对状态，它应该是各种状态的自由混合。

　　本文从城市设计的角度，分析法国南部城市公共空间中通行与驻留空间如何清晰划分，划分的边界如何巧妙设计，最终使得人们在其中自由活动。

2. 法国南部城市公共空间边界设计分析

　　空间可以抽象为一个立方体。分割与组织空间的边界设计，作用于顶面、侧面和地面。

2.1　顶面

　　公共空间的顶部装置可以用向下的张力分割空间，同时保持空间的通透。这种设计手法，首先出于避雨、遮阳的目的，建成后具有强烈的暗示行人停留的意味。这样塑造的空间具有通透性，可以从下边穿过。在法国南部城市的空间中大多是户外装置（图6-1）。

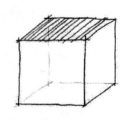

图6-1　空间顶部示意图

2.1.1 街头的雨棚

图 6-2 是尼姆市一座户外公共设施（图 6-2，图 6-3），可以用于集会、候车。笔者经过时正在下雨，很多居民聚集于此。它为人们提供遮蔽，也创造了交流的机会。这个空间宽敞舒适，同时人们进出非常方便。值得注意的细节是亭子顶部中央是透明的玻璃，可以提供自然采光，避免过大的遮阳棚使空间阴沉。

这巨大的顶盖和抬起的地面，标示这是一个与周围不同的空间。它与四周的车行道形成强烈的对比。

里昂国际城（La Cite International）是一个集经济、文化、娱乐、住宿功能为一体的崭新的国际化城区，由当代最著名的建筑师兰佐·皮亚诺（Renzo Piano）和园林设计家米歇尔·高拉茹（Michel Corajoud）设计。

国际城拥有遮雨棚系统。两排建筑之间有一个连续的透明雨棚。它在道路之上保护行人，高度约 10m。玻璃框架结构顶和纤细的支柱使它界定的空间十分通透。人们被引导都走在雨棚下。这条雨棚联通了国际城所有重要的建筑和功能：餐饮、会议、居住、办公、酒店。一些餐厅也把座椅摆在这个空间里。这个巨大的雨棚成为一条联系室内外、糅合交通与驻留功能的界定设计（图 6-4，图 6-5）。

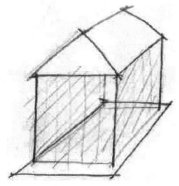

图 6-2 尼姆市区公交站台

图 6-3 雨棚营造的空间

图 6-4 里昂国际城廊道

图 6-5 里昂国际城广场

2.1.2 餐厅的阳伞

阳伞被大量地使用于城市公共空间中。桌、椅、伞几乎成为了广场和街道的必要元素。对于行人来说它们形成了最简单的一处休息的空间。对于餐厅和咖啡馆来说，这是缓和室内空间

不足的最好办法。对于城市政府,这是节省公共设施开销的好
办法(图6-6)。

图6-7和图6-8是蒙彼利埃市的喜剧广场(Plaza de Comédie)。
热闹的晚餐和聚会正在广场上进行。各家餐馆租用的广场空间都是
用不同样式的阳伞界定的。作为一种驻留空间,阳伞把伞下的空间和
广场其余通行空间分割开来。

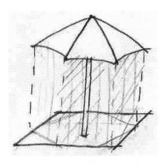

图6-6　阳伞营造的空间

图6-7　喜剧广场夜景

图6-8　商家租用地块标识

2.2　侧面

空间侧面的设计手法,是经典意义的边界设计,也是最直接、有力
的设计语言。法国南部城市很少有实体、封闭的栏杆分割空间,取而
代之的是不连续的、多功能的、形式多变的以及给人心理上感觉不坚
硬锋利的设计元素(图6-9)。

2.2.1　植物

植物可以"温柔"地分割空间。它"若隐若现"地遮蔽人的视线,
留下观察的可能,并且使人感到自然和舒适。各种乔冠草植物可以组
合界定一个完整的空间(图6-10)。

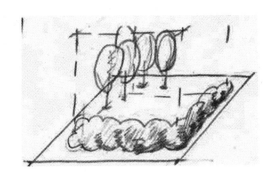

图6-9　空间侧面示意图　　图6-10　植物组合分割空间

以里昂美术馆的内部庭院为例（图6-11），过往人流量约每分钟100人次，面积仅约800 m²，但是植物仍然围合出十二个半私密空间。植物的栽种和修剪是典型的法国古典园林手法。道路和休息的小空间被植物和轻盈的竹围栏分隔。这种分隔主要在于人的心理距离和视觉的遮蔽（图6-12）。

图6-11　里昂美术馆的内部庭院

图6-12　美术馆庭院一角

图6-13是里昂某疗养中心的户外庭院，约200 m²的院子，三面有建筑围合。中间有三个两米左右的盆景分界，座椅沿墙体摆放。这样的设计让使用者不会一眼看到小院子的所有，而简洁的盆栽作为遮挡和分界的元素非常克制，使不大的户外空间变得宽敞而自由。

各种尺寸的盆栽被大量使用于里昂的街道和广场。在满足灵活摆设、界定空间的功能同时，人们难以抗拒绿色对城市的装扮（图6-14，图6-15）。

图6-13　里昂某疗养中心的户外庭院

图6-14　里昂街景

2.2.2　立杆

本文用"立杆"而非"栏杆"一词，是因为法国南部诸城的公共空间中几乎没有出现横向的护栏阻拦行人的情况。各种型号、颜色的杆立在法国的街头巷尾,它们的共同特点是可以在视觉和心理上形成一条边界,但仍可以通过(图6-16)。图6-17和图6-18是里昂半岛区中心广场,两排立杆在广场中间分割出一条车行道。

图6-15　阿维尼翁街景

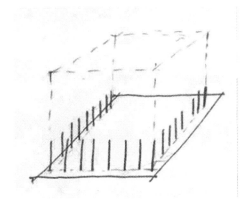

图6-16　立杆界定空间示意图

图6-17　穿过里昂共和国广场(Lyon Parc Auto
Parc République)的车行道夜景

图6-18　日景

立杆这种元素也很好地起到提示的作用。例如,在里昂街道的人行道口,立杆的形式和位置会发生微妙的变化。这可以通过视觉效果提示正常行人,也可以通过触觉提示残疾人,对过往的机动车也有一定的警示效果(图6-19)。

粗短的立杆或大石头也被用于边界设计。它们所起到的提示和引导的作用是一样的,虽然造价不同,却视情况不同,能够达到与环境更加协调的效果(图6-20)。图6-21是里昂维勒班区费斯纳公园外城市快速路侧步行道路上的设计。石块均来自公

图6-19　里昂安托南培兰路(Rue Antonin
Perrin)人行横道

园,与市郊的开阔和野趣的风光十分协调。图6-22是阿维尼翁火车站附近的道路。矮小、深绿色的装置和周围低矮的建筑、热带植物在视觉上层次对比效果很好。

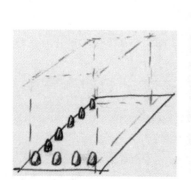

图6-20 巨石界定空间示意图

图6-21 里昂洛朗博纳韦(Boulevard Laurent Bonnevay)大道

2.2.3 座椅与其他设施

整齐的座椅阵列本身就给人强烈的冲击力,明确提示人们这一区域是用于就餐的。边缘桌椅形成的"虚线"自然成为了饮食空间的界定。图6-23和图6-24是法国南部各城市中随处可见的场景。

图6-22 阿维尼翁火车站附近的道路

图6-23 里昂街景

2.2.4 空间完形

不完整的空间形状会被使用者心理补足,即尽管空间的边界没有形成完整的形状,如方形或圆形,但观察者会感觉到这个空间有完整的形状(图6-25)。图6-26是里昂美术馆内部庭院的一处小空间。植物、椅子形成了一个若隐若现的圆。中央的雕塑加强了这种空间感。图6-27是一个不完整的圆,连续的弧形边界给人的心理感觉是一个完整的圆。

图6-24 阿维尼翁街景

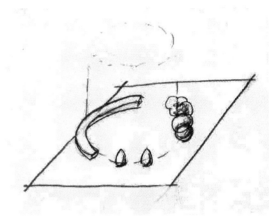

图6-25 完形组合界定空间示意图

图6-26 里昂美术馆一角

图6-27 里昂七区街景

2.3 底面

城市公共空间的底面可以出现多种变化,可以是铺装的手法和色彩的运用,也可能是地形的变化。色彩和材质可以通过视觉的感受提示人们使用空间的规则,引导人的行为。地形的微小变化,也能起到相同的效果,甚至更有效地将汽车阻挡在外。一两级台阶或转角就可以把赶路的人们和休闲的人们区别开(图6-28)。

2.3.1 铺装

地面的铺装是最常见的底部界定方法(图6-29)。在里昂第七城

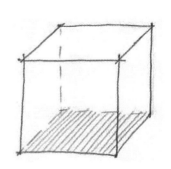

图6-28 底面界定空间示意图

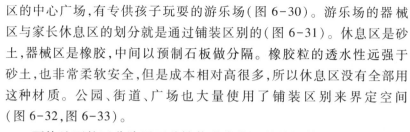

区的中心广场,有专供孩子玩耍的游乐场(图 6-30)。游乐场的器械区与家长休息区的划分就是通过铺装区别的(图 6-31)。休息区是砂土,器械区是橡胶,中间以预制石板做分隔。橡胶粒的透水性远强于砂土,也非常柔软安全,但是成本相对高很多,所以休息区没有全部用这种材质。公园、街道、广场也大量使用了铺装区别来界定空间(图 6-32,图 6-33)。

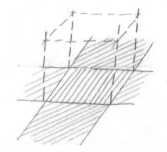

图 6-29　铺装界定空间示意图

两块地面的区分除了两种铺装形成的面的关系外,也可以用铺装形成线。线的元素可以进一步组成网络。地面被线的铺装语言分割成单元。因为人不喜欢失去尺度感和视觉标志的旷野,所以广场被暗示性的分割后更加方便人的使用(图 6-34)。

里昂的市政厅广场的铺装最强烈地体现了这种界定的功能。周围商家划分租用地块均以地面的格子为准线。不只是用餐,人们观看表演、讨论下意识的以这种"格子"为界。而行人穿行广场的时候却可以选择各种方向,以直线最近的路径,完全忽略脚下的网格。这样的设计把通道空间和驻留空间巧妙地融合在一起(图 6-35,图 6-36)。

图 6-30　里昂七区儿童游乐场

图 6-31　游乐场的不同铺装

图 6-32　里昂街景

图 6-33　里昂百来果(Bellecour)广场边界

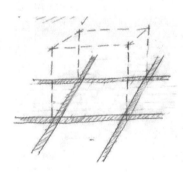

图 6-34　铺装界定示意图

图 6-35　里昂泰罗广场(Place de Terreaux)餐厅

图 6-36　泰罗广场底面网格

2.3.2　地形

法国城市内人造地形以沉浮的方式在水平(或均质倾斜)的市

区环境里界定出子空间（图6-37，图6-38）。图6-39和图6-40都是里昂老城区街角的小空间。空间的领地感很强烈，与周围不同的地形已经明确地提示行人，这里与旁边道路的不同。再装点一些桌椅，或是类似桌椅的装置，好客的邀请信号就被明确地发出了。

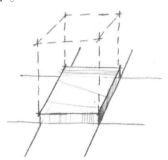

图 6-37　底面抬升

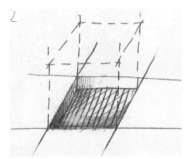

图 6-38　底面下沉

图 6-39　里昂老城瑞沃利路（Rue du Boeuf）街角

2.4　辅助

除了空间的界定之外，还有一系列辅助的手法用于强化公共空间的分割和组织。

2.4.1　灯光

灯光既可以在夜间界定空间，也可以在日间使用（图6-41，图6-42）。MONOPOL酒吧的霓虹灯首先照亮了酒吧外的一圈。走近酒吧，酒吧内的灯光不但为户外的客人提供照明，而且再次划定了一层空间，介于室内和街道之间。

灯光界定空间要求人们对灯光使用控制达成共识。如果很多餐厅灯光都耀眼，互相干扰就会降低各自界定空间的效果。不过，竞争总是存在的，尽管当地人有共识和法律限制灯光，但灯光界定空间大多数情况只能作为界定空间的辅助手段。这种辅助手段可以让人对空间的感觉非常柔和，是一个渐进的过程。

图 6-40　里昂安培广场（Place des acobins）

2.4.2　色彩

法国南部城市的色彩整体感很强，主要是米色、淡粉色系。但是在建筑物的第一层和街道两侧充满明艳的色彩。各家店主会精心挑选与众不同但是又不会刺眼的颜色。图6-43是里昂富维耶山下教堂边的一家小店，专卖明信片和海报。三个蓝色木盒子和店面的颜色相呼应，界定出一块 10 m² 左右的长方形地块。

3. 经验启示

安全、方便、趣味是市民对公共空间逐级提高的三个层次的需求。

图 6-41　里昂夜景

图 6-42　里昂街景

图 6-43　里昂一区街景

同时,公共空间的功能总是复合的。例如车行交通与人行交通的复合,游憩区域与通道的复合。不同功能之间的边界设计,出发点往往是人们的安全,要让汽车不会冲上人行道,孩子不会跑进车流中。

在安全问题解决后,方便成为了必要的需求。每个人拥有不同的生活节奏。市民需要在上班、赶车等急需到达自己的目的地时,利用最短的道路、最快的方法和面对最少的干扰。这是公共空间被一定程度依功能分割的原因。

所谓"一定程度",便是为了公共空间的趣味。如果公共空间只能保证安全和方便,那么"自发性活动"和"社会性活动"就会不尽如人意。吵人的噪音、混乱的交通会让人在户外停留的心情全无。人们即使想聊聊,有闲散的时间打发,也不知道可以停留在哪里、做些什么。

法国南部城市的公共空间,每种功能之间都被分割:机动车道、自行车道、跑步道、慢行道、驻留区等。但是各种功能之间绝非泾渭分明。分割的方式往往是引导性的、建议性的,以视觉为主。

公共空间不仅要被合理地分割,也要智慧地组合。为什么界定的边界设计形态万千?它们总是与周围的环境相联系,与人们的使用需求紧密联系。为什么界定的边界多是"杆"而非"栏"?市民因此拥有了自由穿行的选择的权利。

生活由不同的部分组成,这些部分并非理性逻辑能够完全分解的。这便是城市功能主义走入绝路的原因。妙趣横生的公共空间诞生于人们对惊喜的期待,对混合生活各个部分的向往。城市设计应该遵循人们的天性。在想坐的时候就有座位,需要购物时就能立即找到商店,想赶路时能轻快地到达想去的地方。

当然,城市要达到这样的要求,并非小尺度的空间设计可以独立做到,更加关键的因素是城市的公共政策和规划。这些法国城市公共空间的车流量只相当于北京住宅区内的水平。在北京城市的滚滚车流中,对安全的基本需求牺牲了城市的便捷和趣味。

*未特别注明的照片均为笔者拍摄

专题7 景观设计中的"同"与"不同"
——解读法国里昂城市景观设计有感

许云飞

摘要：景观设计是一种改善城市环境、提高城市空间品质的重要手段。本文通过分析解读法国里昂几个较为成功的城市景观设计案例，归纳得出这几个景观设计案例中三个共同的设计目标，分别是：设计适应并利用场地的原有特征，满足使用者对场地的使用需求，建立使用者与场地间的互动关系。

关键词：景观设计；设计方法；设计目标

1. 引言

城市无疑是人类劳动与智慧的产物。人们建造城市的初衷是为了让人们更好地在其中生活。如今，城市已经发展成为当代人最主要的生活居所。此时的城市不仅要为人们提供安全的生活空间，更需要满足人们对良好居住环境品质的需求。

然而当城市的发展进入工业化时代以后，城市功能的内部组织越来越复杂，城市空间的环境品质急剧下降。这时，景观设计成为一种改善城市环境、提高城市空间品质的重要手段。

2. "不同"的设计过程与"相同"的设计目标

景观设计服务的对象是城市空间，即具体的空间场地。不同的场地具有各不相同的空间特征，面临各不相同的场地问题。景观设计过程必须针对特定的场地特征，选择具体的设计手法，解决特定的场地问题。因此，单独看待每一个景观设计过程都是不尽相同的。

虽然每一个具体的景观设计过程或手法不尽相同，但是如果从更广的尺度和深层意义上来探究，每一个成功的景观设计都有一些共同性。如果将这些共同性进行细致的归纳，不难发现成功的景观设计案例大多追求相同的设计目标。

本文通过分析法国南部城市里昂、蒙彼利埃的城市景观设计案例，总结成功的景观设计所表现出来的共同结果。

图7-1 维勒班公园的步行道

图7-2 步行道旁的标识系统

图7-3 连续的"之"字形坡道

3. 案例分析

3.1 里昂维勒班滨河公园

维勒班滨河公园南靠里昂一大,北临罗纳河,沿河呈带状分布。整个公园的设计手法极其简洁:仅在原有场地上增加了一套步行系统和标识系统。这样的设计手法保留了公园原有丰富的自然景观和植被、原有的蓄水池和已经废弃了的水井等(图7-1)。

步行道的设计将人们带到公园中来(图7-1)。公园中的活动空间是完全自然的场地,没有被设计师定义过功能的场地。人们在这里举行各种自发性活动,如漂流、钓鱼、烧烤、野餐等,这些活动都与场地的自然特征密切相关。沿着步行道的线路设计有一套标识系统,它不仅包括为人指路的导游地图,更重要的是向游人宣传各种生态环境知识(图7-2)。人们在公园中活动的同时,更加关注对自然环境的思考,实现人与场地的互动。

3.2 里昂红十字坡社区儿童活动公园

在里昂红十字坡地区,陡坡是这一地区最大的自然地形特征。社区的规划尽可能地顺应这种地形的走势,建筑和道路首先被布置在坡度相对平缓的地区,社区中心一块被建筑围合的陡峭坡地成为这个社区的核心开放空间。

在这块场地上,设计师选择了多种设计手法,在克服自然条件限制的同时,满足社区居民,尤其是儿童们户外活动的需求。例如通过连续的"之"字形坡道和坡道之间的台阶踏步连接陡坡的上下两端(图7-3);利用自然陡坡设计三种彩色的儿童滑梯,形成三组主要的儿童活动场(图7-4);道路和场地铺装的变化给使用者带来丰富的触觉感受等。

设计几乎没有改变场地的自然地形,却满足了社区居民的活动需求,同时让人们在活动的过程中有丰富的感官体验。

3.3 里昂富维耶山登山步道景观设计

富维耶山是里昂整座城市的制高点,山顶的圣母院更是里昂人精神与信仰的象征。从富维耶山脚到山顶有一片景色优美的树林。人们可以选择步行穿过这片树林到达山顶(这是最近的一条路),或者沿树林两边的机动车道绕到山顶。步行者通常会选择第一种方式,在欣赏美丽景色的同时体会爬山的乐趣。

这是一条简单的上山路径的设计。设计师同红十字坡社区儿童公园的做法相似,仍然采用连续的"之"字形坡道和坡道之间的台阶踏步的设计方法克服自然陡坡的限制。这种线形的设计语言可以最少地破坏场地原有的植被和地形。但是,与红十字坡社区儿童公园不同的是,设计师在每一个之字形坡道的转折处都设计了可以让使用者停下来休息的场所空间(图7-5,图7-6)。

通过富维耶山登山步行道的设计,使用者既可以通过步行最短距离快速往返于山脚和山顶之间,又可以在轻松的游览途中休息、小憩与欣赏自然风景。

3.4 里昂埃米勒佐拉广场

里昂的埃米勒佐拉广场是一个由多条交通线路汇合的城市道路交叉口空间。七条城市道路在这里相汇,外加一条城市有轨电车线路和一个城市地铁站点。复杂的交通流线是场地的最大特征。如何有效地疏导交通成为场地设计面对的最大挑战。

设计师通过对七条机动车道的机动车行驶规则与方向的规划设计,已然较为成功地疏导了现有场地机动车交通。通过对机动车规划设计的分析,可以看到通过埃米勒佐拉广场的机动车仅有两个相会点(图7-7)。

在这个基础之上,设计师又通过一个完形的椭圆形铺装的设计完成了埃米勒佐拉广场对步行空间的引导与组织。连续的椭圆形铺装将整个广场的步行空间分为三个层次:禁止步行空间(即留白性空间)、通过性空间和停留性空间(图7-8)。

整个椭圆形铺装界定的内部空间规划为禁止步行空间和通过性空间两种,结合地铁站的出入口构建了广场核心空间的通行秩序。椭圆形铺装界定的外部空间结合建筑功能规划为停留性空间。在广场解决了核心的疏导交通的问题之后,停留性空间为广场及周边建筑的业态带来了新的秩序与活力(图7-9,图7-10)。

图7-4 利用自然地形放置的滑梯

图7-5 坡道转角处的小花园

图7-6 上山的连续"之"字形坡道

图7-7 埃米勒佐拉广场车行分析

图7-8 埃米勒佐拉广场人行分析

图7-9 埃米勒佐拉广场的禁行空间

图7-10 埃米勒佐拉广场的停留性空间

图7-12 儿童在人工水池中玩耍

在埃米勒佐拉广场的设计中,设计师通过一套机动车行驶规则和一个椭圆形铺装的设计手法,完成了对广场复杂的交通功能的组织,并且成功地将一个由多条交通线路汇合的城市道路交叉口变为一个富有活力的城市客厅。

3.5 里昂冈贝塔滨水广场

罗纳河和索恩河是贯穿里昂整个城区的两条母亲河。里昂的城市滨水空间也因此成为整个城市的一大亮点。在所有的城市滨水空间设计中,冈贝塔滨水广场无疑是最具代表性的。场地原本只是位于吉约蒂耶尔大桥下的一处相对开阔的灰空间。设计师正是利用场地相对开阔的特点,由高到低设计了一系列富有韵律变化的大台阶和紧邻河堤的人工水池(图7-11)。

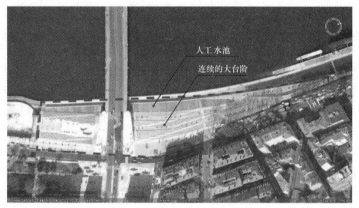

图7-11 冈贝塔滨水广场平面图

宽阔的大台阶为行经这里的人们提供了停下来的空间,大台阶所独有的开阔视野又给人们提供了停下来的理由。在场地最低处的人工水池与罗纳河相互映衬。罗纳河两边高高的河堤隔断了人们接近河水的空间,而浅浅的人工水池正好为人们提供了一块亲水的场地(图7-12)。水池及其周边的空间成为整个场地的"舞台",连续的大台阶作为场地的"看台"。由此,在冈贝塔滨水广场上活动的人们与河水之间形成了一种密不可分的互动(图7-13)。

每年夏天的傍晚,各种音乐团体会在水池中表演,吸引着无数路人在大台阶上停留和欣赏。这正是对冈贝塔滨水广场场地精神的最好诠释。

4. "不同"的设计过程,"相同"的设计目标

通过对里昂五个成功的城市景观设计案例进行解读,使用列

表的形式汇总五个不同的设计过程。虽然五个案例的场地特征和设计手法不尽相同，但是每个案例的设计结果都可以汇总为三个相同的方面：一是设计适应并利用场地的原有特征；二是设计结果满足了使用者对场地的使用需求；三是设计让使用者与场地之间发生互动关系。由里昂城市案例总结出的三个方面的设计结果也可以看作是进行景观设计工作之前的三个目标（表7-1）。

图7-13　广场上的"舞台"与"看台"

表7-1　景观设计过程汇总

案例名称	场地特征	设计手法	设计结果	设计目标
维勒班滨河公园	丰富的自然景观和植被	完整的步行系统设计	保留场地原有的自然景观、蓄洪池和废弃的水井	目标一：设计适应并利用场地的原有特征
	原有的蓄洪池和废弃的水井	清晰的标识系统设计	人们在场地上举行各种自发性活动	目标二：满足使用者对场地的使用需求
			实现人与场地环境的互动	目标三：建立使用者与场地间的互动关系
红十字坡社区儿童活动公园	自然地形为倾斜接近45°的陡坡	连续的"之"字形步道	没有改变自然地形	目标一：设计适应并利用场地的原有特征
		步道之间的台阶与踏步	满足社区居民，尤其是儿童们户外活动的需求	目标二：满足使用者对场地的使用需求
		以彩色儿童滑梯为主的儿童活动场地	给使用者丰富的感官体验	目标三：建立使用者与场地间的互动关系
富维耶山登山步道景观设计	陡峭的地形与丰富的植被	连续的"之"字形步道	没有改变自然地形和原有植被	目标一：设计适应并利用场地的原有特征
		步道之间的台阶与踏步	使用者可以沿台阶快速通过，也可沿坡道欣赏风景，还可以停留与休憩	目标二：满足使用者对场地的使用需求
		"之"字形步道转折处的停留空间	优美的自然景色给使用者带来丰富的活动体验	目标三：建立使用者与场地间的互动关系

案例名称	场地特征	设计手法	设计结果	设计目标
埃米勒佐拉广场	七条机动车道汇集的道路交叉口,包含机动车、有轨电车、地铁和步行等多种交通方式	规划机动车行驶规则	简化交通复杂性,形成有序的交通流线	目标二:满足使用者对场地的使用需求
		椭圆形道路铺装——空间引导与分层	道路交叉口变为城市客厅,人们可以通过、可以停留、可以活动	目标三:建立使用者与场地间的互动关系
冈贝塔滨水广场	桥下相对开阔的滨河灰空间	连续的大台阶	人工水池为人带来亲水的乐趣	目标二:满足使用者对场地的使用需求
		人工水池与自然石的点缀	连续的大台阶给人们提供停留和欣赏的空间	目标二:满足使用者对场地的使用需求
		统一的石材及色彩设计	利用场地原有的高差,结合不同的活动形式,创造"舞台"与"看台"的互动关系	目标三:建立使用者与场地间的互动关系

当然这三个相同的设计目标/设计结果并不是各自独立的,它们依托使用者和以场地为载体,在两者之间相互交叉与融合,表现出实际的意义。当一个设计的目标和结果相一致的时候,设计便可谓成功。

*未特别注明的照片和图片均为笔者拍摄和绘制

专题 8　水岸的平行线

林双盈

摘要:作为里昂城市名片的罗纳河见证了里昂的城市起源、发展和复兴。她用平行的线性形态为城市生活提供了优质的景观、尊重河流本身特性的连续堤岸和支持市民活动的滨水空间。类型各异的河岸节点丰富了城市整体景观形象。为我国建设符合现代城市精神和发展的滨水空间提供了借鉴。

关键词:滨水景观设计;法国里昂

1. 引言

　　里昂不是一个人们通常印象中的旅游城市,它散发的气质是真实、简约。初次接触这座城市,给人印象最深的感受是它交织在厚重历史中的现代生活。这种穿越历史与现代的生活,可以在里昂城的水岸边寻找到踪迹。从里昂城中流淌而过的索恩河、罗纳河就像两条优美的缎带,低调却又掩不住光芒,成为里昂城市精神的象征。它所散发的气质,代表了整个城市的平和、真实。

　　里昂城市与水面的边缘呈带状展开,水面、河堤、生态、休闲缓冲带、道路和建筑犹如一条条平行的线条,平静地排布。这些平行的线性空间,似分似合,忽近忽远,记载了里昂城市发展的历史,承载了现代人多姿的公共生活,同时,也缓和了城市发展中的种种矛盾。

2. 水岸历史概况

2.1　罗纳河、索恩河历史概况

　　里昂起源于索恩河西岸一片罗马殖民地。从高卢-罗马时期一直到工业革命前期,里昂城市在索恩河两岸发展,索恩河是城市的排水渠和商贸交通干线,并一直通航至今。

　　罗纳河发源于瑞士阿尔卑斯山,经阿维尼翁等城市最终汇入地中海。里昂为罗纳河上游和中游分界点,在这,罗纳河与索恩河相遇,形成了 Y 字形半岛。1852 年罗纳河左岸平原开始大规模开发,并在下游建设港口和工业区。20 世纪以来,城市主要在罗纳河东岸的平原发展。

索恩河、罗纳河如欧洲众多河流一样,经历了自然-人工化-生态恢复的过程。从1945年起,在水力发电、航运及农业灌溉这三大开发目标的指导下,罗纳河进行了流域性的开发,建立了以水电站为主要设施的21个梯级区,河堤被加固、河岸生态环境遭到破坏。20世纪90年代末,里昂市政府为了实现将里昂建设成为欧洲级大都市的目标,先后开展了"里昂城市形象研究"、河流整治和蓝线规划等相关研究,研究成果整合入《2010里昂总体规划》,并通过具体的城市项目和土地利用规划得以实施。如今,索恩河、罗纳河水岸朝着景观轴和公共空间方向进行改造,将河流与城市进行整合。

2.2 岸线的变化

里昂城中的索恩河、罗纳河沿岸为了阻挡洪水泛滥的急流,19世纪修起了高堤,同时也改变了罗纳河的自然形态。20世纪60和70年代随着汽车的广泛使用,索恩河和罗纳河河堤被建成城市快速道路和停车场,滨水空间被不恰当使用,河流景观质量下降。作为环境改造及共享空间的尝试,金头公园1856年开始建造;20世纪90年代,以综合利用为目标的汇流区进行再开发;2000年位于综合社区沿岸的日尔兰公园建成;2001年11月,位于维勒班区的Feyssine生态公园向公众开放;结合停车场改建,隆和堤岸建成,水岸建设向着游憩、景观营造、空间复合利用的功能转换,水岸出现了新功能空间,如公园、步行道、自行车道、餐馆、儿童娱乐场、混合功能和居住空间。

罗纳河沿岸在漫长的变化中,形成了平行于水面的河岸。这个线性的水岸,从自然的生态河岸变成了百年防洪的高堤,又在高堤的线条下插入了点式的公共空间;由缓慢的人流空间转换到了车流人流并存的快速流动空间;从生态河岸变成了反映现代人生活需求的多功能水岸。

3. 水岸的平行线

3.1 空间界定

本文提到的平行的水岸是指在自河水和护岸交界处以外70 m(包括临水岸的第一个街区)范围之内。在这个范围内,罗纳河沿岸空间平行性明显。

平行线由平行的线性空间和点状的节点空间构成。"平行线"在大多数情况下是为行人或车辆流通提供条件,引导人们在行动中确定方向和寻觅途径。"点"是指在路线上供人停留的一些"节点"。穿越水岸,经过一系列连续的平行线,平行线上似分又连的节点是城市空间迷人的地方(图8-1)。

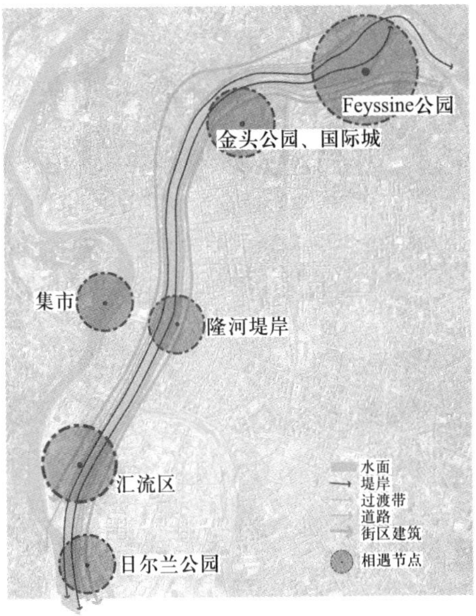

3.2 水岸特征

3.2.1 平行的景观

索恩河、罗纳河水岸典型的断面体现了明显的平行特征,由水面到街区的范围内通常由水面、河堤、生态和休闲缓冲带、道路和建筑平行带组成。这些平行带是软质形态要素向硬质形态要素过渡的地带。首先,是与水面紧接着的河堤,它是历史上防洪和运输需要的产物;生态和休闲缓冲带是活动最集中、元素构成最多样的带状空间;道路包括了非机动车道、自行车道和机动车道;沿河的商业建筑提供了良好的步行和购物环境,分布着档次较高的餐馆、家具店、古董店(图8-2)。

3.2.2 连续的水岸

从空间角度分析,水岸是一个连续的平行休闲带。这种连续性是建立在整个里昂城市整体城市风格一致的基础上。水岸旁连续的古老建筑以及人性化的道路设施,使得即使是穿行于多样的水岸空间,但却从未感觉这样丰富的建筑是独立于里昂城市之外的。过境交通与水岸内部交通分开,机动交通让位于慢行系统。自行车、步行、游轮等活动的引入,将水岸从空间上贯穿成连续的一个整体(图8-3~图8-5)。

图 8-1 平行的水岸及相遇节点

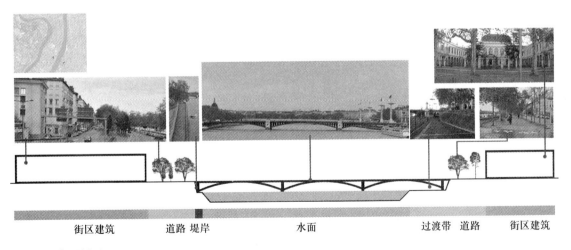

图 8-2 典型剖面

图 8-3　连续的自行车道

图 8-4　连续的轮滑和跑道

图 8-5　斜坡自行车道设计

图 8-6　立体的风景
（李迪华摄）

图 8-7　沿途的风景

平行的水岸体现了时间的延续性，城市肌理的形成经过了长时间的城市生活的沉淀，水岸的现状，是时间的检验和当地文化的认同。水岸开发与周边的历史遗迹遥相呼应，把水岸两侧的城市空间紧密地联系起来。让人觉得在享受现代品质生活的同时，阅读着里昂城市的古老故事。不同的边界产生的接触感觉有很大差异。

3.2.3　动态的穿越

水岸是城市中重要的景观观赏线，索恩河、罗纳河水岸动态的视觉造就了立体的平行空间。由于高堤的存在，水岸的改造采用阶梯式递进的改造，除了不同阶梯上平视的景观效果之外，仰视、俯视以及在穿越上上下下的线性线路时的体验，形成了连续的、立体透视效果的平行空间感受（图 8-6）。

穿行在紧贴着休闲和生态过渡带的机动车道上，能够体验到水岸快速的景观切换和沿街商业建筑不断切换的精致立面。在纵向上一道道穿越街区的视线通廊尽头，能够看到城市一个又一个的古老教堂、博物馆等标志性景观，让人似乎在时光中穿越（图 8-7）。

3.3　"平行线"背后的城市建设逻辑

透过平行水岸，可以看到罗纳河水岸设计的逻辑：人们的活动成为了水岸平行空间的改造动力，连续、易达的线性空间引导着人们的公共生活。平行水岸如同生活的舞台，各种活动有序地上演。

3.3.1　活动呼唤的形式

沿着平行的河岸行走，能够体验到众多散布在城市每个角落的活动,如同序列式地阅读里昂的城市生活。休闲健身是里昂人主要的休闲运动,作为慢行系统的主要组成部分,水岸提供了一条连续、多变的散步和骑行空间。

作为城市名片的索恩河、罗纳河岸,出于观景和停留的需要,水岸上有众多节点提供给市民和游客观赏沿岸的风景,感受城市的日出日落、古老与现代(图8-8)。

法国人注重家庭生活,整个城市都考虑了儿童的活动需求。从金头公园、隆河堤岸到日尔兰公园,水岸上都少不了儿童游乐设施的布置,能够让孩子们在一个安全而又自然的环境中快乐地成长(图8-9)。

图8-8 欣赏水岸日落

3.3.2 形式引导的生活

水岸凭借其线性、连续的空间品质与康体、儿童、水上餐厅等设施的优化配置与改进,为城市公共生活提供了一个高品质的、平行的线性空间。它不仅遵循了河流的自然属性,也尊重了城市发展的空间需求。通过交通布置和集市、停车场等设置的改造,增加了水岸的易达性和便捷性,同时组织了相邻街区的面状空间与活动,不会因为明显差异的平行空间而阻碍了公共活动向水岸的延伸。一系列空间的布置,鼓励着人们的户外活动(表8-1)。

图8-9 陪儿童一块游乐
(李迪华摄)

另外,通过空间氛围的营造,提供了一个宜人的户外空间。如视线走廊保持各平行空间的联系,河流的活力是渗透到街区里面的,对岸的风景就这样相互呼应。视廊两边的和谐统一,建筑立面风格、尺度、底层商业的精致、浪漫氛围,植物景观,人性化的道路设施,背后藏着的空间逻辑让人身处其中十分得自然和谐。

表8-1 水岸活动与形式

类型	功能活动类型	形态
水面	娱乐、赏景	开阔连续的柔性空间、围合性弱,视域宽广、边界清晰
河堤	赏景	线性硬质空间、围合性弱、视域宽广、边界清晰
生态和休闲缓冲带	休闲、通行、教育	柔性空间,围合性强弱变化频繁,景观丰富变化,边界模糊,有明显的景观标志
道路	通行、停车	线性硬质空间,围合性弱,视域宽广,动态景观特征明显
建筑	购物、观赏、办公	块状空间,围合性强,视域有限,景观细节丰富

图 8-10　Feyssine 公园生态水岸

图 8-11　废弃水井的保护与利用

图 8-12　属于市民的公园

图 8-13　国际城视线通廊

4. 相遇的节点

索恩河、罗纳河水岸上的精彩,集中体现在各个节点上,这些节点犹如低调的舞台,是穿插在平行线里的"点"状城市空间,提供了一个驻足的地方,沉淀人们的交往,让游客和居民去认识城市,感受水岸风景,丰富城市的意像。

4.1　维勒班区 Feyssine 公园

位于罗纳河里昂段上游,里昂城市边缘,以生态保护为主的滨水地区 Feyssine 公园占地 45 hm²,原来是里昂城市水源地,有众多遗留的水利设施,如水井和低坝。

公园基底是由罗纳河长期冲刷而成的高低不平的表面,石滩、草坡、草地、陡坡、高速公路、里昂第一大学校园,一系列过渡带构成了平行水岸的源头。在整个自然水岸的结构中,除了高速公路是一个切断自然基底的元素之外,其余的平行带都考虑了潜水层保护、防洪、物种多样性保护等功能(图 8-10,图 8-11)。

对于这样的区域,水岸的设计以最小干预为原则,谨慎地添加了沿岸的自行车道、雨洪的自然滞蓄设施、木栈道和简单的步道,重点突出公园的水源涵养价值,并通过对水井的保护和历史介绍,增强了全民环保教育。整个公园的设计完好地保留水岸的自然状态,设计只是低调地介入,维持了水岸最初的形态——一种自然冲刷的平行水岸。

4.2　金头公园、国际城

金头公园紧挨着 Feyssine 公园,以城市旅游休憩功能为主。金头公园的建设是在 1850 年到 1900 年间,欧洲城市迅速发展,法国提出新建大型公园的背景下开始的,秉承了让市民平等享受绿色空间的理念。公园内部容纳了城市最经典的城市生活,包括自行车游览、慢跑、散步、沐浴阳光、儿童游乐、野餐、创意活动等,徜徉其中,让人流连忘返,它就像平行水岸上最有人情味的明珠,熠熠生辉(图 8-12)。

在公园与水面之间的狭长用地上,平行切入了里昂国际城,虽然曾为里昂国际贸易交易会的会址,但建设目标仍然是建成一个富有活力的、吸引市民的街区,如里昂城市个性一样,真实、共享(图 8-13)。

跟 Feyssine 公园所处水岸一样,机动交通道路切断了水岸的纵向联系,快速的车流和带状国际城成为了水岸一道难以消融的平行带。虽然国际城在视觉和通行上保留了足够的通廊,但终归是一种被动的改善方式,水岸被无情地分割开来(图 8-14)。

4.3 集市

在索恩河沿岸,主要作为赏景游憩的水岸在周末改换了面貌,变成河岸集市。贩卖小商品、旧书报、花卉与宠物的小市场也是里昂的城市特色,它们占据城市居民社区中的广场和大马路两侧的人行道。而索恩河东岸是食品和旧货摊位,这些摊位都是市民在卡车的基础上搭建的,经过改装后的卡车,既是一个交通工具,又是一个很好的摊位。西岸是艺术家们的天堂,艺术家和手工艺人把自己的作品沿河展示,吸引众多市民和游客,文化艺术已经融入到里昂城市生活中,成为市民生活的一部分(图8-15,图8-16)。

集市沿河排布,短短的线条,迅速拉近了河流两岸的距离。这里的道路相对较窄,车速较慢,机动车道在行人优先的理念下退去了切割水岸的强势平行流。机动车道上的车流在进入里昂老城中心区以后,慢慢地平和下来。

4.4 隆河堤岸

隆河堤岸处在与城市中心区相连的地带,原来是城市旧码头区。从改建以来,它承担了新的城市功能,在城市生活中扮演着重要的角色。堤岸狭长,总长5 km,占地10 hm²。这儿充满了活力,容纳多样化的活动:步行、自行车健身、轮滑、儿童游乐、创意活动、游艇咖啡厅、周末集市售卖等,不同时间有不同的利用,保持着24小时活力(图8-17~图8-19)。

从形态上讲,这条以"软性交通"(步行、自行车、轮滑等)为主的道路,沿着河流展开,是水岸上线条最具动感、最明显的平行带。水岸以公共空间和自然景观条状相间的形式展开,步行道与自行车道的关系凸显了隆河地区"编织"产业的特色,时而分开,时而加宽,又时而合并在一起。这儿的车流也是缓慢的,道路一侧是居住和以商业为主的街区,大量的人流能够轻易地到达水岸。平行线在这里的形式是被加强的,而其功能已经消融在整片区域里。

图8-14 被隔断联系的水岸
(李迪华摄)

图8-15 索恩河两岸集市 A

图8-16 索恩河两岸集市 B

图8-17 隆河堤岸创意活动(来源:景观中国网站)

图 8-18　儿童游乐场

图 8-19　阶梯状水岸

图 8-20　水岸边的田野风光

图 8-21　公园儿童游乐场
（李迪华摄）

4.5　汇流区

　　汇流区是与城市旧工业、仓储、码头相连的水岸,处于改造和开发的阶段。它由一片以工业、交通为主的衰落地带逐渐改建为一个集游憩、社会、文化设施于一体的,面向广大市民的休闲与消费场所。

　　汇流区的水岸处于开发阶段,曾经的工业带来的萧条和粗犷,城市基础运输带来的嘈杂,在这里暴露无遗。它的形态也是汇流区普遍的状态,粗糙而朴实,透过它,能够看到城市最真实的一面,感受到这个城市的成长过程。

4.5.1　日尔兰公园

　　日尔兰公园是与城市居住区相连的水岸,位于里昂城市南部边缘。日尔兰公园所处的区域是里昂城综合开发新区,有机地混合了商业、文化娱乐、办公、居住、教育、绿地以及交通枢纽站点等设施。公园规划面积 80 hm²,2000 年 7 月建成对公众开放(图 8-20,图 8-21)。

　　公园的形式模仿乡村大地的耕作形态,带状的线条成排地栽种着观赏花卉和生产性植物,为市民和游客提供了一处休闲、漫步、体育活动和体验田野风光的好去处。这里水岸的上高堤消失了,大片的公园紧接着综合社区的学校和办公用地,平行带再次融入周围区域中。

4.5.2　桥

　　罗纳河上形态各异的桥成为水岸的经典对话。平均间隔 30m 的桥把城市中心水岸联系起来。它们是跨越水岸的纽带,使得水面的隔离优雅而不影响通行。各种桥在水岸之间保持了交通和视觉的联系,把水岸衔接到街区的大背景中(图 8-22,图 8-23)。

图 8-22　桥里的风景

图 8-23　风景里的桥(李迪华摄)

5. 特点与启示

5.1　连续与融合

　　索恩河、罗纳河水岸最明显的特点就是形式上的平行分割、功能上的区域融合。特别是平行水岸中与城市街区相遇的节点,如同里昂

80

公共生活的舞台,展示了城市生活,提升了城市生活品质,更把水岸融入到了城市整个大背景中。国内滨水空间的规划和开发正缺少这样的连续与融合,开发商的片段开发,造成水岸的无序和断裂,公共生活只能敬而远之,水岸没能最大限度地发挥功能。

5.2 传承与发展

里昂的水岸不像看上去那样的简单。它背后有深刻的空间逻辑,传承城市的历史,尊重现代人的需求,引导丰富的活动。当然,里昂的城市精神不是一日能形成的,它是社会发展到一定阶段后逐渐培育出来的。在滨水的建设中,应该把目光放长远一些,重视城市精神的培育。

*未特别注明的照片和图片均为笔者拍摄和绘制

专题 9 "法国制造"的线

洪彦

摘要：本文通过描述里昂景观设计作品中与"线"相关的形式及构成展现法国景观设计精神。把握尺度与质感，尊重场地与历史，粗细对比间追求极致，都是善用设计语言的思维基础，也是法国景观设计精神的具体体现。

关键词：景观设计；线型设计；里昂；法国

1. 引言

漫步里昂街头，人们常能感觉到城市景观设计中的直率与细腻，大量"线"型设计元素的使用，形态简单，韵味十足，带着强烈的"法国制造"的个性。

2. 直率而不粗鲁的设计精神

里昂有四条地铁线路，各线路间的换乘是地铁站要解决的一个重要问题。其中 Saxe-Gambetta 站的设计很有特点。与一般地铁站依靠标识系统引导人流不同，该站入站后直接在首层通过不同方向的平台疏散乘坐不同路线的人流到下层。尽管初次使用需要在分叉口短暂停留寻找讯息，但只要再次乘坐，脑海中就会有清晰的去向。直接的设计精神得到了体现，而站内柔和的灯光、纤细的栏杆，又表现了对细节的追求。用简洁手段解决问题的同时，细腻地处理整体视觉和细部营造，成就了众多令人赏心悦目的设计（图 9-1，图 9-2）。

3. 用"线"编制的隆和堤岸

各类形态的线组合成丰富的空间，深思熟虑，仅用一种设计语言也能成就优秀的景观。

两条河流轻盈地划过，为里昂这座城市提供了天然的秩序，优美的景观和丰富的生活就此展开。沿线分布的，有长长的慢跑道，有琳琅满目的农贸集市，一系列的美好，连同清澈的河水，展现着城市的蓬勃朝气。

里昂人非常珍惜这两条孕育他们城市的河流。早在古罗马时期，人们便把城邦建造在半岛和索纳河西岸富维耶山上。为贸易服务的船只曾经熙熙攘攘地停靠在河流沿线，码头是城市中最热闹的地方之

图 9-1　Saxe-Gambetta 首层平台（徐希摄）

图 9-2　Saxe-Gambetta 首层平台与垂直电梯（徐希摄）

一。时过境迁,产业转型,运输业也随之衰落,但里昂人并没有把珍贵的滨水区域空置太久。昔日的堤坝、码头被改造成适合步行的滨水景观,将城市最优美的风景归还市民,隆河堤岸的改造是其中一个成功例子。设计直接帅气,中间不乏细致之处。慢跑道、机动车道、绿带、休息带等各类线状元素时而平行时而交叉,如行云流水,据说是为了体现"编织"产业特色(图9-3~图9-5)。

图9-3　堤岸车道局部

图9-4　堤岸滨水步道

图9-5　堤岸局部(李迪华摄)

灵动的构图并不仅是纯美学角度上的线的组合。飘逸的"线"组织了场内的各类活动,自行车、步行和轮滑等"软性交通"尽量安排亲近水面,清澈的河水、自由的飞鸟、悠闲的天鹅近在咫尺。步行其中,感觉道路时宽时窄,细心观察,就能发现各种不同功能的道路是由不同宽窄和各类铺装区分。在场地内某段对各类道路进行步测,绿化带宽约9 m,机动车道宽约3.6 m、自行车道宽约1.6 m,步行道宽2.5 m。机动车道是沥青铺地,路面较窄,加上沿线供机动车进入的入口不多,大大减少了机动车对滨水步道安静氛围的破坏。道路两旁是古罗马式的石砖铺地,保证特殊的大型机动车能顺利通行。这里永远是"慢行"优先,自行车和行人可以大胆地使用机动车道。自行车道是由混凝土伴着细沙铺设而成,有一定的摩擦力,保障了自行车行驶的安全。与步行道路相邻的自行车道宽度缩窄到只有1 m多,避免过多的自行车通行威胁到行人的安全。而人行道和休息带则是沿水而设的木栈道,木材极大地提高了步行和慢跑者的舒适感。

法国设计师纯熟的高程处理方式在这里再次体现,原来与城市隔离的堤坝在新的城市发展思想中改变了形态,如同现代城市精神,开放而且人性化。层层台阶和贯穿其中的坡道重新连接了城市和河岸,把城市最美好的河流景观奉献给城市与市民。这些长长的台阶更像一个看台,坐在上面,即使没有特殊节日表演,也能观赏到里昂人引以为傲的滨水画卷(图9-6)。

堤岸上方除了车道,还有极为宽敞的人行道和停车区,沿着深蓝的罗纳河,几乎从未间断。宽敞的人行道和足够的停车区为沿岸生活

图9-6　堤岸大台阶

创造了无限的可能。周末沿河出现的集市,其火热程度绝不输给其他小广场。人们更乐意在这里进行购物,琳琅满目的农产品一字排开,让人目不暇接(图9-7)。

(a)   (b)

图9-7   沿河集市

丰富的活动分区,准确的尺度把握是隆河堤岸的成功之处。寓意里昂纺织产业的线条编织了里昂人的生活。这何尝不是一种超越"点线面"的设计理念?任何形态的设计,无需过于追求复杂,而更应该多些考虑它所应该承载的事物,完成设计的使命。

4. 只有线的公园

在绿色的沙盘上画线,造就了一个个优美的公园。清凉的风紧跟着休闲的脚踏车,空中旋转的落叶在尝试与某位慢跑者偶遇。设计者留下的只有线和成片的绿,余下的精彩,由人与自然共同谱写。

设计师要为城市创造的,不是一个广场,一条道路或一张座椅,而是一个宜人的环境。与自然的协调中,法国设计多数选择能简则简,以最低调的方式完成自己的使命。

4.1   红十字坡区的小公园

红十字坡(La Croix Rouss)是里昂的丘陵地区,位于半岛北侧,是传统的丝绸作坊区,密密麻麻的房屋依山而建,供人休闲的绿地在用地紧张的情况下,大多分布在坡度较大的零碎地方。台阶、坡道成为干预场地为数不多的方式之一。

这个小公园景色优美,层层台地和斜坡结合,即使站在最低一级台阶,人们都能把满园绚烂的秋色尽收眼底。处理如此大的坡度,设计者仅用了"四横一竖"便解决了地形、交通和休闲的需求(图9-8)。

图9-8   红十字公园的台地尽端

公园通过直梯引导人流到达观景台,四个休息平台横向延展,形成台地供人休憩活动(图9-9)。平台是夯实的地面,上面铺着红色细沙,这是属于里昂的红色,是当地公园和广场常见的铺地做法。地面踩上去吱吱作响,感觉与自然又贴近几分。直梯两侧种植草坪,避免阻挡各台地视线,又在台地两端种植了紫荆等落叶树种。正值秋季,恰逢雨后,园内溢满了秋的颜色,绿的、黄的、红的,色彩斑斓。一只金毛巡回犬和一只德国牧羊犬在草坡与台地间嬉闹,主人坐在椅子上看着她的宠物,寻常之事,此时显得格外和谐(图9-10)。

图9-9 红十字坡公园的直梯

4.2 法国里昂市维勒班区费希纳公园(Parc de la Feyssine)

北边的费希纳公园离著名的金头公园不远,却经过了迥然不同的设计。园内以罗纳河常年冲刷而成的起伏地势为主,公园覆盖 $45hm^2$ 森林,大面积的森林和自然驳岸为当地居民营造了一个能够与大自然亲密接触的空间和一个闹市中的开阔地,被誉为"城市自然公园"(图9-11)。

设计师在这个公园里故意简化人为建造的痕迹,仅在林间留下低调的道路和桥梁,偶尔看到已废弃的城市水利设施,向人们讲述这个场地和城市的记忆。厚厚堆积的落叶散发着泥土的芬芳,积水的渠道是青蛙和游鱼的家。公园在大自然中为儿童开辟了学习的天地,生态教育可随时展开,培养人们对生命的理解和热爱。

图9-10 红十字坡公园的台地座椅

(a)　　　　　　　　　　　　(b)

(c)　　　　　　　　(d)　　　　　　　　(e)

图9-11 Feyssine公园内部景观(李迪华摄)

这里只有泥土或木板铺设的四条道路与桥梁,分别为行人、自行车和机动车服务,不动声色地带领人们去到公园的各个等待发现的角落,余下是与其他城市公园截然不同的自然风光,是一个全新的自由空间。人们可以在大自然中做喜爱做的事,除了遛狗、慢跑,还可以烧烤、划艇,无拘无束地享受周末。这个平面上只有"线"的公园包含了最丰富的内涵。

5. 一条极端的线

在法国,设计可以低调,也可以张扬。即使一条细线,也能成为焦点。

法国是艺术家的福地。法国全民以及政府都对艺术极为推崇与尊重。当地政策也鼓励公共艺术的发展和应用。据当地美术学院教授介绍,在法国公共工程项目中,需要将总投入的1%资金用作公共艺术创作部分。各类艺术在这里蓬勃发展,在路上常常看到一些公共艺术作品,能理解的、不能理解的,各种各样,带着不少趣味。

里昂国际城的建设是大里昂地区(Grand Lyon)的宏伟计划之一。大里昂意将成为一个集经济、文化、娱乐、住宿功能为一体的崭新的国际化城区。罗纳河和金头公园是这片占地 20hm^2 的新城区最显著的标志。建筑物和公共场所的品质被认为是城区建设重点。里昂国际城在建成之前已经获得了瞩目,由当代最著名建筑师兰佐·皮亚诺(Renzo Piano)和园林设计家米歇尔·高拉茹(Michel Corajoud)共同设计。作为里昂新城区的门户,国际城内充满着现代气息,新潮前卫的雕塑随处可见(图 9-12)。

(a)   (b)

图 9-12　里昂国际城广场上的线

一条蓝色亮光在路上赫然出现,穿过熙攘的人群,一路断断续续,直通广场尽端的建筑之上。纤细而高调,吸引了人们的视线。这是位于法国里昂国际城广场上的一件现代艺术作品。从个人角度看来,它着实属于简单粗暴,但无可否认,效果出色。4 000 m² 的大型公共广场上,没人能忽略这条走势野蛮诡异的线,人们在好奇地搜寻这根线的终点。穿过道路与广场,线的轨迹居然延伸到建筑之上,翻墙而过,无处可循。艺术家的一次尝试,改变了整个场地感觉,人们在追寻线的轨迹时,大面积未被定义的空间被忽略,广场过大而产生的空旷感也明显减弱。这恶作剧式的现代艺术作品成为了一个效果良好的成功之作。

6. 线与线间的细腻

成功不在于选择了"线",而是粗细结合间体现的细腻。

里昂街头景观中使用的铺地极其朴素,夯实的泥土上铺细沙和木栈道的做法最为常见。而且法国南部天气并不多雨,积水问题无需过多考虑,这类铺地施工简单,又是生态的透水路面,所以被广泛使用。街头种植野草是常见之事。木本草本互相搭配,加上法国气候宜人空气清新,连路边绽放的蒲公英都格外灿烂。那欣欣向荣的野草带着几分凌乱地出现在繁华的街角,反而让人觉得朴实可爱。这里的景观常常带着几分"野气",但并不影响表达设计的干净纯粹,在容易被人忽略的细处,还包含着设计师们的一番考究。

"线"是形态语言之一,又细又长,带着天生的细腻,经常在设计中被使用。而法国园林对此更是情有独钟,影响至今。在场地中用线作为主要元素进行设计,法国设计师们似乎驾轻就熟。里昂汇流区东边的日尔兰公园(Parc de Gerland)和之前介绍的景观作品一样,运用了大量的线性元素组织公园空间,同时又展现了一个截然不同的设计效果。

图9-13　日尔兰公园道路

我们来到日尔兰公园已是傍晚,公园里空无一人,雨已经下了一整天,在逐渐入黑的光线条件下,强烈的设计语言仍然能给人以视觉冲击。道路、树木、休息区、水渠,甚至路边种植的野草都成直线排列。统一的排列方向并没有让公园枯燥无味,各并行线的宽窄、内容各不一样。黄色砂石铺设的,是一条长长的休息带,每隔一段距离就会放置一组座椅,可以想象阳光明媚的日子,人们是如何在此聚会的。与之并行的,是红色砂石铺设的自行车道和木栈步道,还有芦苇、芒草等野草组成的绿化带,层次鲜明。自然的粗犷与人工的秩序形成了鲜明的对比,却毫不感觉突兀(图9-13,图9-14)。

雨浸湿了公园,走在路上看到不同的线间反射着天光。这时候你

图9-14　日尔兰公园水渠与植物

图 9-15　日尔兰公园野草

图 9-16　日尔兰公园林荫道

图 9-17　日尔兰公园充满
野趣的水渠

图 9-18　日尔兰公园水渠与落叶

才开始发现,带着"野"的公园中线与线间的细腻。宽窄之间,或者是一道细细的排水渠,或者是精心抛光的岩石镶边,就连野草间如何做出层次也作了考虑(图 9-15)。

遵守直线排列的,除了主干笔直的行道树,还有平日杂乱无章的各类野草。从水渠开始一层层由低到高,互不遮挡。为了强调野草的线状秩序,野草间还预留了一定宽度的草坪,以增加各行列间的独立性和视觉效果(图 9-16)。

水渠是公园中设计最精致的"线",黑色镜面石材铺设的水渠层层跌落,色彩斑斓的秋叶在水渠中与天空相互辉映,渠里的红色锦鲤和鸳鸯自由自在,木平台均等地联通水渠两岸。花白色的花岗岩把水渠镶上了一条细细的边界,分隔造型细腻的水渠与粗犷的砂石铺地。粗与细就这样相互交替间隔,加上细微的高差变化,让整个公园透着设计感,质朴与灵动浑然一体(图 9-17,图 9-18)。

7. 线的暗示

形式之上,"线"里蕴含着一段舒适的记忆,一个古老的故事,一段设计师的独白。

7.1　断断续续的历史痕迹

我们这次参观的城市,无论大小,都拥有悠久的历史。上百岁的建筑比比皆是,老城区的新建筑在面对传统时,选择的是谦逊。老教堂、老街,甚至墓园,大都保存完好并且仍在使用,每个城市都有足够的资本炫耀它们的历史。但它们并没有大张旗鼓地对历史遗留进行过分的渲染,在城市发展面前,历史建筑的保护也是与城市建设同步进行的。古老的教堂被重新利用成为学校,修道院改造后成为美术博物馆……旧建筑在城市更新、人们生活变化的大背景下,继续保持着活力,持续生长发育,努力成为城市居民生活的一部分,而不是只供游客瞻仰的空壳。

走在历史街区的街道和广场上,不要忽略任何地面突然出现的线,它可能远远不止是道分割装饰,古老的故事在其中隐含,是一个城市对自己记忆的保存。

在蒙彼利埃,一座音乐学院和舞蹈学院间隔着一条不足 5 m 宽的道路。看似普通,来往的路人几乎不会注意设计师故意留下的痕迹。一条断断续续的石头踏步竟是中世纪修道院的廊道遗迹。两座学院原来是一座封闭的修道院,为了满足城市路网建设,修道院分拆为两个部分,稍加改造后成为两个学院。在城市更新景观设计过程中,设计师刻意保留了这一条中世纪的通道,仅对高差和空间做了细微处理,调整开放性。走在这经历数百年城市变迁仍保留下来的石头之上,对这座城市历史的敬佩之情油然而生(图9-19)。

没有用栏杆围合,也没有在上面刻意地重建什么,城市设计师们选择以另一种方式让历史融入现代生活。任何人都可以使用这些共同的记忆,有朋自远方来之日,知道这些故事的人们可以高兴地向人讲述城市中的故事,就如当日向我们介绍作品的那位设计师一样,言语中透着自豪。历史留下的线分布在城市的各个角落,带着时间赋予的宝贵价值与城市的骄傲,等待着人们的探寻与阅读。

图9-19 蒙彼利埃两学院间的中世纪遗迹

7.2 停下来,这边看

历史古城阿维尼翁拥有大量经历数世纪风雨的古老建筑,1995年阿维尼翁历史城区被列入世界文化遗产。"阿维尼翁之囚"时期留下的不仅仅是历史,还有那令人叹为观止的建筑,不少旅游者慕名而来。这座历史之城正在逐步进行旧区更新,力图寻回、突显自己的文化与城市语言。为了恢复古城的和谐,古城内的铺装陆续被改造成与老建筑基调相和谐的材料和色调。在地下沉睡多年的中世纪铺地石被重新挖掘利用。古罗马的道路铺设工艺再次盛行,接受过专门培训的工人逐步完成历史街区内广场道路的重新铺装。大量的线性语言在重建过程中被运用,仿佛设计师的独白,向使用者提供了暗示。

阿维尼翁 Couvent des Célestins 外新建广场上横横竖竖地排布这些深色铺装,由古老的建筑立面延伸而出,看似与立面呼应却不知具体缘由。直到设计师介绍才了解到这是教堂尚未完成部分的地基。顺着地上的纹路,一座宏伟的中世纪教堂随之想象而成。广场上空无一物,据设计师介绍,欣赏围绕广场的历史之墙,最佳观赏点是在不远处的咖啡座上,这里是一个道路交汇口,为了避免日常行人在此过多地停留,故意设计得空旷无物,而在戏剧节期间这里又能提供一个聚集人群的场地。当这片广场日常少人停留的时候,充满城市故事的暗示使得广场不再单调枯燥,反而让这空旷的广场成为一个神圣的存在(图9-20,图9-21)。

图9-20 阿维尼翁 Couvent des Célestins 建筑立面

在历史城区的广场上,一道道"线"贯穿广场,打破了卵石铺地的均衡秩序,成为一种高调的暗示,吸引人们驻足停留,连路过的自行车也不自觉地减慢了车速。踏入广场的瞬间就能感受到不一样的宁静氛围。广场上没有树,周围米黄色的古老建筑为广场的游客提供了阴影与私密,整齐摆放的桌椅正好与铺装相互呼应,静静地等待来客(图9-22)。

在古城复兴的商业步行街,设计师也应用了线性地面装饰。为了引起步行者的注意,橱窗外的铺装作出了改变。淡黄色的石板铺在地上,从橱窗方向伸出几道参差不齐的深色线条,成为一种暗示,仿佛在

图9-21 阿维尼翁 Couvent des Célestins 广场铺地

图 9-22 阿维尼翁街道小广场铺地

图 9-23 阿维尼翁商业步行街改造后铺地

提示路人:"停下来,看一看,这里有好玩的。"粗细之间的对比再次发生,鹅卵石铺设的排水渠被更加纤细的不锈钢代替,在粗犷的罗马式铺地上穿越,丝毫不掩饰现代工程的精致,雨水静静流淌,成为另一个古今交融的有趣例子(图 9-23)。

8. 结语

"点线面"是构成语言的概括,其中"线"更是无处不在。起初,在观察的过程中,总是试图解释何谓"线",但当过多心思被花在归类上时,会忽略更多值得关注的东西。于是放弃归类的想法,直接记录所有触动自己的"线",通过感性认知和理性分析收获到的,是书本无法教授的觉悟。

积累后发现,"线"所包含的信息不仅是一种形态或是一个方向。在一个个有使用者参与的鲜活例子中,线是一种形式,是一种解决问题的手段。它比点和面更需要尺度的推敲,以保证它对场地"少干预"的特色。"线"本身是一类细腻的元素,优秀的设计却总能体现细中之细。对材料的考虑,周边关系的处理,如何设置粗与细的对比,都是一种考验。摆脱造作,回归所需是设计必须的精神,也是"法国制造"带给我的最大触动。做到这点,不仅需要纯熟把握设计语言,还要在设计过程中充分尊重场地和使用者,用简洁直接的方式解决一个或多个场地问题。

*未特别注明的照片和图片均为笔者拍摄和绘制

90

专题 10 "一块板"城市街道

张磊

摘要:城市的本质是生活,理解一座城市,更是理解一种生活态度。街道作为城市结构的骨架和城市生活的容器,是理解城市的最佳路径。本文以里昂一块板城市街道作为切入点,结合法国南部蒙彼利埃、阿维尼翁、尼姆等城市独特的一块板街道细节,探索其紧凑城市建设的成功经验,以期给我国紧凑城市开发及城市街道建设提供实例借鉴。

关键词:一块板街道;紧凑城市;里昂

1. 引言

从传统城市的街道生活,到工业城市小汽车对城市街道的侵蚀,再到新城市主义以及紧缩城市所倡导的城市街道人性的回归。作为城市主要结构性要素的街道是理解城市发展以及城市理念的重要方面。

欧洲城市将保持步行环境、交通安全和安宁的生活质量作为城市规划的重要目标,在这一背景下,小尺度、窄路幅的设计成为欧洲城市普遍采用的城市中心道路规划方法。而源于传统欧洲城市的"紧凑城市"理念,强调城市具有边界、高密度、功能混合、步行尺度、社会及文化的多样性,对于城市街道引导城市紧凑性建设等进行了多方面的探索(迈克·詹克斯,2004)。

里昂是欧洲紧凑城市发展的典范。在紧凑城市理念下,里昂的街道多为一块板、窄路幅结构,理解其独特的紧凑型城市街道,是理解欧洲紧凑城市的重要途径。法国南部城市以蒙彼利埃、阿维尼翁、尼姆为代表,通过精致的街道细节处理,对于保护老城格局和街道步行氛围发挥了重要作用(图 10-1)。

图 10-1 里昂城市肌理

2. 紧凑的街道布局

2.1 路网结构

里昂富维耶山角老城区以及半岛区较好地保护了原有城市肌理结构和宜人的街道尺度,是典型的欧洲城市一块板街道模式。罗纳河右岸的新城区在城市开发建设中也延续了传统的街道结构,虽然一定程度受到现代主义建筑思潮和城市快速膨胀的影响,但是新城街道仍然延续老城区一块板的传统街道结构,并没有因为现代化机动交通方式而采用多块板的宽路幅道路结构,对于保持城市整体的紧凑性起到了至关重要的作用(图10-2,图10-3)。

图10-2 里昂城区路网结构　　　　　　图10-3 城区范围多块板道路示意

整个城区中除滨河林荫大道、中心商业区和T1有轨电车线路采用两块板街道结构外,其他街道均采用适宜于步行的一块板的紧凑街道结构。对于仅有的几条多块板道路上,机动车道也限制在2~3车道,对于中央分割带,则开辟林荫停车道,保证街道绿化的生态功能,也提高街道土地的使用效率(图10-4,图10-5)。

图10-4 有轨电车线路街道断面

| 步行道 | 行车道 | 中央林荫停车道 | 行车道 |

图 10-5　两块板道路断面:中央林荫道设置停车道,充分利用道路空间

2.2　街道尺度

2.2.1　适应需求的空间尺度

里昂街道采用多样的一块板街道形式,配合高密度的路网结构、窄路幅的街道断面,实行城区大范围、系统性的单行交通组织模式,降低交叉口冲突,并为路边停车创造了可行条件,大大提高了路网的交通效率和街道空间的使用效率。因此,街道结构需要与交通模式以及交通设施进行整体性的考虑,才能充分发挥一块板街道交通的优势与潜力。

虽然同为一块板的道路结构,里昂的城市街道却并非单一的模式。在街道断面上,发展出多样的断面形式,适应各地段的不同交通方式的需求和空间限制。在街道尺度上,也根据新城和老城不同开发密度的交通需求差异,适当调整一块板街道的车道数量(表 10-1)。可见,紧凑的城市发展需要建立在精明而且具体的策略之上。

表 10-1　街区与街道尺度对比

	老城区及半岛区	新城区
城市街区尺度	街区尺度多样,多为 30m×50m;30m×100m;40m×50m;70m×100m;100m×100m	70m×100m 或 50m×50m
一块板街道尺度	多为 6~10m,少数主要街道为 15~20m	多为 10~12m,或为 18~22m,仅少数街道为 8m
街道形式	室外咖啡台　步行道　室外咖啡台	人行道　单行道　街边停车道　人行道

93

街道形式	老城区及半岛区	新城区

图 10-6　里昂城区图底关系

2.2.2　强化紧凑的心理尺度

在街道尺度上,与老城区相比,新城区有一定程度的放大,但是新城城市结构略显松散,街道环境也比老城区单调。这并不是由于尺度上细微差异所造成的,更多原因在于与街道连接的城市公共空间结构松散、强化街道感知的城市要素数量较少以及街道铺装缺少细节的空间处理(图 10-6)。

教堂作为控制欧洲城市发展的主要建筑,在营造街道空间上起到重要作用(简·雅各布斯,2005)。一块板的街道结构,复合的街道功能是紧凑城市的物质空间要素;而控制街道对景的教堂及其他可以构建城市意向的标志物、连续的街道界面细节,则从环境心理学的层面实现了城市空间的紧凑(图10-7)。

由新老城一块板街道的对比可以看出,多样的断面形式及一块板的街道结构对于实现街道横向空间尺度的紧凑有重要作用,而街道标志物的对景及连续的街道界面有利于实现街道的纵向心理尺度的紧凑(图10-8)。

正是由于新城延续老城区传统的一块板街道结构和设计手法,才保证了新城街道仍然较为宜人的尺度,而且在局部街道,出于对细节较好的考虑,也创造出了传统的紧凑街道环境。

3. 复合的街道功能

3.1 多样化的街道停车

3.1.1 街边停车

路边停车具有以下优点:充分利用道路空间资源;满足短时停车之需要;对路外停车进行有效补充;占用空间少。

路边停车作为一种集约土地的停车方式,由于在国内管理体制混乱,设计上缺乏统一的规范,其优势一直无法发挥,反而成为影响通行的交通问题(贾净哲,2005)。

在里昂一块板的城市街道上,路边停车则充分发挥了其在整体停车系统中的重大作用:

(1)交通上实现白天与夜间不同时段停车需求的互补。白天时段路边停车位满足周边工作人群的停车需求;到夜间时段则被在此区域居住的人群继续使用,提高了停车空间的全天时段的使用效率。

(2)路边停车作为步行的安全屏障。通过停车自然分割步行与车行空间,形成"多块板"的功能区,不仅使一块板的街道空间更加紧凑,而且隔断步行人流与车流的直接接触,提高街道交通的安全、通畅(图10-9,图10-10)。

3.1.2 地下停车

对于主要商业及人流密集区,除了结合一块板的城市街道停车,里昂通过大量发展地下停车系统,在满足区域的停车需求的同时,把城市街道及公共空间用于城市步行及公共活动空间。具体措施如下(Golly,2004):

(1)在里昂,对于有地下停车设施的区域,都禁止地面停车,地下停车也多结合城市广场、步行街等配置,并配合优化的公交系统,提高公共空间的使用效率和商业活力(图10-11,图10-12)。

图10-7 里昂城区教堂位置示意图

图10-8 里昂城区街道上的教堂对景

图10-9 路边停车使一块板街道空间更紧凑

图10-10 路边停车分割车行与人行空间

95

图 10-11 广场与地下停车场结合
（李迪华摄）

图 10-12 地下停车场与路边停车结合

（2）通过地面停车地下化及停车楼集中化，把更多的地面空间转化为公共空间，实现城市土地的集约利用，充分发挥土地价值（图 10-13，图 10-14）。

图 10-13 地面停车场改造为街心花园

图 10-14 停车楼也是不错的城市景观
（李迪华摄）

3.2 街道作为线性的公共空间

图 10-15 过街通道延续广场的铺装

自 1980 年欧洲提出人车共存的"共享街道"理念，一块板的街道即作为欧洲城市街道的主要街道断面形式。通过把步行活动和汽车行驶统一在一个共享层面上，整个道路红线内以同样的方法铺装，通常采用砌块铺装手法代替传统的沥青或水泥铺装，没有路缘石将人行道和车行道通过高差分离，从而形成了一个连续的街道表面，强化了空间感觉（图 10-15，图 10-16）。

在街道上创造了一种社区氛围，使街道成为一个混合用途的公共领域。在里昂，街道作为广场及开放空间的延续，成为线性的公共空间。沿街的室外咖啡吧及商业橱窗作为点源式的公共空间，把整个街道的公共生活串联起来，保证公共空间的线性连续（图 10-17，图 10-18）。

图 10-16　街道与广场形成一个整体

图 10-17　精美的橱窗（李迪华摄）

图 10-18　室外咖啡座是街道生活的连接要素（李迪华摄）

4. 精明的街道设施

由街道所体现的紧凑城市理念，不仅表现在街道的复合功能上，对于街道的设计所采取的精明街道设施策略，也充分体现了其人行优先的人文关怀。

4.1　为人而不是为树做设计的街道

由于保留完好的传统城市形态及气候因素，里昂城市街道大部分没有行道树及绿化设施，但是每条街道都保证有舒适的步行道及自行车道，而不像国内一味追求街道的硬性绿化而出现行人与行道

图 10-19 结合有轨电车的林荫大道

图 10-20 小尺度街道利用精致的绿化点缀（李迪华摄）

图 10-21 车站站台的"可探知警示"铺装

树抢占人行道空间的现象，其结果是非人性的慢行环境，出于生态考虑的街道绿化，由于生长环境较差，也没有发挥其应有的生态功能。

在一块板小尺度的街道上，没有行道树并非缺乏绿化设施或生态考虑，通过盆栽或窗台绿化的点缀反而增强了街道的生活情趣，而一块板的街道本身，通过对不必要路面的削减，不仅能有效降低暴雨径流、腐蚀作用和节省建设费用，而且真正体现了街道的人性化和可持续原则（图 10-19，图 10-20）。

4.2 安全的街道才是无障碍的街道

盲道作为无障碍设施的重要组成部分，国内城市中常出现为满足无障碍设计指标，无视盲道实际功能利用的情况，盲道的尴尬存在和形同虚设的现状不仅偏离建设者的初衷，反而影响到整体街道空间的质量。不仅视残者使用盲道不安全，也给轮椅使用者和老年人对街道空间的使用造成影响。

不同于国内的寻路系统作用，由于缺乏相应的辅助设施，国内盲道基本无法实现该功能，反而盲道占用大量无效的街道地面，导致整体街道环境品质的降低；欧洲城市注重盲道的警示指引作用，不专门修建盲道系统，只是在一些可能对视残者造成危险的地带（交叉路口、火车站台）用"可探知警示"来加以提醒（邓飞，2008）。更多的通过对于所有人通用的安全步行环境的营造，更好体现对盲人的尊重以及平等的生命意识（图 10-21，图 10-22）。

里昂的街道完全没有专设盲道，而通过道路交叉口点式栏杆、不同的地面铺装强调步行道的边界，并且保证无障碍的水平通行来保障所有人的安全步行环境，街边停车也一定程度强化了街道行人的安全性。里昂乃至欧洲城市的这种"通用"的街道设计提高了街道空间的使用效率，节约了街道空间，是紧凑城市设计细节的完美体现（图 10-23～图 10-26）。

图 10-22 路口过街处的"可探知警示"铺装（李迪华摄）

图 10-23 点式栏杆强调自行车道与步行道边界

图 10-24 无障碍水平过街

4.3　形式与功能一体化设计的街道

不论是在里昂，还是法国南部的蒙彼利埃、阿维尼翁等城市，一块板街道中央排水带都成为其街道的标志性景观，这种表面上的装饰性街道元素却是源于多重功能的街道设施。具体功能体现在以下两方面。

（1）街道明沟排水设施景观化

由于一块板街道尺度较小，放弃采用传统街道的两侧街边排水，通过对排水设施的精明考虑，巧妙地利用中央排水带，既利于街道空间的集约利用，也保证使用频率较高的街道边界区域避免因排积水问题影响整体的步行质量（图10-27）。

阿维尼翁由于常年降雨较少，中央排水带作为城市雨水设施甚至演化为独特的街道景观。利用钢条及卵石构筑，在保证功能的同时，最大化节约了城市街道空间，并增加了街道空间的可辨识性（图10-28，图10-29）。

（2）单一排水带的多重利用

通过材质区别加以强调，中央排水带强化了欧洲街道的线性特点，增强了街道的空间指向性（图10-30）。另一方面，由于欧洲部分街道多采用小尺度的铺装材料，不便于婴儿车及穿高跟鞋者行走，中央排水带的整形铺装正好作为特殊使用者的专用道被充分利用（扬·盖尔，2010）（图10-31）。

5. 人性的街道感知

街道的秩序——无处不在的街道边界

凯文·林奇把边界作为构建城市意向的关键要素之一，边界对于城市街道起着至关重要的作用（凯文·林奇，2001）。里昂的每条街道都在以不同方式强调街道的各种边界（自行车道与步行道，人行道与机动车道，机动车与有轨电车道等），清晰的街道空间是良好秩序的安全保证，更提高了交通效率；明确的空间

图10-25　通过铺装及石材分割出过街通道

图10-26　强调功能的连续而非形式的完整

图10-27　中央排水带结构图

图10-28　卵石构筑的排水槽（李迪华摄）

图10-29　钢条构筑的排水槽（李迪华摄）

图 10-31　中央排水带的特殊用途

图 10-32　自行车与步行道共板

关系甚至也为植物赢取了适宜的生长空间与环境。通过清晰的边界认知，使一块板的街道满足多重功能的需求，形成高效、紧凑的城市空间。

图 10-30　中央排水带对不同街道形态的强化

同样的一块板的街道空间，利用多样的边界形式本身作为重要的空间要素，增加街道空间的细节，保证街道空间视觉上连续、紧凑；功能上却又有明确的秩序分割，边界成为里昂诠释城市街道空间的重要因素。将自行车道与步行道作为慢行交通进行一体化设计，利用彩色铺装加以区分，而自行车道与车行道则通过路牙台阶保证自行车道的专用性（图 10-32）。车行道边界与人行道道牙间的卵石分割，既有利于雨水的下渗作用，也是交通静稳化的重要措施（图 10-33）。点式栏杆，连续的护栏以及行道树等方式强调边界，划分出不可穿越、临时可穿越等多种街道边界（图 10-34，图 10-35）。通过街道抬升形成台阶作为街道与广场的边界，边界明确且空间过渡自然（图 10-36）。

除了硬性的街道边界，里昂及蒙彼利埃、阿维尼翁、尼姆等城市都普遍采用自动升降柱作为临时性的街道边界，对一块板街道交通进行智能化管控，对保证街道、公共空间以及公共交通专用道的合理高效利用起到重要作用。对部分步行强度较高的区域，实行分时段自动化管控，实现了城市街道及公共空间的相互转换，是提高空间使用效率的重要途径。对部分街道，通过公共交通自动化控制街道路障边界，很好地保证了公共交通专用车道的使用，体现了公交优先的可持续交通理念（图 10-37，图 10-38）。

图 10-33　街道的卵石边缘

图 10-34　多样的街道边界形式

图 10-35　多样的街道边界形式

100

图 10-36 广场与街道边界的自然过渡

图 10-37 自动升降柱把道路临时转换为公共空间

图 10-38 自动升降柱保证公共交通专用道（李迪华摄）

6. 结语

传统的大院格局和现有的土地出让制度造成了我国城市大尺度街区的现状,而为解决早晚高峰时段拥堵而采取大修多块板宽路幅道路的措施,更是使城市交通积重难返;为满足单一时段的停车需求而修建大量的地面停车,进一步加剧城市空间的分散;为补救城市的生态环境,而寄希望于指标化的街道绿化,抢占作为街道主体人的使用空间;出于对残疾人的关怀,保证把忽视其实际效用的盲道修上每一条街道,破坏了残存的所有人共同的街道空间;以土地为代价修建装饰性的景观大道,重塑街道的感知与活力更是让城市空间分散。在全球倡导城市紧凑、土地集约和人性关怀时,我们却在舍本逐末。而里昂坚持一块板的紧凑城市街道建设,坚持全城街道的路边和地下停车,坚持人行优先的街道绿化和通用安全的无障碍措施,坚持用街道串连起的城市节点——而不是街道本身——塑造街道的灵魂,将街道空间解放出来,归还给城市的生活。我们需要反思,紧凑的生活态度决定紧凑的城市,我们更需要从一块板城市街道的借鉴开始。

参考文献

邓飞.南京市盲道设置研究[D].南京:南京工业大学,2008.

贾净哲.关于路边停车规划的几个问题[J].山西建筑,2005,(6).

简·雅各布斯著,金衡山译.美国大城市的死与生[M].北京:译林出版社,2005.

凯义·林奇.城市意向[M].华夏出版社,2001.

迈克·詹克斯,伊丽莎白·伯顿,凯蒂·威廉姆斯著,周玉鹏,楚先锋译.紧缩城市:一种可持续发展的城市形态[M].北京:中国建筑工业出版社,2004.

扬·盖尔著,欧阳文,徐哲文译.人性化的城市［M］.北京:中国建筑工业出版社,2010.

Golly M.里昂地下停车执行情况[J].北京城市建设,2004,(1).

*未特别注明的照片和图片均为笔者拍摄和绘制

专题 11　里昂植物景观的设计境界

熊玮佳

摘要：从里昂植物景观的选材、所创造的空间及人与植物景观的关系分析了里昂景观设计中植物材料的运用。

关键词：植物；植物景观；里昂

1. 引言

里昂地处法国的南部，温带海洋性气候，11月的里昂已是深秋。里昂城里遍布各种色彩的落叶，在城市的肌理中填充着秋季特有的灿烂（图11-1）。这些散落街头的落叶没有被看作垃圾，而是作为街边的风景和孩子们的玩具。当人们近距离地去观察这座城市，漫步街头，看见的不是被人精心养护的观赏花卉，而是路旁、广场和公园里生机勃勃、摇曳多姿的野花野草。城市里，街道旁、庭院中参天的古树，没有被"圈禁"，在自由地生长着。树木不是城市绿化的指标和工具，而是城市的主人、城市的焦点。临街的建筑立面上、阳台、后院、某个不经意的转角，处处都有充满灵感的植物种植与设计。在这座城市里，植物景观作为一种媒介阐述着人们对自然的理解。

图 11-1　里昂的深秋，摄于富维耶山顶（李迪华摄）

2. 植物材料的选择

2.1　落叶

在里昂，植物材料的运用绝不只限于新鲜的植材。一棵树、一朵花可以作为植物设计的材料，同样的，枯枝败叶残花甚至落果也可以（图11-2，图11-3）。秋季特有的，看似没有生命、毫无用处的植物材料在里昂人手里变成了生动的植物景观。

在里昂我们可以看到很多这样的例子，比如里昂的现代美术馆的中央庭院（图11-4）。这个庭院本来的设计是典型法国园林的形式——几何的平面构图配以雕塑和喷泉，在植物设计方面简单地采用了欧洲椴作为庭荫树和规则形状的草坪。秋天里，落叶改变了庭院的样子：里昂人收集了不同颜色和形状的落叶并分类，然后在草坪上铺成不同颜色的正方形；将落叶与喷泉组合，用落叶串模拟喷泉的水流。多彩的落叶与黄色的欧洲椴相结合，使原本静谧的庭院变得如同春天的花园般五彩缤纷,吸引了很多人冒雨前去参观(图11-5)。

图11-2 落果

图11-3 落叶

图11-4 里昂美术馆庭院落叶景观

图11-5 落叶景观

(a)

(b)

图11-6 枯枝落叶的雕塑

金头公园是里昂最大的公园,这里每年都会举办"落叶节"并且持续整个秋天。公园里的工作人员会收集公园里的枯枝落叶和秋天收获的水果,请艺术家做成雕塑等公共艺术品(图11-6);同时也用这些材料制作成儿童的游戏设施以及座椅;展示落叶腐化的过程和保存落叶的方法。借由落叶的植物设计,生活在里昂城中的居民能够充分地了解到落叶的美和落叶腐化成土的过程,使他们产生保留并利用城市中落叶的意识。

落叶这样的植物材料除了被运用在公园之外,也是里昂街头的一道靓丽景观。在里昂,人们会故意保留落叶和落果,将它们堆积在街边、楼梯、花坛和公园的草地上,街边厚厚的落叶、落果顿时成为里昂城秋天独特的风景。

2.2 野生植物

相比国内较常见的所谓观赏植物,里昂人更喜欢选择野生植物作为景观材料。在里昂街头最常见到的植物景观就是作为行道树的欧洲椴和用野生花草配置而成的小型花境。不论是城市街头的广场、道路中间的安全岛还是小公园和私人的庭院,野花野草都可以是植物景观设计的主角,比如高大的蒲苇、飘逸的针叶茅草和蓝羊茅(图11-7)。这些法国野生生

图11-7 野花野草的盛会

境中常见的种类,使得里昂的植物设计即使在深秋也能展现出富有生命张力的美感。设计师只需对它们进行简单的边界处理,以避免杂乱无章。这些野花野草照样能美化城市,形成更易于让人亲近的植物景观。

里昂街头常见的野生植物有以下特点:一是多为本地的多年生草本,可以省去移栽和更换的工作;二是多个季节都具有观赏性。野生植物的运用使得里昂城市内的植物景观并不需要太多的人工维护成本,却拥有良好的景观效果。里昂街头常见的野生植物种类有:蓝羊茅、细叶针茅、蒲苇、苔草、血草、芦苇、狼尾草、鼠尾草、迷迭香、罗勒、薰衣草、山桃草、虞美人、三色堇等。

除了在街头小范围内运用野生植物来创造景观之外,在城市中大面积地保留自然生境也是里昂人城市绿化的方式。位于里昂罗纳河畔的维勒班公园(图11-8),其设计手法是在滨河的原始疏林草地生境中添加了休闲步道和自行车道等人工的设施。设计师在设计过程中将生态教育作为主题,因此植物本身的原生条件几乎没有改变,植物和动物成为这个公园的主角,人在公园中是参观者的角色。设计师尽力保障植物生境完整性,让人去体验自然的过程。

图11-8　维勒班公园的植物景观

3. 植物景观的功能

3.1　空间界定

3.1.1　老城街巷空间的标识物

凯文·林奇在《城市意向》中提出城市场所的五个要素是道路、边界、区域、节点和标志物(凯文·林奇,2001)。树木在里昂的老城街巷中起到恰好是标志物的作用。里昂老城是典型的中世纪城市肌理,有曲折的街巷和不规则的空地。无尽的青石路和统一而质朴的建筑形态使人容易迷失其中。树木被植于小店门前或是建筑围合的空地上,不同于周遭的环境形态使他们具有很高的辨识度。人们穿行于老城街巷的时候很容易用树木作为标识物来定义方位。

基于树木作为标识物的功能,植有树木的空间更能聚集人的活动。咖啡店的老板在树下摆上桌椅,树就成为这个交流场所的天然界定。人们在树下停留、交谈;街头艺人选择树下作为他们表演的场所,树下的空间就成为艺人表演和游人停步的空间;到了节假日的时候,在空地的树木上挂上彩灯,树木便成为了街头舞会的焦点,人们在树下享受着节日的欢愉(图11-9)。

3.1.2　街角私密空间的界定

在喧闹的城市街道上,植于街角空地上的植物能创造相对安静、私密的空间供人短暂地停留。以埃梅罗德路与埃米佐拉广场相交路口的植物空间为例,这是一个六条路相交的路口,里昂城市的有轨电车、地铁和车行道在此交汇,环境喧闹嘈杂,但是街角的山毛榉树阵却闹中取静,聚集了相当数量的人群。

　　这个路口的另一个树阵靠近街口的麦当劳和酒吧,中午的时候,会有很多吃饭休息的人在此聚集交流(图 11-10)。和周围忙碌的氛围相比,树下的环境轻松惬意,在此地的人们有的愉快地聊天,有的独自享受午餐,有的酣然入梦。树阵在街角隔绝了街道的喧闹,界定了一个相对安静和私密的空间,供来往的人群休憩和停留。

(a)　　　　　　　　　　　　　　　　　(b)

图 11-9　老城街巷中的植物空间

(a)　　　　　　　　　　　　　　　　　(b)

图 11-10　埃梅罗德路与埃米佐拉广场相交路口的植物空间的人的活动

3.1.3　公园的统领

　　高大树木在里昂的城市公园里是营造空间的主角。树木除了替代建筑去围合公园的空间,创造出空间的开合变化,它们也是公园空间的控制者。

　　以里昂最大的城市公园金头公园为例,这里的树木经过几十年的生长,都极为高大繁茂,公园内的郁闭空间诸如滨河步道均由树木围合而成(图 11-11)。游客漫步其间,视线被树冠和树干遮挡,除了偶尔透过树干之间看到湖水和蓝天之外,很难在这些围合的空间中看见人工的构筑物。加之树木的形态自然飘逸,在这些树木围合的空间中行走,几乎可以忘怀自己身在城市之中。

在公园开敞的空间中,点睛的树木则起到视觉焦点和统领整个空间的作用。典型的例子有金头公园西入口草坪空间(图11-12)。这个草坪是从西入口进入公园后的首个开敞空间,在草坪中央孤植有一棵银杏树,银杏树周围由若干个大理石围合,这棵银杏树无疑是整个空间的焦点,和围合在它周围的大理石碑一起,吸引着进入这个空间的人。

图11-11　金头公园滨湖步道

3.2　烘托气氛

里昂是法国有名的历史文化名城,有许多古老的历史遗迹。古罗马剧场和古城墙这些历史的痕迹就静静地停留在人们平常的生活当中。经过一两千年的岁月,光耀城市的建筑失去了功用,成为了断壁残垣。在这些遗迹周围种满植物,它们欣欣向荣的状态和历史遗迹的没落形成了鲜明的对比,烘托出一种过去与现在交叠的历史空间,遗迹在生机勃勃的植物景观中更显得厚重。

图11-12　西入口草坪空间

里昂城里典型的例子是高卢罗马剧场遗址(图11-13)。这是一个两千年前的遗址,现在作为里昂历史博物馆的室外部分完全开放,灰黑色的遗迹没有任何的限制,人们可以自由地在这些断壁上行走参观,包围这些遗迹的是在深秋依旧生机勃勃的植物(图11-14)。遗迹北边是一座小丘,博物馆修建在这个小丘的下面,小丘上植满了各种落叶树种,在深秋时节正是五彩缤纷、绚丽夺目;在遗址的前方,是一片野生的草地,金黄的蒲公英和浅紫的紫苑在绿色的草地上盛开着;沿着遗迹设置有步道,步道旁种着火棘,上面结满红彤彤的果实;断裂倒塌的柱子前,高大的法国梧桐姿态魁梧。整个遗迹空间似乎被分成了两个部分,一是遗迹本身,亘古未变,另一个是植物,年年常新。踏在遗迹上看着不远处五彩斑斓的小丘,人就好像站在时间的分界线上,眼前的景色可以随着时间的流逝继续变化,而脚下的却已经定格在过去的时间里。

图11-13　高卢罗马遗迹广场

(a)

(b)

图11-14　高卢罗马遗迹广场的植物空间

107

3.3 "绝对"自然

在里昂,植物除了在人工景观中起到界定和烘托的作用之外,还以完全主宰城市的自然空间而存在。在市区内部纯自然空间得以保留,人在这些空间中与植物和动物是一种平等的状态,不干预自然过程,只是参与其中然后再创造出自己的活动方式。植物在这些空间中完全就是一种主宰和建构者的身份,一切的空间状态都是以植物群落的生存状态为最基本的架构的。前文已经提到过的维勒班公园就是这样的例子之一。更加典型的例子是罗纳河的滨河湿地(图 11-15),沿罗纳河的沿河景观旁,里昂人保留了部分与之平行的自然湿地。这部分湿地完全不受人工干预,人的活动都被集中到与湿地平行的河岸上,只作为欣赏者的身份在这个空间中出现。这块"绝对"自然的空间的存在表达了里昂人和谐、平等的自然观。

(a)   (b)

图 11-15　罗纳河滨河湿地植物空间(李迪华摄)

4. 植物与人的特殊关系

4.1 孩子的玩具

在里昂,植物设计师们在设计之初就没打算让植物闲着,而是将孩子的游戏与植物绑定在一起,增加孩子们接触自然的机会。像前文提到的金头公园儿童活动空间就是很好的例子。植物景观作为孩子活动的空间存在,植物本身成为了孩子安全无害的玩具。

里昂的儿童活动空间通常都设置于街头公园里植物景观最为丰富的区域,儿童活动区周围配置的植物材料多是颜色鲜艳的种类,这些植物会有美丽的花朵、灿烂的落叶和形状各异的果实,能够激起孩子的好奇心,促使他们去探索周围的自然环境。

设计师们还选择植物材料作为儿童活动设施的材料。区别于一般儿童活动场所,金头公园的儿童乐园没有人工的儿童活动设施,它是一个植物设计。它将儿童的游戏行为与植物结合起来,在高大的乔木之间拉起滑索和绳网,将落叶铺在网上,用藤条做成秋千,让孩子在树林间滑翔和玩耍,对于途经的游客而言这也是奇妙的视觉体验。设计师在这个植物设计中将孩子的游戏作为创意的主题,金头公园中用枯枝编织成的"隧道"(图11-16),孩子会兴趣盎然地从中间爬过。

图11-16 植物景观与儿童活动(李迪华摄)

4.2 市民的老师

植物景观在潜移默化当中对里昂的市民进行着生态教育。

前文中提到过的"落叶节",公园举办它的初衷就是为了对普通市民进行环境教育,而落叶以及落叶制作的各种植物景观成为了展示自然过程和自然产品的一种媒介。人们通过落叶认识到自然过程能为人制造产品,即使是植物的废弃物——落叶,也都有自己的功用和美丽,无形地增强了人们呵护自然的意识。再比如维勒班公园的生态池塘(图11-17)。从美学的角度而言,一池长满绿藻的水几乎谈不上好看,但是它展现的是完整的池塘生境系统。通过解说牌的说明,普通市民也能理解生境的运作模式,在公园里游玩的过程中也能接触到生态学的知识。

(a)　　　　　　　　　　　　　　　(b)

图11-17 植物景观具有生态教育的功能(李迪华摄)

5. 结论

在里昂,人们随处可以看到植物在城市环境中自由、自在的状态。而这背后蕴含的是法国人创造城市植物景观所追求的境界和价值观,即植物与人、植物与城市最自然的关系。尽管法国古典园林精于人工雕琢的植物轴线,将植物作为建筑的延伸和附属。但当代法国城市中的植物设计并未受传统牵绊:植物以其最真实的状态,与城市、与人平等共处。相较国内常见的植物景观设计,植物只被当作城市的陪衬和点缀,既不能满足城市中人的真实的需求,又已经失去自然的功能。

参考文献

凯文·林奇.城市意向[M].北京:华夏出版社,2001.

*未特别注明的照片和图片均为笔者拍摄和绘制

专题 12　法国城市健身系统

潘纪雄

摘要：本文从法国之行的见闻感受出发，对以里昂为代表的法国南部城市户外健身生活进行解读。结合里昂城市特色，从健身网络与健身节点两个层面对城市健身基础设施进行剖析，并总结有利于市民从事日常健身的社会保障机制。

关键词：城市健身系统；里昂；法国

1. 引言

法国的深秋，随处可见的街头绿地，清新如同柠檬水的洁净空气，湛蓝高远的天空，骑车人将自行车带上有轨电车的场景，罗纳河边晨跑的人与天鹅、野鸭亲密接触的画面，以及撒满金色梧桐叶的人行道上的散步者，都让初到欧洲的人惊喜不已，并且对这座城市所承载的优雅、健康的生活产生了深深的敬意。

在法国，从大力发展竞技体育到科技在日常健身中的应用，健身在欧洲始终拥有良好的群众基础；从推广 hash 运动到骑自行车成为一种时尚，城市人充分享受健身乐趣的同时不忘亲近自然；新兴的山地车速降、划艇、漂流、轮滑等娱乐健身项目，深受年轻人喜爱；以老年人为主要群体的法式滚铁球运动，成为法国广场、公园特有的亮丽风景。丰富的足以令观者欢欣鼓舞的健身活动扎根于深厚的文化、物质基础和社会体制。

本文在结合法国城市景观建设特点，对政府及民众在推动健身活动方面所扮演的角色进行整理、解读的基础之上，从法国之行的见闻感受出发，首先对当地主要的健身行为进行清晰的定义与分类，然后简单讨论法国的健身历史，对支持与倡导城市健康生活所必须的"硬件"与"软件"进行分析解读。需要补充的是，笔者在对法国第二大城市里昂进行实地考察之后，将构成该城市健身系统的空间实体（硬件）从网络与节点两方面进行描述与分析。其中网络部分代表城市中沿交通、流域或山道线性分布并相互交织的健身网格，按照不同的特点、活动类型与活动强度可以细分为社区街道、滨水与山道三个部分；健身节点主要指辐射式服务于市民的非连续性健身场所，如公园、广场和运动场。

2. 健身概念

本文探讨城市生活中广义的健身，为其划定范畴应该从大众化层面探讨,从休闲与运动相结合的角度来分析。健身的定义应取休闲与运动的交集部分,或者说它介于通过晒太阳的简单放松和传统意义上的竞技健身之间的中间阶段,具有一些区别于严格意义上的健身的特性:它既不是以通过比赛追求成绩,也不要求有规律的强烈训练,而是通过非正式的、自发的健身活动,追求身体放松和舒服。

休闲健身根据活动场所可分为室内和户外两种,限于对法国城市有限的了解,本文只涉及部分户外健身。其内容按活动强度由大到小可大致分为各种球类活动、爬山、跑步、骑自行车、钓鱼、散步以及晒太阳等。这些户外健身休闲活动内容使人融入自然、回归自然,使人置身于阳光、空气、水、郊野、森林之中。地处地中海沿岸,一年四季气候宜人,为从事户外健身活动提供了充分的气候保障(图 12-1)。

图 12-1 法国街头丰富的健身活动

3. 城市健身系统

3.1 健身网络

所谓健身网络,代表城市中沿交通、流域或山道线性分布并相互交织的健身网格,是由若干健身线路交织而成的网络总体。健身网络所承载的户外休闲健身活动主要集中在跑步、骑自行车、轮滑、散步等线性运动方式。按照场地自身的特点、所承载的活动类型与活动强度可以将里昂市的健身网络细分为社区街道、滨河与山道三个部分。

3.1.1 社区街道

城市中的健身路线很大程度上是依托街道所形成的步行道、自行车道等慢行交通系统。无论是小雨还是晴朗天气，无论是清晨还是黄昏，总能在法国街头遇到迎面而来的慢跑者或者头戴安全头盔的骑车人，法国城市在构建安全舒适的社区健身路线方面给人留下深刻的印象。从适宜健身的角度理解里昂的社区街道，至少具有以下三个特点：

（1）满足高质量空间所应具备的基本条件，空气清新，街道清洁而没有污染，安静而没有噪声。

（2）安全的人车共存式道路(图 12-2)。这一点得益于：一方面，综合考虑街道的物理特征、沿街活动、步行活动、交通功能、机动车速度、停车管理、街道景观和社会经济环境等内容，已在规划层面从区域范围、从道路网的合理分布上协调了各类交通形式的合理平衡；另一方面，实施具体的设计与措施，如改变街道的物理特征、设置减速路拱、设置强化行人地位的道路标识、设置路边停车以及实施单向交通等。

图 12-2　里昂安全的人车共存式道路

（3）作为欧洲重要的世界遗产城市，里昂市典范式的历史文化古迹保护工作保留了城市的传统风貌。因此，构成户外健身线路的街道景观美丽而整洁，富有历史文化古迹。此外，在城市设计中大量广场、街角、对景等元素的使用，构成了里昂社区街头丰富多变的空间组合形式、良好的定位感以及宜人的尺度。

里昂城市高质量的社区健身街道本身即可满足社区居民日常的跑步、散步、骑车等健身活动，同时，又为居民在健身过程中安全地到达滨河、山道提供了便捷的可达性。并且，高质量的社区健身街道可以给市民一个宜人舒适的出行环境,有利于提升整个城市的品位;促进人与人之间的交往,促使邻街活动活跃,从而促进社区活力;促进慢行交通发展,合理衔接公共交通,促使城市交通形成合理的出行结构;对于历史文化名城,良好的步行交通系统能保持城市传统风貌,保护历史文化古迹(图 12-3)。

图 12-3 保留传统风貌的道路

3.1.2 滨河空间

作为城市景观的重要组成部分,滨水空间一直是被关注的焦点。随着人们对城市环境质量要求的日益提高,拥有河流的城市纷纷开动脑筋研究如何将滨水空间资源加以开发和利用。作为城市重要的文化与旅游廊道,里昂的罗纳河与索恩河沿岸整治与开发利用不仅体现了城市的历史与地方特色,而且成功地将两岸塑造为市民与游客休闲漫步的绝佳去处。

在处理罗纳河与索恩河滨河空间的过程中,里昂市政府始终将堤岸功能明确定位于开放的休闲活动空间,对原本不连贯的堤岸和步道逐步进行重新规划,鼓励市民利用这一珍贵的空间环境资源,从事文化娱乐活动。通过对沿岸工业的重新布局,将原本只局限于城市核心历史保护区的休闲堤岸向上下游延伸。并为保证堤岸具有提升城市生活品质的潜力,确立了几项基本措施:沿岸的工业厂房、仓储货运所占据的堤岸逐步迁移至市区边缘的河段,并严格进行排污监督;观光游艇的停靠站须适度集中管理;邻近河道的道路行车与停车必须有效管制;充分利用垂直高度的起伏,营造多变的滨河空间和清晰的功能分区;结合当代艺术与原始风貌,合理布置景观节点与视觉通廊。

目前罗纳河与索恩河沿线已成为里昂市民最重要的健身线路(图 12-4)。从 Place Antonin-Poncet 广场

图 12-4 罗纳河、索恩河沿线成为里昂市民重要的健身线路

到金头公园入口的完整罗纳河沿岸全长约 6 km,该路线充满了城市的现代气息,并且沿途分布着大量的可以使观光者产生"里昂印象"的城市重要建筑。该线路充分体现了以绿色交通方式(徒步、自行车、轮滑等)为主体的设计思想,安全性极佳。索恩河沿线全长约 8 km,纵观城市发展的历史,索恩河沿线是富维耶山高卢老城区与后期城市发展的过渡区域。西岸紧邻的是立体的富维耶山景观,东岸保留了油画一般的该城市标志性的建筑立面风格。沿两河而行,多能遇到大大小小的健身团队或个人,从白发苍苍却腿脚矫健的老者到骑四轮车的幼童,健身者跨越各个年龄层。健身活动的形式多种多样:骑车、跑步、滑板、轮滑、打拳、散步(图 12-5)。

图 12-5 两河沿岸开阔的健身场所

3.1.3 山道

山道,有时也作为一种特殊的社区街道,在承载市民休闲健身方面,在先天具有起伏地势的里昂担任了重要的角色,同时山道健身也具有活动强度大、生活复合性较强、沿途景观丰富多变的特色。

(1)环境契合性。富维耶山地区与半岛区北部适合休闲健身活动的山道线路与地形环境完美结合,在山地背景下,起伏的地形变化构成了人们步行依托的最大的环境。步行系统与环境紧密契合,爬坡上坎,顺着主要的步行梯道上下,再分流至次等级的巷道、梯步,行走其间,活动强度可以得到保证。整个步行体系随着环境的三维变化而不断改变自己的方式,根据环境的不同,其契合的方式也不同,形式上可以是人行道、梯步、坡道、林荫道等。

（2）生活复合性。与此同时，里昂的山道同时表现出强烈的生活复合性。以富维耶山老城区为例，由于山地步行系统方式本身的空间多变性，加之老城风貌的原味保留，因此形成了丰富多变的城市山道空间，也形成了大量与生活娱乐、交往紧密相关的复合型空间。山上老城区街、市同构，一条条饱经历史沧桑的步行石板路实际上同时也是主要的商业、生活空间。在某些现代交通工具无法涉足的老街道，一条长长石板路更是一部步行生活的历史书。慢跑亦或缓行于此，空间融合了浓厚的欧洲老城市生活气息，各种不同的生活片段都可以出现在健身过程之中，这也是山道健身线路的一个重要的人文特点（图12-6）。

图12-6　人性化的山道设计保障健身安全

（3）景观多变性。由于里昂老城具有空间丰富多变的老城肌理，横纵交错的石板老路、开敞或闭合的小广场、向三维空间辐射出若干条小路的路口、老城丰富的教堂所形成的街角对景、以及可以俯瞰山下城市的通透视野观景点，这些景观性要素也构成里昂山地健身线路的重要视廊景观的来源。随着不同高度的起伏，健身线路和景观融合产生了丰富的视觉感受，为健身者提供了丰富的高卢罗马时期的老城文脉体验和绝佳的城市全貌观赏视线（图12-7）。

图12-7　充满生活气息的富维耶山山道

3.2 辐射式服务的健身节点

健身节点主要指辐射式服务于市民的非连续性健身场所,如公园、广场和运动场,其承载的健身活动主要有各类球类运动、健身操、轮滑、晒太阳以及儿童游乐活动等。

3.2.1 公园

公园作为重要的城市大中型的绿化空间,环境质量好,又具有一定的空间容纳性,在城市健身生活中发挥重要的作用,它几乎可以满足人们对户外健身活动的全部需求。里昂有大大小小七座公园分布于市区。由于笔者实地考察的时间有限,仅对里昂市最大的金头公园以及与其紧邻的里昂国际新城在支持与促进城市健身方面进行简单分析。

金头公园(Parcde la TeteD'Or)是里昂人最引以为豪的"绿色心灵"(green heart)。它是罗纳河沿岸公园群落中最耀眼的一座,不仅是里昂面积最大的绿地(262英亩),也是全法国最大、最美的城市公园,号称法国最大的绿肺。几千年来,法国园林造园的材料并没有什么太大的变化,虽然现代技术和现代材料的出现极大地丰富了园林建造的手段,但对于金头公园来说,植物占主导的特点并没有改变,因此用植物塑造空间的基本思想在这里得到了很好的体现。主要步道两旁是高大的法国梧桐树和错落有致的植物,路上洒满金色的梧桐落叶,脚踩干爽落叶发出的清脆声响听上去让人心情愉悦。公园内的步道很多都是朴素的沙土路,这样雨水可以很好地渗入地下,同时在一定程度上保证了人们健身过程中的舒适与安全。各类植物的落叶被清扫、堆放在路的两旁,保持原生态。行道树绿色、黄色和红色的叶片倒映在清澈的湖面上,与远处湛蓝的天空相映衬,景色尤其美丽(图12-8)。

图12-8　金头公园

紧邻金头公园是里昂国际新城,在其西部沿河的部分,设计师高哈汝的设计思想是要建立一种新的公园气氛,与一旁的老公园既相区别又协调统一,并且要表达河流的特性和水流的变化。河岸依据生态学原理重新定型和加固，有利于乡土植物在这里生根发芽。在河岸最宽的地段，设计师根据自然演替的原理进行种植，限制了一些容易过份蔓延的植物种类，而丰富了其他一些种类。在潮湿的河岸上，木浮桥将骑车、跑步、散步者引向充满野趣的一段河流。驳岸的处理借鉴了里昂老城河堤的做法，约 1 km 长的曲线堤岸上有节奏地分布着台阶和坡道，将堤上的大道与滨水散步道联系了起来，同时保证了从城市中心到下游的自然公园之间的步行和自行车系统的连续性(图 12-9)。

图 12-9　里昂国际新城外围

3.2.2　广场

在欧洲,广场从某种意义上是一个国家历史、文化和艺术的缩影,也是人们日常活动的重要场所。作为城市空间形态中的节点,城市广场是塑造城市个性的重要手段,在反映了城市风貌、融合城市历史文化的同时,为市民活动塑造自然美和艺术美的空间。在里昂,城市广场更是作为一种独特的文化现象而存在,特别是两河之间的半岛区,若干个形态、内容、规模各异的城市广场,结合现代公共设施的建设,对城市景观营造及保障市民户外健身休闲方面,起到了完善、契合与促进的多重作用。这些城市广场,有的以风景名胜见长,有的以纪念性建筑为主题,有的以历史古迹作中心,有的为缅怀先人而命名,有的结合解决当今交通问题而匠心独具增加科技含量,给游客市民提供了舒适的游览休憩健身的环境。

红十字山地上的地铁站往东,是个现代感很强的市民广场。广场两侧是住宅,空间呈完全开放性。平展的草坪上镶嵌着几何造型石材铺地与石墩,鲜艳活泼的儿童游乐场为附近居民提供了休闲的场所,自由灵活的布局让城市居民能够最大限度地参与广场的各种活动。广场东侧地势层层跌落,山坡种满了各种花卉植物,生态环境质量优异,而这里也是俯瞰罗纳河的好地方。广场成为一个更多让人停留而不是走过的空间,也为旅游者提供城市对外展示的窗口(图 12-10)。

图 12-10　红十字山地广场

现代城市广场形态越来越趋于复向化、立体化，里昂市市政厅的一角、歌剧院北侧的路易普拉戴尔广场（Place Louis Pradel），就呈现出这样的特征与前卫时尚的城市风貌（图 12-11）。广场往北就是红十字区，升起的山地让广场自北向南、由东往西倾斜，地面既有平缓的斜面，也用多组台阶连接不同高度的台地，成为平地与山地不同城市区的自然过渡，立体感十分明显。漫步广场之上，因高差使得人对广场的观赏视点不断变化，而产生步移景异的动态观赏效果。特殊的高差地形让这个广场成为滑板与旱冰爱好者的云集之地，广场上再加上三个漂亮的现代雕塑，其中一个是滑冰者的姿态为原形，由金属废料创作而成，四肢张开俯瞰着广场。从广场的形态到雕塑的内容材料，都与这个地区的特点及周围新老建筑非常匹配，使广场更具有文化内涵和艺术感染力。设计新颖、布局特色、环境优美、功能齐全，这个广场在充分满足广大市民健身娱乐休闲需要的同时，也为欣赏古今融合的高雅歌剧院建筑与艺术提供了足够的空间与完整的视野。

图 12-11　里昂市政厅旁的路易普拉戴尔广场

以上从物质空间层面角度出发，分析了无论是纵横交错的健身线路还是辐射式服务的公园、广场，里昂的户外空间都充分表明了其支持与倡导健康城市生活的特性。下面我们从政策和观念的角度来分析里昂对城市健身的积极促进。

3.3 推崇健身的社会机制

3.3.1 民间组织

　　法国与其他西方国家一样,公民社会发展得十分成熟。公民社会是指围绕共同利益、目标和价值的,进行集体行动的非强制性团体。在公民社会的大环境下,人们按照各自不同的利益、阶层和价值观甚至喜好成立和组成了各种各样的非政府组织,这些非政府组织在人们的日常生活中起到十分重要的作用。在里昂,各种各样的非政府健身运动组织就达到了 1 500 多家。特别是在失业者和无业游民聚居的社区和街道中,各个民间健身运动组织所举办的各种健身活动和健身赛事,成为了很多失业者和无业游民参与的唯一社会活动。这些活跃在社区、街道中的民间健身运动组织是社会的润滑剂,它们有效地降低了"高危"街区青少年的犯罪率和减少了社会对一些边缘阶层的排斥。

　　社区健身运动组织优惠政策的受益对象主要集中在以下几类人群:失业者、外来移民家庭、无固定居住点者、单亲家庭以及失学的未成年少年。可以说,每个活跃在社区、街道的健身组织都对以上的社会弱势群体起到了帮扶、鼓励的作用。有的健身组织甚至代替政府的角色,成了很多未成年人的"第二个家庭"。很多人虽然被社会所排斥,但是却在健身运动组织中找到了家的温暖,并且通过健身运动结交了很多志同道合的朋友。健身也丰富了他们的生活。

3.3.2 倡导健身活动的政府行为

　　里昂市政府对民间健身运动组织的发展也是大力的扶持和鼓励。因为健身运动往往需要人们之间的协调和配合,所以它是一种促进团结、增进居民间相互信任和减少社会排斥的一种有效手段。

　　作为权力机构,里昂市政府并不直接干涉民间健身运动组织的各种活动,而是成立健身专项基金对各种健身运动组织的活动进行直接或间接的支持,并定期评估它们的社会功能以及合同的履行情况;而作为回馈,各种健身运动组织也应当接受政府的宏观指导;开展的各种健身运动也需符合政府的社会发展目标。其具体要求为,健身运动组织应优先让社区的弱势群体入会;减免弱势群体会费;各种健身硬件设施应当建立在社区居民较方便的地段;健身运动组织应当在各个街道定时举行各种健身赛事,以丰富居民的生活等等。

　　政府对专项基金的评估一般为每半年一次,评估工作由一个专门的评估委员会来完成。该评估委员会由市政府官员、法国家庭基金会代表、健身局官员等机构人员组成。评估的领域为以下几点:① 街道社区健身设施的覆盖面,检查的重点是各种具体措施的落实情况,包括会员费的减免、健身设施的安装等。② 与位于街道社区内的公共机构合作情况,如与街道社区中小学在健身运动方面的合作;与市健身局的活动合作情况;与其他非政府组织在促进社区安定、街道和谐方面的合作等。③ 在建设公民社会方面的贡献,包括鼓励社区、街道年轻人以及他们的父母参与公共事务,增进他们的主人翁和社会责任;鼓励社区居民参与各种由非政府组织牵头的社会活动,特别是各种临时举办的健身活动等。

4. 总结

法国是世界最长寿国家之一,在心脑血管疾病方面始终保持较低的发病率。作为欧洲最苗条的国度,仅有 8% 的女性存在肥胖问题。不可否认,这些在一定程度上得益于法国人崇尚健身的生活方式。反观国内,国民体质并没有随物质生活水平的提高而上升,过多的重复性工作使人感到紧张和疲劳,缺乏日常锻炼从而引发焦虑、肌力衰退等。北京、上海、深圳等我国一线城市 15 岁以上人口中慢性非传染性疾病(如心脑血管病、糖尿病、冠心病等)的发生率远远高于欧洲发达城市。

大量的实践和科学研究证明,运动健身的确是抵御"现代文明病"的良方妙药,并且,城市健身还具维持社会稳定、促进人际交流、提升国家与城市形象的社会学意义。然而,形成全民健身的良好氛围绝非朝夕之功所能实现。当我们还在回味奥运会给我们留下的物质、精神财富和奖牌纪录时,应该脚踏实地的将视野转向全民健身问题。应当在增进人们健身意识的同时,学习法国城市先进的建设经验与管理模式:① 结合市民出行方式,根据不同城市所特有的属性,发展完善的城市健身网络框架,并大力发展社区健身设施,增强社区健身设施对公众的开放程度,形成丰富的城市健身服务节点;② 从根本上改变追逐功绩的管理思路,体育开支应从培养夺金个体转向发展全民健身,缩减庞杂臃肿的管理体制,充分发挥社区基层单位的作用,开展丰富的社区健身活动。

*未特别注明的照片和图片均为笔者拍摄和绘制

西班牙篇

一、行程简介

　　此次西班牙之行由马德里市政府城建住房局邀请。行程从安达卢西亚地区开始,经过马拉加、格拉纳达、科尔多瓦、塞维利亚四座南部老城后,到达马德里,马德里考察期间顺道参观了托雷多古城。整个行程中先后得到了马德里城建住房局、Francisco Longoria 教授的热情接待和帮助,他们详细介绍、展示了西班牙城市,尤其是马德里这座首都城市的建设历程,师生们获益匪浅。

2011.11.21　星期一　北京—巴黎	
晚上	抵达巴黎
2011.11.22　星期二　巴黎—马拉加—格拉纳达	
中午	抵达马拉加
下午	参观马拉加市中心和城堡
晚上	抵达格拉纳达
2011.11.23　星期三　格拉纳达	
上午	参观阿尔罕布拉宫和夏宫
下午	步行体验阿尔拜辛区,在圣·尼古拉斯广场欣赏落日中的阿尔罕布拉宫
2011.11.24　星期四　格拉纳达—科尔多瓦	
上午	参观格拉纳达老城中心
下午	抵达科尔多瓦,参观科尔多瓦老城
2011.11.25　星期五　科尔多瓦—塞维利亚	
上午	参观科尔多瓦大清真寺
中午	抵达塞维利亚
下午	参观特里亚纳街区和西班牙广场
2011.11.26　星期六　塞维利亚—马德里	
上午、下午	参观塞维利亚主教堂、城堡、塞维利亚老城区
晚上	抵达马德里
2011.11.27　星期日　马德里	
上午	参观退隐公园(丽池公园)
下午	参观皇家植物园
2011.11.28　星期一　马德里	
上午	到马德里市政府城建住房局,听取马德里城市规划讲座及 M30/马德里 Río 项目介绍

下午	由城建住房局规划师带领参观 M30/马德里 Río 项目
2011.11.29　星期二　马德里	
上午	听取西班牙当地建筑师讲解马德里城市建造历史,随后参观了马德里老城中心区(Centro)及马德里东南郊的 Vallecas 社区
下午	自由参观
2011.11.30　星期三　马德里	
全天	自由参观
2011.12.01　星期四　托雷多	
全天	由 Francisco Longoria 教授带领,参观了托雷多城堡(军事博物馆)改造项目、托雷多主教堂、托雷多古城和一座典型的托雷多橄榄庄园
2011.12.02　星期五　马德里	
全体	自由参观
2011.12.03　星期六　马德里—北京	

二、观念颠覆之旅

日常教学中,我和同事们时常需要提醒和启发学生摈弃先念,关注基本事实。然而并不讳言的是,我并不确定是否学生中的大多数都能准确清楚地判断什么是基本事实。因为一直以来,他们都成长在罔顾事实的权威的粗暴的社会语境中,那些诸如"道德"、"以人为本"、"和谐"之类,被渲染的被误读的模糊的词汇,长久地深深地影响着他们的思维,阻碍了独立思考能力的培养。因此,我们努力把学生带到国外去,带离大家习以为常的社会语境,用最鲜活的案例,启发他们回到基本事实这个思考原点。

从马拉加到马德里,我们由南到北穿越行进,一路发现一路思考,一路观念颠覆。原来城市中即便没有几棵树,街头拐角的一捧花草,也能让行人享受到绿意,"绿地率"不是城市的基本事实,足够的绿色服务才是;原来孩子们在草坪上奔跑是那么美好,踩踏草坪不是"没有公德",花费天价建造人们无法使用的草坪才是道德缺失;原来根本就没有高深莫测的"生态设计"方法,精心呵护城市每一寸绿色,让广场铺地鹅卵石缝中苔藓也能茂盛地生长才是实实在在的生态!

十三天的观念冲撞加上舟车劳顿,思维的改变远比体力的透支要艰难太多。希望学生们逐渐习惯直面基本事实的思维方式,并慢慢地让这样的思维方式在我们的设计中发酵。

三、期待再来的旅程

本次西班牙南部之行,是北京大学"世界建筑城市与景观"课程第六次选择欧洲城市作为考察目的地,仅西班牙国内也是第二次了(2008 年考察巴塞罗那,教学案例已出版)。然而西班牙南部安达卢西亚大区因其位于欧洲最南部连接欧非两大洲的特殊的地理位置,也因其经历了700多年辉煌的伊斯兰教统治历史,与前几年考察的长久处于基督世界统治的北部国家或城市存在巨大的景观差异和复杂的文化影响。而对这种差异和复杂性,着实难以在仅十三天的行程中完全理解。当怀着朝圣一般的心情来到阿尔罕布拉宫,我们欣喜地发现了它与法国凡尔赛之间的某些传承,然而它对欧洲乃至全球景观设计又有哪些更深远的影响?太多诸如此类的疑问,只能期待回国后继续思考,下次再来时或许能够解答!

四、诚挚感谢

特别感谢西班牙马德里理工大学建筑系 Francisco Longoria 教授与他的建筑师朋友们!是他们无私的帮助才使得这次行程得以实现!是他们为学生们埋下了追求真理的种子!

五、教师团队

李迪华,北京大学景观设计学研究院副院长,副教授,课程负责人

Francisco Longoria,西班牙马德里理工大学建筑系教授,景观设计学研究院兼职教授,西班牙方面主要联系人

路露,北京大学景观设计学研究院助教授,课程指导教师

李迪华

北京大学景观设计学研究院 2010 级全体同学

专题 1 没有树的街道

摘要：街道既是城市的重要空间组成，又是体现城市特色和反映市民生活的载体。欧洲的街道上树木并不多，但是良好的街道形态、畅通无阻的道路、丰富宜人的街景、浓厚的生活气息弥补了街道上没有绿色生命的遗憾。本文通过对马德里老城街道的实地考察和切身感受，揭示了欧洲街道没有树的现象，并围绕这一现象背后的原因进行了探讨。

关键词：街道；行道树；马德里；老城区

1. 引言

街道环境的优劣直接影响人们对于一个城市的印象。正如美国社会学家简·雅各布斯（Jane Jacobs）在《美国大城市的死与生》中所述："当我们想到一个城市时，首先出现在脑海里的就是街道，街道有生气城市也就有生气，街道沉闷城市也就沉闷。"20 世纪 90 年代以来，我国城市管理者对城市环境的建设投入了极高的热情，然而，我国的城市街道却难见生机。中国很多城市的建设，存在着"重拓路、轻功能，重种树、轻景观，重汽车、轻行人"的现象。人们对城市环境质量的要求不断提高，对绿色空间的向往日益强烈，越来越多的城市开始在街道上种树，认为种树就能遮掩掉城市街道的诸多不合理设计。于是树在承担着人们盲目种植而造成的病态生长的同时，也给街道本身带来了一系列的麻烦。欧洲街道上的树并不很多，但人行走在其中并没有觉得不适，反而畅通无阻的道路、丰富的街景、浓厚的生活气息让人忽略了街道上有无树木的差别。面对着一个糟糕的城市街道环境，种树是不是唯一的选择？这个问题值得景观设计师去思考。

2. 街道的概念

街道，从空间构成的角度来说是指由建筑实体构建的室内空间之外，呈线形的、连续的、供人和车通行的公共领域；从环境构成的角度而言，街道是由沿街建筑立面、路面、绿化、公共设施、人、车流等静态和动态要素共同构成的公共空间环境。

街道与道路不同，它是营城建屋所留下来，供人们穿越、接触以及交流的公共空间,这些空间经过人有意识的梳理、整合而贯穿起来,具有明确的方向感和合理的流线,街道是生活性的。道路的范围则更广,它可以是街道、公路、铁路等,以交通性为主。由此可见,街道虽然从属于道路集合,但它包容了建筑、人、环境设施、绿化等内容,是人类社会生活的一种空间组织形式。作为构成城市实质环境的主要元素之一,街道以通过为媒介,引导行人充分享受环境气氛,参与情景之中,体验城市环境(赵婕,2006)。

3. 城市街道种树的历史

在古代,街道植物景观的形式多以种植的行道树为主,国外历史上对其最早的记载是公元前10世纪,建于喜马拉雅山山麓的街道上,称作大树路(Grand Trunk)。直到中世纪时期的欧洲,在多数的城堡内,几乎没有用于街道栽树的空间。文艺复兴以后,欧洲一些国家街道绿化有了较大发展。1625年,英国伦敦市的摩尔菲斯地区设置了公用的散步道,种植4~6行法国梧桐,形成了林荫大道,开创了都市性散步道栽植的新概念。18世纪末至19世纪初法国政府正式制定了有关街道需栽植行道树的法令,对于栽植位置、树种选择、砍伐与修剪的手续等事宜均有规范。工业革命以后,人口向都市集中,市区急速扩充,辟建干道,行道树栽植日渐盛行。19世纪后半叶,欧洲各国将中世纪的古城墙拆除,壕沟填平,建成环状街道或将其局部辟为园林大道,以修饰景观为主要功能。巴黎在1858年建造了香榭丽舍大道,对欧美各国都产生了极大的影响。十月革命后的苏联强调将行道树、林荫道、防护林带联系起来组成"绿色走廊",对我国也产生了一定的影响(赖韬,2006)。

我国在两千多年前的周秦时代,就已经沿街道种植行道树。《周礼》中有"列树"之称,指的就是在洛阳的街道两侧列植树木,供来往的过客遮阳休息。到了秦朝开始大规模地出现行道树种植,《汉书》中就记载描绘了"秦为驰道与天下,东穷燕齐,南及吴楚,江湖之上滨海之观毕至。道广五十步,三丈而树,树以青松"的景观。到隋唐以后,城市街道绿化更趋于成熟,不仅有严谨的道路网规划,还制定了相关的法律制度,绿化树种也更加丰富。行道树制度通过日本遣唐使传至日本,对日本平城京的行道树种植与管理等制度有很大影响。北宋在宫城正门南的御街用水沟把路分成三条,并用桃、李、梨、杏树等列于水沟边,沟外又设木栅(杈子)以限行人,沟中植以荷渠莲花,街道植物景观已经极为丰富了(赵婕,2006)。

4. 马德里街道实地调查分析

街道既是欧洲城市的重要空间组成，又是体现城市特色和反映市民生活的载体。走在巴黎、马拉加、格拉纳达、科尔多瓦、塞维利亚和马德里的街道上，都感觉特别舒适和亲切。尽管大部分的步行街上基本没有树，但并没有觉得不适。本文以马德里的街道为例，从街道尺度、形态、材料、色彩，树的分布和情况以及街道日照情况等方面加以分析。

4.1　区位

研究地点位于西班牙马德里市区太阳门广场（Puerta del Sol）南侧，Plaza Mayor（马约尔广场）、Plaza Jacinto Benavente、Teatro Reina Victoria 三个广场之间的三角形地块，面积约 8.2 hm²。研究区域以北是马约尔大街（Calle Mayor），西南是 Atocha 大街，东南是 Cruz 街。

4.2　没有树的街道
4.2.1　街道尺度

大部分欧洲城市街道的尺度是以满足两辆马车相互对开为依据的。研究区域道路街道宽度多在 7 m 左右，街道两侧的建筑物多为 5、6 层，高度在 18 m 左右，街道的高宽比为 2 : 1～3 : 1（图 1-1）。这样的一个向上开口的空间，对在其中行走的人来讲，感觉是舒适的和亲切的，人向上的视角只要控制在容易转动头的范围内，空间形态只要不是过于狭长而产生压抑就可以接受。大部分街道每段并不长，大多为 200～300 m。

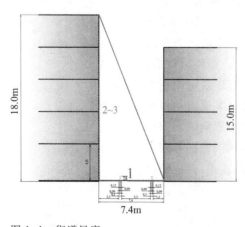

图 1-1　街道尺度

4.2.2 街道形态

街道形态表现出一种严格的秩序。街道两侧的建筑沿街道周边布置,即便是遇到街道之间的圆角或锐角,建筑也一样是圆角或锐角(图1-2),目的是以街道的边线来规矩建筑的布局,使街道建筑群呈现出一种统一和秩序。而变化主要靠建筑立面上的设计,通过色彩、线条的分割或雕饰的有规律的渐变来实现,依循历史建筑的形式和规则,谋求一种秩序而不是个体建筑的出位。

图1-2　建筑群锐角的处理

4.2.3 街道材料和色彩

街道的界面处理较多地使用了石材、涂料和瓷砖。街道铺装采用小石块和石板排列布置,对路面功能进行划分,观感和脚踏感都比较舒适,而且容易形成一定的生活氛围,体现出较强的历史和文化底蕴(图1-3)。街道两侧建筑的立面使用石材、砖、涂料以及特色的瓷砖。具有西班牙南部摩尔风情的瓷砖色彩丰富,搭配在建筑立面上非常协调、轻松和愉悦(图1-4)。

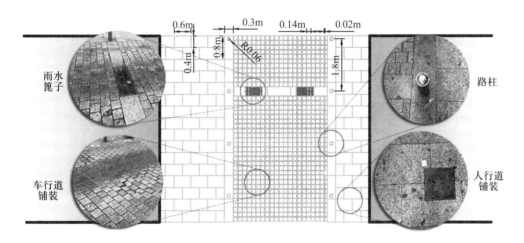

图1-3　街道铺装的划分

图1-4　建筑立面材料和色彩的处理

129

4.2.4 街道家具

街道上基本没有小品,街道上非常干净,没有任何阻碍的物品,这样便于人们安全放心的走路,不用担心有树或其他东西绊脚,更没有在路中间放置花坛或座椅等。街道上没有公共的座椅,只有咖啡馆或是酒吧的户外茶座整齐地排布在店面门口。甚至路灯也没有灯杆,而是安置在墙上,不去占用本不算充裕的地面空间。街道地面上唯一的街道家具只有区分人行、车行道的路柱。街道不会为了取得景观、空间序列,在不算宽敞的空间里设置喷泉、雕塑、花坛、树木等设施。那样的街道给人的感觉像公园,而不是便于行走、购物的空间,所产生的氛围也有很大不同(图1-5)。

图1-5 避免不必要的街道家具的干扰

4.2.5 街道的生活氛围

研究区域的大部分街道,由于良好的形式以及几百年以来人们对这种街道空间围合方式与形态已经习惯,而产生了一种人体心理和生理上的舒适感,街道不仅成为人们购物的场所,也是一个停留、交往、闲谈的场所,在街道的一边常常摆放一些座位,人们便可在此晒太阳、看书、喝咖啡、吃点东西等,而街上行走的人们看着这种闲适的生活也许会加入,这样的街道自然是亲切的富有生活气息的(图1-6)。

图1-6 街道的生活氛围

临街建筑的一层多是一间一间装潢精致的店铺,透过临街橱窗展览的商品来充分展示商店所售商品的状况,有意无意地吸引了许多路过行人的目光。在店铺类型上以衣服、首饰、鞋帽、装饰品、纪念品、钟表、食品店、酒吧等为主,种类丰富,琳琅满目。店铺的玻璃橱窗构成了街道底层的主要界面,对营造商业氛围、促进交流具有积极意义,同时良好的界面还可使人们产生联想和舒适的视觉效果。

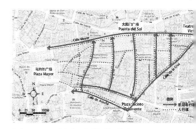

图1-7　研究地块的混行和步行街道

4.3　有树的街道

4.3.1　树的分布

研究地块以内(含 Mayor 、Atocha、Cruz 三街)共有 21 条不同的街道,其中有 9 条可以单向行驶机动车,剩下 12 条为纯步行街道(图1-7)。所有的街道均以步行优先,保证步行活动的畅通、安全和舒适。有树的街道在尺度、形态等其他方面与没有树的街道并没有什么差别,但有树的街道大多为通车的道路,且行道树的种植只出现在较宽的双向通车道路。纯步行街道上的树往往只分布在路的交叉口处和路的放大处,不会沿街种植。总体上,街道上的树并不是很多,零星分布在场地里,却也明显起到了指示和点睛的作用,树的分布见图1-8。通车的街道上树木的种植会结合停车位来布置。树池很小,上面有篦子,并且紧靠行车道,尽量减小对人行走通畅的影响(图1-9)。

图1-8　街道上树的分布

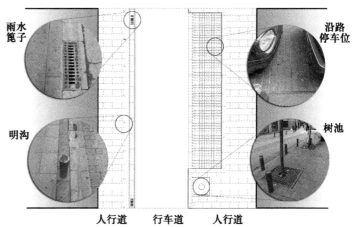

图1-9　沿街停车与绿化

4.3.2 树的情况

研究区域内的街道树种主要为女贞。女贞为亚热带常绿乔木，耐寒性好，耐水湿，喜光耐阴。为深根性树种，生长快，萌芽力强，耐修剪。对大气污染的抗性较强，能忍受较高的粉尘、烟尘污染。对土壤和气候要求不严，能耐−12℃的低温（张天麟，2007）。

由于空间狭小，阳光不足，区域内的树木普遍只能长成中乔的高度（6~9m），而且树干较细，胸径只有12~18cm。冠幅受到街道宽度和建筑高度的影响，基本在6m以下。有的树木比较孱弱，需要支架支扶（图1-10）。

图1-10　主要树种及长势

4.4　街道日照分析

街道空间较狭细，街道长度、宽度，两侧的建筑高度、排布以及季节变化、街道走向均对日照有较强的影响。欧美国家普遍采用的日照标准日为3月1日（低于雨水日，高于春、秋分日）。以 Calle de Cruz 街道为例进行日照分析（图1-11），街道上大部分地区只有0~1h的阳光直射，街角放大处能接收到2~3h的阳光，通往广场的街道端口才能有大于4h的日照，即街道上长时间阳光直射的地方很少。而由3月1日的街道模型阴影分析也可以得出，下午两小时之间（15:00—17:00）的街道才算作有阳光照射进来（图1-12）。研究区域内各街道的高宽比基本一致，因而季节变化和街道走向影响街道能接收到阳光的具体时间段（表1-1）。

在缺少阳光的街道，种树遮阴的意义本来就不大，树木的长势也受到一定影响，耐阴喜阴树种更宜存活。街道上大乔木很少，大多树木树形偏小，枝叶不够浓密，因而对日照的阻挡作用并不是很大（图1-13）。

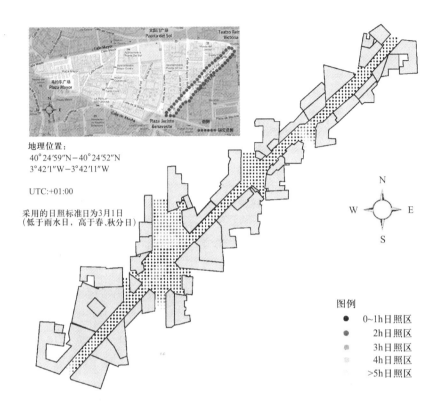

地理位置：
40°24′59″N～40°24′52″N
3°42′1″W～3°42′11″W

UTC:+01:00

采用的日照标准日为3月1日
（低于雨水日，高于春、秋分日）

图例
● 0~1h日照区
● 2h日照区
● 3h日照区
● 4h日照区
● >5h日照区

图 1-11　Cruz 街道日照分析图

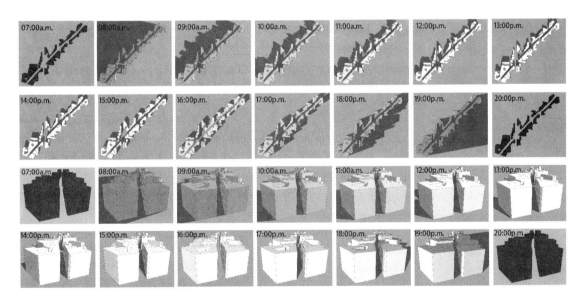

图 1-12　Cruz 街道阴影分析（7:00—20:00）

图 1-13　街道的阳光与树木

表 1-1　Cruz 街道一年日照变化情况

日期 （月-日）	1-1	2-1	3-1	4-1	5-1	6-1	7-1	8-1	9-1	10-1	11-1	12-1
全日照 时间点	16:30	16:16	16:00	15:10	14:30	14:20	14:10	14:40	15:00	15:20	15:30	16:00
日照 时间段	16:00— 17:00	15:30— 17:10	15:00— 17:00	14:00— 16:40	13:10— 16:20	12:30— 16:30	12:30— 16:30	12:40— 16:40	13:00— 16:40	14:00— 16:30	15:00— 16:40	15:30— 16:40
日照 时长	1h	1h40min	2h	2h40min	3h10min	4h	4h	4h	3h40min	2h30min	1h40min	1h10min

4.5　种树的作用和不种树的理由

4.5.1　种树与不种树的理由

树木在美化环境、调节气温、净化空气、降低噪音、放松心情等方面都起着非常大的作用，但是在狭细的街道空间里，没有了树木和树池的阻碍，行走变得安全畅通，阳光本已不足的街道也能享受到更多的日照。

同时，讲究整体的城市街坊、良好的街道形态、和谐统一的建筑风格、丰富的建筑色彩、舒适的建造材料、人性化的街道家具、通透的临街界面和亲切的生活氛围，缓解了行人和居民在狭窄街道中的不适感，街道给人的感觉既活泼宜人又保守持重，弥补了街道上没有绿色生命的遗憾。

4.5.2　种什么和怎么种比种不种更重要

有限的空间资源下，如何科学合理种树比种树本身更重要。街道地面空间不足时，不能盲目遵循沿路种树的方式，可以选择屋顶绿化、建筑山墙立面绿化和阳台绿植等多种绿化形式，也可以在道路的放大处种树，以增加绿视率，提高绿化效果（图 1-14）。

134

图 1-14　多种绿化形式与合理的植树方式

5. 对比与小结

5.1　国内街道种树的误区

　　国内外对城市理解上的差异导致了城市规划和建设态度的不同。鳞次栉比的高楼、笔直宽阔的街道和整齐划一的行道树作为现代化的象征,成为国内城市争相效仿的对象。

　　实际上,马德里老城街道的尺度、形态与国内城中村的街道类似,与"破旧立新"的城市街区有很大不同(图 1-15)。国内城市的街道多是以满足机动车交通为主,而且考虑较多的消防需要,在街道宽度上往往有 15 m 甚至更多,并划分机动车道和人行道,总的感觉是街道空间较为开阔,但人在其中没有安全感和舒适感。而且街道种树也变成了一项任务和面子工程,街道种植以追求视觉效果为目的,很少考虑树下行走的人们(图 1-16)。城市的建设者和设计者更喜于用种树来为城市遮丑,把一切不合理的设计隐藏在一排排树木下。

马德里城区　　　　　　国内城中村　　　　　　国内城区

图 1-15　马德里老城街道形态与国内城中村街道形态对比

图 1-16　国内街道种植方式

5.2　街道可以没有树

　　无论城市规划和布局多么优美，无论图纸多么漂亮，若非亲身站在和行走在这个城市中，这个城市永远都是陌生的。马德里老城的街道树木不多，但是漫步其中丝毫没有逼仄拥挤、压抑枯燥的感觉，甚至有时会完全忽略街上是否有树，对"绿色"的需求似乎不再那么重要，只会深深的体味到作为个体的人的被尊重。

　　马德里经历了不同的社会发展时期，在城市中留存了各个年代的建筑和其他设施，逐渐形成了和谐统一、讲究整体的城市街坊。由于城市良好的时空延续性和对历史的充分尊重，在城市街道上种树也成为一件十分谨慎细致的工作。街道绿化并没有凌驾于建筑、铺装、街道小品之上，而是作为城市和街道整体的一部分，做出任何改变之前经过细致的考量，以追求整体的统一与细节的完善。因此城市快速发展对街道形态并没有多少本质性改变，街道一如既往继承了历史和传统。而中国城市追求现代化和城市美化，城市形态日新月异，城市建设注重结果对原因却欠缺考虑，于是街道上一棵棵大树拔地而起，树下一切不合理的设计依然存在，更谈不上欧洲城市中所关注的城市内涵、人文精神、秩序和变化、生活的闲适、自然的和谐以及对工业文明的限制。

　　只要设计和考虑得当，没有树的街道依然充满吸引力。街道有无树木只是一个表象，真正反映的是建设者和设计者对城市、街道、文化、历史和生活的态度。

参考文献

赖韬.探索城市道路绿地景观设计[D].重庆：重庆大学，2006：2.

赵婕.城市街道园林植物景观设计研究——以武汉市为例[D].武汉：华中科技大学，2006：1-21.

张天麟.园林树木1200种[M].北京：中国建筑工业出版社，2007：432.

＊未特别注明的照片和图片均为笔者拍摄和绘制

专题 2　精以致美

——西班牙伊斯兰园林中理水方式对于现代景观的启示

韩舒颖

摘要:在干旱缺水地区,水尤为宝贵。西班牙南部和大多数伊斯兰国家一样气候炎热干燥。在园林中,人们充分地利用水来灌溉和调节气候,对于水景的处理达到了当时世界的领先水平。非常值得一提的是灌溉水景,水从引入、蓄水到灌溉的整个过程都被处理得非常精致,成为了兼具实用与美观的节水水景。在现代景观设计中,特别是在缺水地区,应该参考古人对水的利用方式,做到小而精致、美观实用。本文将展示西班牙伊斯兰园林中的多个理水实例,并分析其借鉴意义。

关键词:水景;西班牙伊斯兰园林;灌溉景观;节水景观

1. 西班牙伊斯兰园林背景

1.1　西班牙伊斯兰园林的形成历史

公元 7 世纪,伊斯兰帝国崛起,横跨亚非欧三大洲。公元 711 年,第一批信奉伊斯兰教的北非摩尔人从直布罗陀海峡攻入西班牙,之后主要占据着西班牙北纬 38°以南的地区,也称安达卢西亚地区(Andalusia),从此他们统治了该地区长达 7 个世纪之久。摩尔人到达时,西班牙留有很多罗马时期的遗迹,他们学习罗马的技术,并将有些遗迹的建筑材料直接用在了新建的伊斯兰园林和建筑上,在西班牙留下了许多伊斯兰式园林作品。摩尔人统治时期,经济文化高度发展,10 世纪时,首都科尔多瓦成为当时欧洲最文明的城市。

摩尔人的造园水平大大超过了当时的欧洲人,摩尔式园林在西欧一度盛行,对中世纪西欧的造园产生了很大影响。后世的欧洲园林在造园要素和装饰风格方面也受到过伊斯兰园林的影响,17 世纪的欧洲花坛曾经流行摩尔式装饰风格(朱建宁,2008)。

1.2　西班牙南部气候

西班牙南部为地中海气候,夏天特别酷热,塞维利亚的气温最高可达 65℃(Geoffrey and Jellicoe,1995),大部分土地都是荒芜而贫瘠的黄土,干旱缺水,只有临近水源的地区才有繁茂的植被。这里与北非、西亚的自然风光相似,摩尔人直接将伊斯兰国家的灌溉技术与建筑造园技术广泛应用于此。伊斯兰园林是人们在较为恶劣的自然环境中追求适宜人居环境的产物。在辽阔而贫瘠的大漠中,他们渴望创造一个与世隔绝的绿洲,一个有着丰硕果实、泉水与树荫的"天堂"。

1.3　西班牙伊斯兰园林特征

伊斯兰园林的主要特征深受气候影响。在干旱炎热的大漠中,人们一方面为了改善小气候,一方面为了模仿古兰经中的天堂,在花园和庭院中栽培大量庭荫树、果树、花木,并设置凉亭、布置水景。由于水能够明显地改善小气候,在伊斯兰园林中,理水的做法十分之精致,往往是整个园子的点睛之笔,是波斯伊斯兰园林的灵魂。另外伊斯兰园林里灌木修剪得较矮,还会使用下沉花池,这是由于波斯人喜欢坐下来享受园中美景,此类设计不仅利于观赏园林景色,还能够收集雨水并减少蒸发。伊斯兰庭园一般面积不大,非常人性化,也与他们喜欢席地而坐而非游园有关。

宗教影响也体现在了伊斯兰园林里的方方面面。在伊斯兰文化中,"抽象的几何模式"(即变换于方圆之间的各种图形)中,蕴含着特殊的宗教寓意。如:圆形象征着真主独一无二、完美无缺等宗教观念,从圆形中演化出来的正方形的四条边象征着四季、四方、四种美德、四种味觉等神学思想等。因此在园林布局上经常以十字形的园路将庭园分成面积相等的四块(刘海燕,吕文明,2008)。伊斯兰教认为地狱有七层,因此"天园"里的常用数字就是八。因此在伊斯兰庭园里经常出现八边形的小品或者八的模数。

2. 水在伊斯兰园林中的作用与意义

2.1　实用价值

在干旱炎热的恶劣气候下,水的重要性不言而喻。阿拉伯人对水有着天然的崇拜心理,摩尔人同样将水作为园林的灵魂。水不仅能够通过灌溉植物使万物生长,给人们带来绿荫与生机,还能调节小气候,增加空气湿度,降低气温,在炎热夏季里的大漠,有水的地方就是天堂。正因为处在恶劣环境中,他们的引水灌溉技术不断改进并在当时达到了世界领先水平。直到现在,我国新疆的坎儿井还在使用着那时的技术。摩尔人从远处雪山或者附近河流引来水源,在园林中将有限的水利用到了极致,从水的引入,到储水,到运输到花池中的过程都一一展示给游人看。

在简约而美丽的伊斯兰园林中,各处水景都兼具观赏与实用功能。那些步道上的小水渠能够防止尘土飞扬,一小片水池在冷却、过滤灼热多沙的风的同时提供水源,喷泉更是能降温增湿。在科尔多瓦的大清真寺旁的橘树庭园和塞维利亚大教堂的橘树庭院中,更是直接把灌溉与水景结合了起来,将灌溉水渠做成了规整的几何形状,十分精致,既是灌溉的设施又是精美的水景。为了节约来之不易的水资源,西班牙伊斯兰园林形成了很多特征。比如为了减少灌溉时水的蒸发而设置的下沉式花园。又如水景一般都非常的小而精致,水量很小,喷泉较少而涌泉较多,仅仅是在盘中晕开的一圈圈水波就能使人心旷神怡(图2-1)。再如水渠的坡度很小并且很狭窄,因此不会溅起很多水花,减少水的浪费与蒸发(图2-2)。

图2-1 古罗马剧场遗址庭院中晕开小水波的水池

2.2 宗教意义

在伊斯兰园林中,水,特别是水渠有着特殊的象征意义。这是因为在古兰经中频繁地提及天园中的河流。在造园时,穆斯林们都会相当虔诚地以古兰经中的天园为范本来模仿。

"所许给众敬慎者的天园情形是:诸河流于其中,果实时常不断;它的阴影也是这样(古兰经卷十三,十三章)。"因此在造园中,水景、林荫树、果树都是不可少的。

图2-2 园路两旁的小水渠

"许给敬慎之人天园的情形:内有长久不浊的水河,滋味不变的乳河,在饮者感觉味美的酒河,和清澈的蜜河。他们在那里享受各项果实,并蒙受其养主的饶恕(古兰经卷二十六,四十七章)。"

水、乳、酒、蜜四条河对于伊斯兰造园的影响十分之大——这四条河流决定了园林的布局。之后从西班牙到印度,所有典型的伊斯兰园林,都由十字形的水渠划分成四等份,中央一个喷泉,泉水从地下引来,喷出来之后由水渠向四方流去,每方的渠代表一条河,就是水、乳、酒、蜜四条河(图2-3,陈志华,2001)。

下沉式花坛,中心喷泉喷出的象征水乳酒蜜四条河流将花园等分成四块,周边有凉亭等遮阴设施。

图2-3 典型的伊斯兰式园林

因为伊斯兰教认为地狱有七层,所以在模仿天堂的园林中常常运用八这个数字,在水景的营造上体现得非常明显,比如方角圆边的水池(有八个角,方角和圆角错落分布)、有八个角的星状水池、或者干脆是八边形的水池(图2-4)。

2.3 美学追求

除去实用价值与宗教的意义,水景的另一特点就是其丰富的观赏性,总能成为庭院中的焦点。这在西班牙伊斯兰园林中体现得尤为突出。

图 2-4　与数字"8"有关的水池造型(左:方角圆边形水池,摄于格拉纳达 Alhambra;中:八角星形水池,摄于塞维利亚 Alcazar;右:八边形水池,摄于格拉纳达 Alhambra)

西班牙伊斯兰园林是简约而历练的,在阿拉伯的花园中,人们可以见到"古风的淳朴,线条中古典式的精确,只有在希腊艺术中才能见到的那种完美所表现出来的自信"(陈志华,2001)。伊斯兰园林中装饰较少,主要的装饰往往就是每个园林所不可缺少的水景,喷泉是整个院子的视觉中心,在喷泉的周围的水渠又成为划分园林空间的要素。人们的视线往往会被小水渠牵引着,一直到下一个空间。他们会用各种喷嘴喷出涓涓细流,并让水流到各种各样的水池中。这些水池有的是用纯白大理石做的,圆圆的盘子如一轮明月。有的是用彩色瓷砖拼贴的,五彩夺目。对水有着天然崇拜心理的阿拉伯人在文学作品中还经常会赞美它。

3. 西班牙伊斯兰园林中的理水实例

3.1　静水

在西班牙伊斯兰花园中,静水水池都是以方形出现的。在宫殿的庭院里,水池一般用白色大理石或彩色瓷砖铺设,而在花园中的水池则用铺装砖铺设或用彩色石子铺成纹样来装饰。方形水池常常会在一端搭配圆形的涌泉,而更长一些的水池,则会在两端都配有圆形的涌泉。水池不会很深,但是水位一定都是几乎和路面齐平的,让人觉得和水很亲近,同时水池能够很好地将蓝天和树木建筑等周边环境——收到如镜一般的水面上。

静水中最为闻名的是造于 1396 年的阿尔罕布拉宫的桃金娘厅(Court of Myrtles)。南北向院落宽约 33 m,长约 47 m,庭园布置极其简洁,一条 7 m 宽、45 m 长的南北向水池纵贯庭园的中央,两侧各有一条宽 3 m 的桃金娘整形绿篱,树篱外是白色大理石的铺装。水面几乎与路面平齐,显得开阔而亲切,平静的水面倒映着清澈的天空和四周的建筑湛蓝色天空与橙黄色建筑形成了鲜明对比，一切显得宁静而美好。南北两端的小型圆形涌泉与水池搭配，增添了生机与活力，涓涓的细流不断地涌入到池中，使得池水有了一丝丝微不可见的波纹。看着如此简洁而又值得玩味的水景，让人不禁想要像古人一样在这里席地而坐，欣赏一整天。此情此景，真是让人感受到了古人对比例的精确把握和对简洁的自信——这种自信只有在完美的希腊艺术中才能见到。整个水池与周边建筑比例十分协调，尺度适宜，虽然有很多游客在其间游荡议论，但整个庭院依然给人一种非常安详宁静的感觉（图 2-5）。与此相似但体量更小的水池在西班牙其他的伊斯兰庭院中也很常见，如马拉加 Alcazar 城堡的某庭院（图 2-6）。

图 2-5　桃金娘厅

也有不搭配喷泉的纯方形水池，如塞维利亚 Alcazar 城堡中 Patio de las doncellas 庭院的水池，或者说是水道，庭院正中纵贯一条非常细长的水池，两旁的种植池下沉将近一人高（图 2-7）。在格拉纳达的阿尔罕布拉宫某花园中，在台地上将多个方形水池通过小水渠相连接，形成美妙的水景。行走在花园中，仿佛地上摆着一面又一面大幅的镜子，将西班牙特有的明媚阳光下的美景全收了进去（图 2-8）。

图 2-6　马拉加城堡某庭院

3.2　动水

3.2.1　流水

伊斯兰园林很喜欢应用细细的水渠作为水景。水渠往往有两种意义，一种是比喻意义，拟作古兰经中天堂的水乳酒蜜四条河流，从庭园的四个方向，互相垂直地引入中心喷泉。如马拉加城堡上的花园（图 2-9）。另一种则是明渠作为其他主水景之间的联系。在他们的

图 2-7　Patio de las Doncellas

图 2-8　阿尔罕布拉宫某花园

图2-9　马拉加城堡上的花园

图2-10　马拉加城堡山路

庭院中,水景中的水从引入到最后流走的整个过程都是要展示给游人看的,因此水渠经常以明渠的形式出现,常常是一条细细的水渠,放在路中间,或者是两条细细的水渠,在路的两边对称分布。细细的水渠往往只有十公分宽,却能牵引人的视线一直沿着水渠溯源。比如马拉加的城堡,上山的路上没有其他装饰,铺装也十分古朴而简洁,在路中间却一直有一条细细的水渠,里面流淌着涓涓细流。因此在行进时,人们总会将视线留在水渠上,好奇地跟着水渠探索溯源,一直被它牵引着到了山顶花园(图2-10)。水渠有时也会有些细小的变化,比如在阿尔罕布拉宫的花园中,水渠时而汇成一条水渠,时而分成两条对称分布在路的两旁(图2-11)。在塞维利亚 Alcazar 城堡花园中,步道中间有一条窄窄的水渠连接着各个喷泉,水渠的铺装上还刻着 M 形的波纹,水在里面流过时会形成小小的水波,看上去十分具有动感(图2-12)。

在塞维利亚的 Gerneralife 宫中,有一段楼梯用了"水扶手"。古人非常具有创意地将水渠抬高到人手的位置,于是人们在行进过程中可以一直将手浸入水中,感受到清凉。每当到了休息平台的位置还会将水槽放大成圆形小水池,流水则在里面打着回旋,激荡出小水花,让人觉得十分新奇有趣(图2-13)。

3.2.2　喷泉

伊斯兰园林中,水景是主景,而水景里的主景就是喷泉了。为了节省那来之不易的涓涓细流,西班牙伊斯兰园林里的喷泉多为涌泉。喷泉主要有三种形式,一种是盘式涌泉;一种是将喷泉用柱子抬高,下面还接着个池子;还有一种是沿着墙壁造的水池,墙上设有出水口流出水来;另外还有些比较独特的喷泉。

图2-11　变化的水渠

图2-12　"M"形的波纹

图2-13　"水扶手"

盘式涌泉在伊斯兰园林中非常常见。圆形水池很浅,如同盘子一般直接镶嵌在地上。中央有个出水口喷出水来,但水量很小,只能涌出水而不是喷水。水涌出后便在水池中荡起一圈一圈细微的涟漪,这种静谧的水景使人心情很快平静下来,沉下心来欣赏这简洁而细微的美。盘式涌泉和方形水池搭配放置时,就会用一条浅浅的斜水道将二者连接起来(图2-14左)。阿尔罕布拉宫中某个小花园中,绿意盎然的花园里,中间放置着白色大理石的盘式涌泉,显得十分圣洁美丽(图2-14中)。有的盘式涌泉会加一些装饰,比如将盘子雕刻成莲花一样的形状,喷头也稍微装饰一下,这样激起的涟漪也会显得更加细致(图2-14右)。

图2-14 盘式涌泉

抬高式喷泉一般应用于花园中,放在四块花圃的中央成为视觉中心。在朴素的伊斯兰园林中,它算得上是最华丽的装饰小品了。抬高式喷泉一般是将方角圆边形的水池用柱子支撑起来抬高,水从池中间的喷嘴涌出之后,先是在小水池中晕开一圈圈细微的涟漪,接着从水池下的排水孔流出掉落下去,在下边一个更大的方角圆边或者八边形的水池里再点开一圈圈波纹(图2-15左)。有时候水是直接掉在地上,溅湿一片(图2-15中)。溅落在地上的水会将周围的地面浸湿,飞起的小水珠增加了空气湿度,使干热的空气变得凉爽起来(图2-15右)。

壁式水池就是依墙而建的水池,水池上方有出水孔,流出涓涓细流到池子里。造型有些像现在人们使用的洗手池(图2-16)。

另外还有些组合式的喷泉十分独特。在科尔多瓦的大清真寺的橘树庭院有一个喷泉灌溉系统,喷泉部分是一个方形水池,四周有四个喷口,中间为主喷泉,喷泉上方有一个形状像小亭子的木质装置,中间有一个像小风车一样不停地转动的轮子,轮子在转动的同时不停地向周围洒水。轮子的中间还绑着一个铃铛,每转一圈铃铛都会响。亭

图 2-15 抬高式喷泉

图 2-16 壁式喷泉

图 2-17 科尔多瓦大清真
寺橘树庭院中央喷泉

子的四个角上分别有一个喷头向斜上方喷水,四股水柱交汇于亭子正上方——那儿还立着一面不停转动的小旗子,旗子不停地将喷上来的水柱拍打开散落成一滴滴水珠掉落在水池中。通过这个装置,喷泉周围一直如下雨般地不停散落着水珠,叮叮当当的铃声和水声交响在一起,清脆悦耳。与其他仅仅只有喷口的喷泉不同,这个喷泉通过一系列装置将水打散成雨点来达到降温增湿的作用,并且打散的过程十分之精巧,令人流连忘返(图 2-17)。

3.3 灌溉水景

如果要说伊斯兰园林有什么与众不同的水景,那么就是灌溉水景了。世界上没有其他地方的园林把灌溉的过程展示得如此之精巧,将水渠建得如此之精细。在干旱炎热的气候条件下,要让植物正常生长,必须每天浇灌二至三次,特殊的引水系统和灌溉方式成为伊斯兰园林的一大特点(朱建宁,2008)。当水最终进入园林的时候,伊斯兰设计者展示了高效用水的新颖技术。围绕着中心元素"水",这些花园的设计者使用一套强烈对称的几何图形来组织他们独特的水工系统。蓄水池通常成为花园的装饰焦点,让水在浇灌到花草之前,尽显其艺术美感。从中央储水箱出发,水流穿过小渠进入构成花园中轴线的主水道中。水从这条主轴线流入其他水池、小瀑布、涌水和喷泉中。次级步道和灌溉水渠与中央轴线相垂直,水道周围种植着橘树和柠檬树。整个设计将美观、实用、园艺和经济融为一体(Sullivan,2005)。

对于科尔多瓦的大清真寺的橘树庭园(Patio de los Naranjos),Sullivan评价说这是人类创造出的最精巧的灌溉庭院之一,其对于水的精巧处理真正体现了水流的神圣性。橘树庭院有150多棵橘子树,均按照精确的网格排列。树下有着精致的网络状浇灌系统(图2-18)。橘树分为四个组团,每个组团有一个喷泉。院子中心有个最大的水池,水从这个水池流出来沿着庭园北面的水渠流到与之垂直的一条条连接橘树树坑的水渠中。灌溉的时候,打开大水池与北面水渠相连的闸,水便会流入水渠中。横向水渠与纵向水渠交界处也会有闸(图2-19),可以先将一排树坑灌满,再继续浇灌下一排树坑。每一排树坑都是南低北高,有着浅浅的坡度。因此当水从北面灌入时,会自动从一个树坑流到下一个树坑(图2-20)。灌溉水渠不仅可以为果树浇水,还能为空气降温加湿,调节小气候。行走在其间,游人们不时仰头看看可爱的橘子,又看看脚下精致的水渠,有的则停下来思考水渠系统是怎样运作的。

与之类似的另外一个庭园,则是在塞维利亚主教堂的橘树庭园(Patio de les Naranjos)。与科尔多瓦大清真寺的橘树庭园类似,水从喷泉池中流出,进入池底的暗渠后便进入了灌溉系统,在树坑之间有水渠相连,水渠上有闸,可以浇完一个树坑后再让水流向下一个树坑。

图2-18　大清真寺橘树庭园

图2-19　橘树庭园中水渠的闸

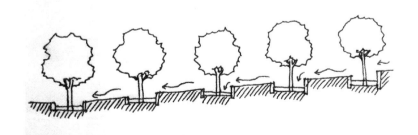

图2-20　浇灌时水流方向示意图

图 2-21　塞维利亚主教堂
橘树庭园

图 2-22　细致的铺装

图 2-24　麦克英特花园实景
（引自王向荣，林箐，2002）

图 2-25　情侣之泉
（王向荣，2006）

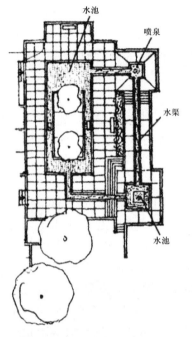

图 2-23　麦克英特花园平面图
（引自王向荣，林箐，2002）

但这个院子规模小一些，且相比于前者的古拙简练，这里更加精致华丽，院子里所有的水渠都在地面上形成了精致的富有装饰性的几何纹样（图 2-21）。铺装全都是人字形的图案，连窄窄的水渠也是，其铺装之细致规整令人叹服（图 2-22）。

4. 对于现代景观的启示

精致的伊斯兰园林水景对于现代景观设计有很多启示，对西方现代景观设计有着一定影响。

首先其水景在设计形式上对于现代景观设计有着启发。多变的水渠、水池与喷泉给了后人许多灵感来源，这在许多后来景观设计大师的作品中有所体现。比如劳伦斯哈普林在 1958 年设计的麦克英特（McIntyre）花园，设计语言受到摩尔式园林的深深影响：步道中间有直线的水渠，水渠经过几个小的方形水池，水池中间有喷泉喷出。整个花园呈闭合的私密状，与摩尔式园林神似（图 2-23，图 2-24）。

墨西哥景观设计师路易斯·巴拉甘对欧洲旅行见到的西班牙摩尔式园林印象深刻，格兰纳达的阿尔罕布拉宫和夏宫的参观经历使他终生难忘。西班牙摩尔艺术的亲切、宁静和私密感深深打动了他（王向荣，林箐，2002）。在他的作品中，可以找到西班牙园林的影子。比如 1968 年设计的圣·克里斯多巴尔（San Cristal）住宅的庭院中，情侣之泉从高墙上的出水口泻下来（图 2-25），场景给人的震撼感正如同塞维利亚皇宫中的鱼池（图 2-26）。类似的例子还有，美国华盛顿广场的倒影池（Reflecting Pool）其造型几乎就是阿尔罕布拉宫里桃金娘厅水池（图 2-5）的放大版。

另外，摩尔式园林中的实用性与节水性也是后人学习的典范，摩尔人将水的价值体现到了极致。不是只有恢弘的水景才会吸引人的注意，事实上，只要有水，哪怕仅仅是一盆晕开微小波纹的水也会马上成为庭院的视觉中心。不同于激荡喷薄的音乐喷泉，当水以一种缓慢的方式在流动时，会让人的心情平静舒缓，这种水景产生的气氛丝毫不逊色于浪费大量水来制造的喧嚣感受。缺水地区，比如我国西北地区可以借鉴摩尔式水景的理念，将水景做细做精致，并将灌溉的过程也展现出来。在设计水景时,可以学习西班牙伊斯兰园林中的做法,先将区域地段内所有径流收集起来,引入封闭的蓄水池中,再把水池中的水用于喷泉,尽量少用喷射型喷泉而采用涌泉,尽量多的把所有溅落下来的水都收集回来循环利用。而喷泉流出来的水流经细细的水渠后直接灌溉到植物,让人们欣赏到灌溉的过程,了解水的神圣。

图2-26 塞维利亚皇宫中的鱼池

参考文献

陈志华.外国造园艺术[M].河南:河南科学技术出版社,2001,233-241.

刘海燕,吕文明.论伊斯兰庭园艺术[J].华中建筑,2008,26(8):220-222.

王向荣,林箐.西方景观设计的理论与实践[M].北京:中国建筑工业出版社,2002,
89,117,122.

朱建宁.西方园林史[M].北京:中国林业出版社,2008,183-194.

Jellicoe Geoffrey J,Jellicoe S,著,刘滨谊,译.图解人类景观[M].上海:同济大学出版社,2006,39.

Sullivan C,著,沈浮,王志姗,译,庭园与气候[M].北京:中国建筑工业出版社,
2005,198-205.

*未特别注明的照片和图片均为笔者拍摄和绘制

专题 3 细节的魅力
——体验马德里植物园

张玮琪

摘要：通过自身体验与对游人的观察，本文对马德里植物园在秋末冬初季节的精彩景观进行了深入分析。在这里，植物不仅仅作为展示的对象，植物的组合方式巧妙地融合了美学法则，具有宜人的尺度、丰富的层次。文中重点介绍了一些植物园的细节，如利用植物来塑造空间，细腻的高差处理，利用落叶落果来营造秋季特色景观，人性化的标识牌等，这些细节所产生的魅力都是值得我们细细品味和在今后的设计中借鉴的。

关键词：植物园；种植设计；马德里植物园

1. 引言

欧洲植物园历史悠久。意大利的比萨（Pisa）植物园建于 1543 年，帕多瓦（Padua）植物园建于 1545 年，是世界上最古老的植物园。此后欧洲地区相继建立了类似植物园，都或多或少受到早期修道院花园的影响，具有典型的几何特征。这种规则布局被视为草药栽培最适合和必要的一种形式（容克·格劳，丁一巨，2010）。

马德里植物园有 250 多年的历史，位于马德里市中心，毗邻著名的普拉多博物馆与退隐公园，面积 8 hm²，布局为欧洲传统的规则几何式，植物种类丰富。与国内的植物园相比具有迥异的风格。在如此小的面积内种植了相当多的植物，凭着精心的设计，显出了精致的特色。细细体验和品味，能发现这里的许多精彩之处，给予我们启示。

2. 马德里植物园概况

马德里植物园于 1755 年由费尔南多六世（Fernando Ⅵ）下令建造，1774 年由他的继位者卡洛斯三世（Carlos Ⅲ）下令迁到了普拉多大道的现址，委托建筑师 Francisco Sabatini 与 Juan de Villanueva 设计。植物园于 1781 年建成开放。

马德里皇家植物园不仅是游客青睐之地，同时它也担负着植物学研究和教学的重任。

最开始，植物园所在基址是一个缓坡，设计师将其设计成三层台地。最低一层,是以喷泉为中心的几何花坛,栽种药用植物、园艺植物、经济植物。中层台地,植物是按照植物学分类来栽种的。最高层包含有一些建筑(温室、研究中心等)(图3-1)。下面两层台地为新古典主义风格,最上层台地在1858年改为了浪漫主义风格。花坛形式共有5种(图3-2)。自1781年起,29座花岗岩材质的喷泉就被分别置于了29座几何形花坛的中心(图3-3)。

图3-1　植物园鸟瞰图[1]

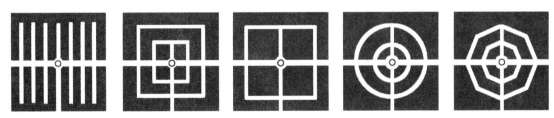

图3-2　园中5种花床模式

3. 植物园的设计特点

植物园的花床虽为几何式,但有乔木灵活穿插于其中,使得植物园在规矩中又不失自然灵活。除了几座建筑外,植物园人工设施很少,一些精彩空间的形成都是由植物本身来完成的。

图3-3　常有鸟类在池沿停留的喷泉

---

　① 　参考 *Botanic Garden of Madrid—A guided walk* 封底绘制。

图3-4　观赏植物区的梳状花池

3.1　植物塑造空间

植物园中的植物除却各自作为展示对象外，还能营造空间。比如观赏植物区结合梳状花床模式，种植着一排排郁金香、杜鹃，等等。在与之相对的另一半梳状花床中，则没有展示低矮的草本或灌木，而是植以枳(*Poncirustrifdliata*)、紫薇(*Lagerstroemia indica*)、圆柏(*Juniperuschinensis*)、欧洲鹅耳枥(*Carpinusbetulus*)等小乔木，用植物自身围合了这一小而精彩的区域(图3-4,图3-5)。尤其是两棵高耸的地中海柏木(*Cupressussempervirens*)，具有鲜明的竖向线条感，梳状格局中横向的绿篱与地中海柏木的竖向线条对比中有和谐，互为映衬(图3-6)。可以想象，春季花池中开满郁金香时，这个被围合出的"园中之园"一定会成为全园最吸进人的区域之一。鉴于此，在设计植物园时，可以利用植物来塑造空间。

图3-5　"观赏植物区"作为"园中之园"

图3-6　地中海柏木与横向绿篱的对比

图3-7　尺度感良好、由植物装饰的园路

3.2　台地间高差处理

园中下层台地与中层台地之间的高差处理十分精妙，显出设计者的细腻心思。植物园下层与中层台地间的高差由小斜坡和局部台阶解决，两侧为两条平行的园路，沿路设置有雕像和座椅(图3-7)，小斜坡被利用为种植床，下层宽约0.8m，上层宽约1.5m，种植池顶端置有高约为1m的绿篱。绿篱顶端恰好能挡住人的视线，既是对于区域的围合，又不令人产生压迫感(图3-8,图3-9)。

上述道路与横向岔道相交的每个路口都利用两个体量突出的圆锥形绿篱作为标识，使得一条长长的道路在视觉上被划分成几个小段，富有节奏感(图3-10)。

图 3-8　高度适宜的绿篱(对于下层道路的行人,绿篱顶端恰好挡住视线,两层台地间具有较好的分界;对于上层台地的行人,坐下时,绿篱具有围合感,行走时,又可以俯瞰到下层台地。)

第一层台地花床　　　　　　　　　　　　　　　　　　第二层台地花床

图 3-9　剖面示意图

　　上下两层种植床分别植有颜色与形态各异的草本植物。短短的一段种植池,8 种草本植物分为 16 组穿插种植,整体效果精致细腻、丰富而协调(图 3-11)。这些植物在秋季呈现绿色、蓝色、黄色、红褐色等(图 3-12)。在夏季花期,这些植物的花色都为蓝紫色或黄色(图 3-13),呈现出和谐统一的冷色调,与秋季效果完全不同。

图 3-10　交叉口的圆锥形绿篱

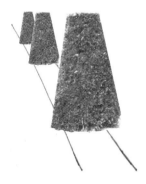

图 3-11　上下两层种植池,颜色各异的草本植物相互搭配

151

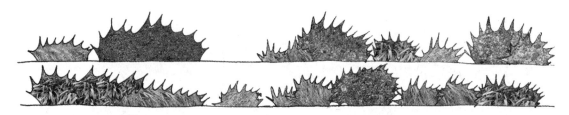

图 3-12 种植池草本植物秋季色彩分析图

图 3-13 夏季时种植池效果意向图（根据花期及花色推测）

3.3 秋冬季景观特色

3.3.1 秋冬季的抢眼植物种类

在秋冬季，植物园里最让人欣喜的是叶色变为黄色或红色的植物、枝上挂果的植物，或者枝干非常美观的植物。

马德里植物园中的秋色叶植物：如落羽杉（*Taxodiumdistichum*）全株呈红褐色；黄栌（*Cotinuscoggygria*），灌木 3~5m，秋季叶红色；高加索榉（*Zelkovacarpinifolia*），高大乔木，树冠椭圆形而枝杈密集；欧洲小叶椴（*Tiliacordata*），乔木，秋季叶红褐色；栓皮槭（*Acer campestre*），小乔木，秋季叶金黄色；银槭（*Acer saccharinum*），秋季叶柠檬黄色；桑树（*Morusalba*），乔木，秋季叶柠檬黄色，十分鲜亮，等等。

观果的植物：如紫珠（*Callicarpabodinieri*），落叶灌木，全株长满鲜亮的紫色小球果；构骨冬青（*Ilex cornuta*），常绿灌木，满枝红色球果；粗糠树（*Ehretiadicksonii*），鲜黄色的球果一簇簇掩映在绿叶中。

开花植物：如太平洋亚菊（*Ajaniapacifica*），常绿亚灌木，深秋开金黄色小花，花量大；毛蓝雪花（*Ceratostigmagriffithii*），灌木，枝叶秋季变红，开蓝花。

观干植物：如猬实（*Kolkwitziaamabilis*）、高加索榉（*Zelkovacarpinifolia*）、紫薇（*Lagerstroemia indica*）、胡秃子柳（*Salix elaeagnos*），等等。

152

3.3.2 落叶与落果营造地面景观

秋季的植物园,落叶树种的叶片纷纷落至地面,仿佛从天而降的礼物。这些树叶具有丰富多彩的形状和颜色,十分有趣(图3-14):如夏栎(*Quercusrobur*)、三裂槭(*Acer monspessulanum*)、舒氏红栎(*Quercusshumardii*)、鸡爪槭(*Acer palmatum*)、高加索榉(*Zelkovacarpinifolia*)、三球悬铃木(*Platanusorientalis*)、山楂(*Crataegusmonogyna*)等。植物园的工作人员并不急于清理道路上的落叶,而是让它们成为自然的装饰,充分利用自然做功。游客也会利用这落叶来创造欢乐(图3-15)。

3.3.2.1 五彩缤纷的 Lagasaca 步道

Lagasaca 步道(Paseo de Lagasaca)是植物园里纵向的五条主路之一,两边的植物景观,尤其是北半段,十分美丽且富有特色(图3-16)。不同颜色落叶树的搭配种植,大小乔木的搭配种植,常绿树与落叶树的搭配种植,形成色彩缤纷、层次丰富的效果(图3-17)。

图3-14 地面上各色各样的落叶

图3-15 落叶成为拍照的完美"道具"(李迪华摄)

图3-16 Lagasaca 步道(视角由南向北,李迪华摄)

图3-17 Lagasaca 步道的植物搭配(大乔木与小乔木、常绿与落叶、不同颜色的落叶树)

153

步道北半段种植有三裂槭（又称蒙彼利埃槭 *Acer monspessulanum*，落叶小乔木，落叶呈黄色）、欧洲朴（*Celtis australis*，落叶大乔木，落叶黄色）、舒氏红栎（*Quercus shumardii*，落叶大乔木，落叶红褐色）、红叶李（*Prunus cerasifera Pissardii* 落叶小乔木，落叶红色）、欧洲七叶树（又称马栗 *Aesculus hippocastanum*，落叶大乔木，落叶橘黄色）、鸡爪槭（*Acer palmatum*，落叶小乔木，落叶黄色）、银槭（*Acer saccharinum*，落叶大乔木，落叶柠檬黄色）、藏边栒子（*Cotoneaster affinis*，常绿灌木，挂红果）、欧亚槭（*Acer pseudoplatanus*，落叶大乔木，落叶黄色）、肖乳香属某种植物（*Schinuslentiscifolius*，常绿小乔木）、银白杨（*Populus alba*，落叶大乔木，落叶黄色，白色树干）、桑树（*Morus alba*，落叶大乔木，落叶柠檬黄色）。它们的布置如图3-18。

红叶李落了一地的红色叶，旁边种植的三裂槭与欧洲朴的黄色落叶，斜对面欧洲七叶树的橘黄色落叶，将路面装饰得五彩缤纷（图3-19）。常绿树，如藏边栒子（*Cotoneaster affinis*），穿插于落叶树之间，丰富了色彩与层次（图3-20）。另有观干树种，如树干白色的银白杨（*Populus alba*）也装点了这条步道的色彩（图3-21）。

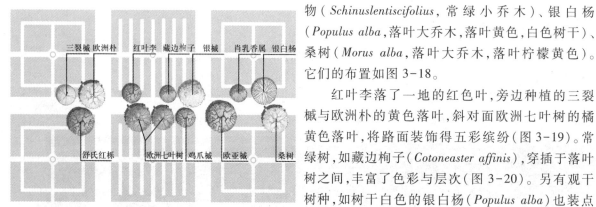

图3-18　Lagasaca 步道平面示意图

图3-19　路面落叶的缤纷色彩

图3-20　常绿树与落叶树搭配

图3-21　银白杨

3.3.2.2　皂荚树的"故事"

秋季树上掉落至路面的果实非常吸引人们的注意，仿佛这些树用掉落的果实来提醒游人它们的存在。

园中一条主路边栽有一棵高大的美国皂荚树，散落了一地的皂荚（图3-22，图3-23）。这处小"布景"引发了园中的小插曲：走在这条路上的三位游客踩到了皂荚，发出脆脆的声音，想必也看到了这满地的落果，他们开始不约而同向上寻找——原来这里有棵如此有趣的树（图3-24）！其中一位中年男子拣起一颗皂荚，当做剑，在空中挥舞，向另两位同伴"刺"去。随后三人哈哈大笑。

在这意外的小插曲中,植物扮演了道具的角色。倘若皂荚树并不是种植在路边,皂荚并没有掉落在如此合适的位置,或园艺工作者立即将它们清扫掉,那么这有趣的故事就不会发生。造园者应当考虑到利用植物来创造有趣情景发生的机会,为游人在游园过程中增添趣味。

图 3-22　道路上散落的皂荚　　　　图 3-23　美国皂荚树　　　　图 3-24　落果引发"小插曲"

3.4　人性化的标识设置

3.4.1　果实模型

在园中的一些树上,悬挂着该植物果实的放大版模型,提供形象的认知体验(图 3-25)。

图 3-25　树上悬挂的果实放大模型

3.4.2 标识牌设置

园中几乎每棵植物都有铭牌标示,方便游人认知。且标识牌的设置较为人性化。一棵大乔木,人们可能会通过不同的路径来到达它跟前,在不方便穿行的情况下,在两侧均设标识牌,方便游人获取信息(图3-26)。

图 3-26 园中一棵高加索榉树两侧的标识牌

4. 结语

通过此次实地考察,向马德里植物园学习到了以下方面:

(1)植物园中的植物除了作为展示对象外,还能营造空间,互为映衬。

(2)各种小尺度元素的组合营造出精致而丰富的景观效果。

(3)可以利用自然做功,营造秋季特有景观。让落花、落叶、落果成为自然的装饰物,增添趣味。

(4)园路的行道树种植可将不同颜色落叶树、常绿树与落叶树、大小乔木搭配种植,行人在其中穿行能够充分体验到缤纷的色彩与丰富的层次。

(5)标识设置应当人性化,方便游人获取信息。

总之,马德里植物园体现出的是注重游客体验、人性化的设计,或许有些是无意为之,但我们可以从中汲取经验,借鉴到今后的设计和管理当中。

参考文献

容克·格劳,丁一巨. 从药草园到专类园——欧洲大陆植物园的发展历程[J].
中国园林,2010,01:18-20.

*未特别注明的照片和图片均为笔者拍摄和绘制

专题 4　西班牙大型城市广场的社会品质与空间品质

韦仪婷

摘要：基于场地调研,本文讨论了西班牙多个城市大型广场的活动强度与活动复合度。较高的活动强度与活动复合度是这些大型广场的普遍特征,它们因此具有较高的社会品质——即社会公共生活在广场中的参与度。良好社会品质的实现依赖于良好的空间品质,而良好的尺度控制以及广场与城市之间的空间联系是大型广场空间品质的重要组成。

关键词：大型城市广场;尺度;空间品质

1. 引言

广场,即西班牙语与英语中的 plaza,其本意为"院子、宽阔的街道"①。为了与街角、街旁、私宅前地等类型的小型空地相区分,本文提出"大型广场"一词。调研涉及的大型城市广场最早的定型于 17 世纪巴洛克时期,晚的定型于 20 世纪,而对它们的改造活动一直持续至今。"大型广场"不仅有其尺度意义,即一般在数千平方米以上,而且这些大型广场通常是城市或城市区域重要的开放空间节点,也是公共生活的重要节点。

国内近二十年间新建了许多城市广场,但中国城市一方面在历史上缺乏建设和使用广场的经验,另一方面追求宏伟的城市形象,因此出现了很多空而无物、无人使用的大广场。西班牙城市的户外生活非常丰富,它的城市大型广场也总是热闹非凡。所以西班牙的大型城市广场具有哪些特点是值得研究的。

2. 社会品质

公共空间是城市公共生活的舞台,大型城市广场更是各类活动的集中地,活动又构成种种事件。正是活动与事件的发生让城市广场对公共生活产生贡献,从而具有社会品质,广场产生贡献的多少取决于:① 有多少市民能够参与到广场上的活动;② 广场能够支持

---

① 广场一词(西班牙语 plaza,意大利语 piazza,古法语 placae,通俗拉丁 plattia,拉丁语 platea)可追溯到古希腊语 platia,意为院子、宽阔的街道。13 世纪中期时 plaza 具备了"清晰界定或模糊的物质空间"的含义——Online Etymology Dictionary, http://www.etymonline.com。

多少不同类型的活动——即广场的社会品质取决于活动强度与活动复合度(蔡永洁,2006)。西班牙的大型城市广场普遍具有较高的活动强度与活动复合度,它们对城市生活产生的贡献也相应地较高。

2.1 普遍较高的活动强度

太阳门广场(Puerta del Sol)是调研的所有广场中活动强度最大的。在几个面积特别大的广场中[①],马德里的马约尔广场(Plaza Mayor, Madrid)、塞维利亚的恩卡纳西翁广场(Plaza de la Encarnación)也总能吸引许多人在其中活动(图4-1)。

(a) 工作日白天太阳门广场　　(b) 周六夜晚太阳门广场　　(c) 周五夜晚在恩卡纳西翁广场
　　大量穿行的市民　　　　　　　聚集的市民　　　　　　　　聚集的市民

(d) 周五夜晚在恩卡纳西翁　　(e) 工作日白天穿行、逗留在
　　广场聚集的市民　　　　　　马约尔广场的市民和游客

图4-1　西班牙城市大广场普遍较高的活动强度

活动强度最高的是功能性突出的大型广场,其次是功能性不突出但环境吸引力高的广场。这一现象可用杨盖尔的户外活动分类作出解释:具有突出功能的大型广场是容纳必要性活动的场所,它们因其自身的功能而获得社会品质。不具有突出功能的广场,必要性活动强度降低,由于自发性活动与社会性活动对户外空间舒适性要求较高,因此它们活动强度的高低取决于户外环境是否有吸引力。

2.1.1 功能性与活动强度

具有突出功能的广场主要是具有显著交通功能、显著集会功能的广场。如具有显著集会功能的城市主广场、居住区广场,具有显著交

---

① 见附录中的广场面积。

通功能的人行交通枢纽广场、道路交通岛广场①。

具有相似功能的广场，功能性越强，活动强度越高。以太阳门广场和马约尔广场为例。二者在交通功能方面，目前太阳门广场的功能强于马约尔广场：太阳门广场、马约尔广场都与城市主街紧密相连（图4-2，图4-3），它们在步行与马车时代都能够通达城市内部多个区域甚至城郊地区。然而在18世纪、20世纪，太阳门广场的东侧、北侧先后修建了现代马德里中心城区的新主干道 Paseo de Recoletos-Prado 大道和 Gran Vía 大道。今天，利用机动车交通和地下交通网络，太阳门广场可以触及城市更远地区（图4-2）。太阳门广场的形态也在根据功能需求的变化而不断调整（图4-4）。因此在今天，太阳门广场在交通功能上的重要性强于马约尔广场。在二者活动强度方面，虽未对两个广场上的人数进行计数统计，但通过实地观察及照片分析（图4-1）能大致得出太阳门广场的活动强度更高。

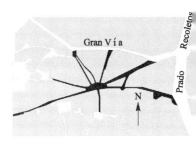

图4-2 太阳门广场连接的街道

2.1.2 环境质量与活动强度

不具备显著功能性的广场，环境质量越高，活动强度越大。东方广场（Plaza de Oriente）、马德里西班牙广场（Plaza de España，Madrid）、塞维利亚西班牙广场（Plaza de España，Sevilla）都建于19—20世纪，它们的建造并非基于当时城市生活稳定的基本的需求②，因此未承担城市生活必需的功能，不具备显著的功能性。它们的活动强度明显低于上一节讨论的几个广场，但仍然可见不少市民和游客在此通过、停留（图4-5），还有一些以广场为场地而聚集起来的集体活动在此发生，如青少年的轮滑、街舞活动。

图4-3 马约尔广场连接的街道

图4-4 太阳门广场交通行为及其影响下的广场形态改变（左：明信片中19世纪的照片，中：Google Map2008年街景，右：作者2011年相似视角拍摄）

注：原来分隔人行空间的道路相继改造成用人行广场铺装，太阳门广场的交通行为逐步演变为步行与地下公共交通为主

---

① 城市主广场如马约尔广场 Plaza Mayor、科雷德拉广场 Plaza de la Corredera、恩卡纳西翁广场 Plaza de la Encarnación；居住区广场如奥拉维德广场 Plaza de Olavide；人行交通枢纽广场如太阳门广场、马约尔广场；道路交通岛广场如西贝雷斯广场 Plaza de Cibeles、哥伦布广场 Plaza de Colón、阿隆索·马丁内兹广场 Plaza de Alonso Martínez。

② 东方广场的建造的主要目的是提升皇宫与皇家歌剧院的整体环境，并加强皇宫与城市的联系。马德里西班牙广场建造的主要目的是改善街区环境，并引导20世纪初马德里的城市扩张。塞维利亚西班牙广场建造的主要目的是为1929年伊比利亚美洲博览会提供展览与集散场地。

相比同样不具备显著功能、但活动强度较低的老市政厅广场（Plaza de La Villa），以上三个广场的环境质量更高，表现在舒适性与趣味性上：

舒适性——东方广场和西班牙广场（马德里）的户外环境舒适。它们给人的空间感受介于公园与传统城市广场之间。植物在广场上塑造出丰富的空间，也以其柔软的质感令广场更具亲和力。这样的花园广场没有明显的市场、交通、集会功能，依靠其花园般的舒适环境加以适宜活动的广场空间吸引市民，从而具备较高的活动强度（图4-6）。

图4-5　无显著功能的广场上发生的活动（左：东方广场；中：马德里西班牙广场；右：塞维利亚西班牙广场。右图龚瑶摄）

图4-6　户外环境舒适的花园广场（左：马德里西班牙广场；右：东方广场）

趣味性——西班牙广场（塞维利亚）则颇具趣味性。它身处玛利亚·路易莎公园之中，广场和建筑作为与公园相异的元素，提供了大面积的活动场地和不同于公园的趣味点。广场的运河、拱桥、细部纹样也为广场的吸引力增色不少（图4-7）。活动强度较低的老市政厅广场本身的空间尺度并无问题，但缺少适宜人停留的设施，也缺乏吸引活动在此发生的趣味性（图4-8）。

图4-7　具有趣味性的塞维利亚西班牙广场
（左上：与公园相异；左下及右：广场上的运河。韩舒颖摄）

图4-8　活动强度较低的老市政厅广场

2.2　普遍较高的活动复合度

西班牙的大型城市广场上，活动的复合度普遍都高于国内的大型广场，其中传统广场的活动复合度又高于近现代广场的活动复合度。

2.2.1　传统城市广场与活动复合度

传统的城市大型广场是城市的中心，也是为数不多的广场空间，它们在承载市场、集会、交通三种类型的活动上有着良好的平衡。在今天的生活中它们继续承载着集会活动、市场活动、社交活动、交通活动，以及新产生的休闲性活动，保持着较高的活动复合度。仍以马约尔广场和太阳门广场为例。

（1）马约尔广场

马约尔广场与科雷德拉广场类似，最早是城市主要的市场（Escobar，2004）。政治因素介入后成为象征皇权[①]的城市主广场，此时的马约尔广场活动复合度非常高，交通、庆典、游行、斗牛、行刑、宗教审判等活动在此时盛行，也依然保留着重要的市场活动[②]。

今天的马约尔广场作为步行枢纽与地下机动车停车场，依旧承载着交通活动（图4-9）。根据马约尔广场周边底层商铺的数量及种类可以看出它的市场活动与休闲活动也十分兴盛（图4-10）。从活动类型看，促进休闲性活动的餐厅、酒吧、咖啡店占40%，促进市场活动的店铺占60%。除去建筑内的店铺外，广场上的空间也是市场与休闲活

---

①　马德里在中世纪是一座小城市，1561年国王菲利普二世迁都马德里后，为了显示王室的权力决定将原来的Plaza del Arrabal改造为新首都的中心广场，于1620年哈布斯王朝时期始建。

②　成为皇权象征后，马约尔广场依然是市民购买面包和肉的主要场所（Jesús Escobar，2004）。

动发生的场地。在圣诞季节成排的售货亭摆出在广场,其他季节则或是由各家餐馆在此摆出户外座位,或是市民们席地而坐享受阳光(图4-11)。

图4-9 马约尔广场的交通活动(左:人行枢纽;右:机动车停车场)

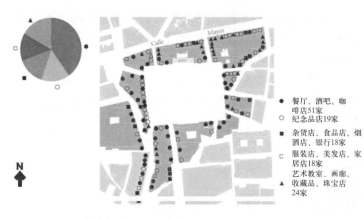

图4-10 马约尔广场周边底层商铺

● 餐厅、酒吧、咖啡店51家
○ 纪念品店19家
■ 杂货店、食品店、烟酒店、银行18家
□ 服装店、美发店、家居店18家
▲ 艺术教室、画廊、收藏品、珠宝店24家

图4-11 马约尔广场的市场活动与休闲活动(左:圣诞季的售货亭,刘远哲摄;中:夏季的户外座椅,右:席地而坐的市民)

（2）太阳门广场

　　由于太阳门广场的强大交通功能,四面八方的人便于到达此地,
这里的社交活动发生频繁(图 4-12)。太阳门广场周边店铺中
(图 4-13),促进休闲性活动的餐厅、酒吧、咖啡店、游艺厅、电影院、彩
票店占所有店铺的 30%,促进市场活动的店铺占 70%,在广场空间上
还有许许多多的彩票摊贩,因此太阳门广场承载了市场活动与休闲性
活动。太阳门广场还是当代马德里重要的集会地,每年有众多的节日
和示威游行在这里举行集会。

图 4-12　太阳门广场的社交活动

2.2.2　近现代大型广场与活动复合度

　　19 世纪之后新建的大型广场在规划、建设之时功能开始偏向单

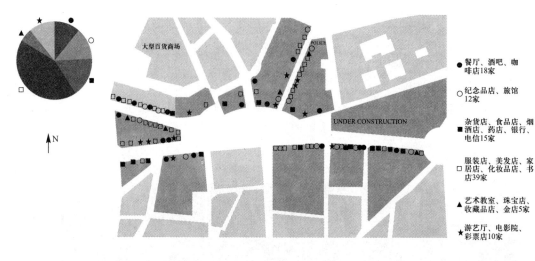

图 4-13 太阳门广场周边底层商铺

一。如马德里的西贝雷斯广场几乎是单一地为了交通活动而建；建筑物的附属大广场由于出入建筑人员的单一性，活动类型远不如传统城市广场丰富；花园广场用植物美化环境的同时减少了活动用地，不再像传统城市广场那样对各种活动具有极高的包容性。

尽管如此，相比国内的大广场，这些西班牙的"新"广场在今天的城市中承载的活动类型依然比较丰富。

（1）西贝雷斯广场（Plaza de Cibeles）

除了承载日常交通活动以外，西贝雷斯广场也是皇家马德里俱乐部传统的庆祝地，胜利后的球队在此与球迷狂欢，对热爱足球的西班牙人来说，它便是马德里重要的集会活动场所。

（2）奥拉维德广场（Plaza de Olavide）

位于人口较密集的 Chamberí 住区，是一个面积近 8 000 m² 的居住区广场。圆盘形的广场上有两处适合不同年龄儿童的活动场地，一处适合老年人的康体设施场地，随处可见的座椅适合各类居民闲聊，广场外围的酒吧、餐厅、咖啡店也是广场聚会功能的外延，主要承载着不同年龄居民的日常会面、锻炼与休闲。广场周边的店铺中有近一半出售生活必需品（图 4-14），说明它也承载着居住区内部的市场活动。

（3）"花园广场"

对马德里西班牙广场、东方广场、巴黎市政厅广场这类功能性不明显的"花园广场"，今天的人们通过植入新的设施来开展满足城市当代需求的活动，提高广场的活动复合度。如西班牙广场进行的市场活动、东方广场及巴黎市政厅广场植入的以儿童和宠物为主体的活动（图 4-15）。

图 4-14　奥拉维德广场为各类居民日常休闲与聚会提供的场所

3. 空间品质

　　高水平的空间品质能促进城市大型广场拥有较高的活动强度与活动复合度。在讨论社会品质的活动强度时,本文已经对环境吸引力与活动强度的关系作了简单阐述,所以对空间品质的舒适性与趣味性就不再多作讨论。下文讨论的空间品质针对大型城市广场的特有问题:相较于小广场,城市大型广场重要的特征之一是尺度大,之二是其通常为城市生活的中心。因此,空间尺度控制、广场与城市的空间联系是城市大广场最重要的空间品质。

3.1　良好的尺度控制

　　曾有许多学者对广场尺度做了研究,蔡永洁(2006)根据历史上种种研究成果推算:绝对大型超过 1 hm^2 的广场开始变得不亲切,2 hm^2 以上的广场则过分宏大;在比例上,广场基面的长宽比应介于 3:2~2:1,建筑高度与广场宽度的理想比是 1:3,最小不应小于 1:6。而调研涉及的大型广场中,有 8 个广场的面积超过了 1 hm^2,

图 4-15　"花园广场"上植入的活动类型(左上:马德里西班牙广场的市场活动;右上:东方广场的儿童活动;下图:巴黎市政厅广场的儿童及宠物活动)

图 4-16　塞维利亚西班牙广场
平面

图 4-17　西班牙广场的建筑高度
（刘远哲摄）

图 4-18　西班牙广场的端点塔楼及
其"不均质的拉高作用"（刘远哲摄）

166

多个在3 hm²以上。东方广场的长宽比超过了 2∶1,塞维利亚西班牙广场的建筑高度与广场宽度比超过了 1∶7。可是西班牙的城市大型广场既没有让人感到空间过分空旷、宏大,也并未因比例不协调而导致舒适性降低。

这说明西班牙的城市大型广场运用了有效的尺度控制手段。根据调研案例归纳出西班牙的大广场控制尺度的手段有:① 通过建筑与广场的比例控制空间尺度;② 通过分隔大空间控制尺度;③ 通过细节回归到人体尺度。以下将通过两个案例介绍这三种控制尺度的手段。

3.1.1　西班牙广场（塞维利亚）

塞维利亚的西班牙广场建于玛利亚·路易莎公园内,是 1929 年伊比利亚美洲博览会的举办场地。广场平面呈半圆形,直径超过 250m,面积约为 36 700 m²（图 4-16）。它的尺度远大于西特所发现的古代广场最大尺度 57 m×143 m,也远大于凯文林奇的 110 m 舒适空间尺度的上限[1]（克利夫·芒福汀,2004）。西班牙广场利用建筑高度控制、在大空间中划分小空间、细节处回归人体尺度的方法建立了一处感觉舒适的大尺度广场。

（1）建筑高度控制:塔楼

广场的建筑贴着广场平面圆弧的外沿构成立面,建筑高度大部分约 20 m,中间最高处约 27 m,建筑高度和广场宽度构成了广场空间的骨架,建筑和广场的高宽比小于 1∶7（图 4-17）。

南北两侧高约 70 m 的塔楼是建筑群被强化了的端点。两座塔楼将广场空间不均质地"拉高"（图 4-18）,假设这样的拉高效果是均质的,两座塔楼之间有新的"立面",则广场高宽比为 1∶2（图 4-19b）。但显然仅有两端塔楼的新"立面"与满满一面 70 m 高的封闭墙面,在空间比例中的感觉完全不同,因此,南北两侧的高塔楼在建筑与广场的空间比例上只能起到一定的纠正作用。

（2）大空间中划分小空间:运河与桥、大型门廊

第一个划分大空间的元素是在广场中心纵剖面约 1/4 处的一条 15 m 宽的小运河（图 4-20）,其上有桥通过。这样的划分在平坦的地面上分隔出三层空间:内层建筑与运河之间的空间、中层运河空间、外层广场开敞面到运河之间的空间（图 4-19c）。

第二个划分大空间的元素是建筑中心部分的外凸门廊,它划分了内层空间的南北两段,也增加了视觉层次。外凸门廊将建筑伸向广场中心,在立面上,高度逐层降低,增强了中央轴线（图 4-19d）。逐层降低的中央建筑也增加了与人的亲近感。

---

① 克利夫·芒福汀引证 Zucker,Paul(1959,p151)定义的广场空间类型。

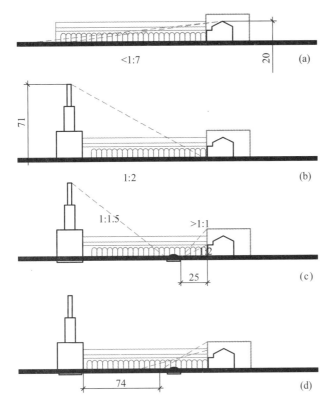

图 4-19 西班牙广场建筑高度控制(a、b)与空间划分(c、d)分析(单位:m)(绘制依据:广场主建筑内部墙面装饰的广场立面图、Google Earth 平面测距)

（3）人体尺度的细节

西班牙广场从建筑到广场的铺装、装置,都有丰富的细节。最重要的细节或许是建筑材料——小块的红砖。当建筑超出人体尺度时,熟悉的建筑材料清晰可见,以其纹理告诉人们真实的尺度感是怎样的。建筑一层的柱廊宽 6m、高 8m,这样的尺度容易产生不亲切感,但内层墙体的开窗、每扇窗上的"山花"雕刻都在分解着这非人体尺度的墙壁,加上天花板、墙体、地面材料都选择了当地人熟知的建材,它们每个单元的大小也都在清晰地展现给参观者真实而舒适的尺度(图 4-21)。

3.1.2 东方广场（马德里）

东方广场位于马德里的皇宫与皇家歌剧院之间,总长度约 260 m,宽度 115 m,中间最宽处 130 m,面积约 32 700 m²(图 4-22)。东方广场控制尺度的方式主要是分隔大空间和注重人体尺度的细节。

图 4-20 西班牙广场上运河划分的空间(刘远哲摄)

167

图4-21　西班牙广场的细节(左:一层柱廊内景;右上:广场坐凳;右中:广场局部铺装;右下:台阶。右下刘远哲摄)

（1）大空间中划分小空间:三个层次逐级划分

东方广场分隔空间的层次可以分为三个(图4-23):第一层次的划分是左右两侧的矩形场地内种植乔木,从而将真正具有广场感的开敞空地集中在中间部分(图4-23,图4-24上排);第二层次的划分通过中央广场上的两组花坛实现,花坛四周由超过人身高的树木半围合(图4-23,图4-24中排),使中央广场分为五段空间;第三层次的划分是在第二层的3-1,3-5范围内,设置局部台地(图4-23,图4-24下排)丰富空间。

图4-22　马德里东方广场位置及平面图

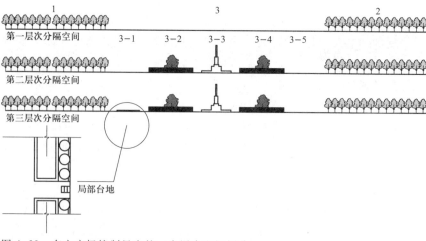

图4-23　东方广场控制尺度的三个层次空间划分

图 4-24 东方广场被划分的小空间

（2）人体尺度的细节

东方广场利用细节来控制尺度，主要表现在对地面铺装的分隔。如广场正中央喷泉前方的地面（图 4-25 右下）宽度达 30 m，通过将地面纵向分隔为石板、沙地交错的形式，能够维持在这样大的尺度下，石板"路"的尺度仍然是适合人行的 1.5 m。

3.2 大型广场与城市的空间联系

广场通过道路与城市相连。图 4-26 是调研案例与周边道路的关系。

传统大型城市广场是城市公共生活的聚集中心，城市主路则是人、信息、货物的主要流动通道，二者通常紧密相连，如老市政厅广场、太阳门广场、恩卡纳西翁广场。马约尔广场与主路紧邻并通过多条短街与主路相连。科尔多瓦的科雷德拉广场最早与城市主路脱离，19 世纪末 20 世纪初新建了一条主街 Calle Claudio Marcelo 与其相连。

图 4-25　东方广场通过将地面的纵向分隔来维持人体尺度(左图倪碧波摄)

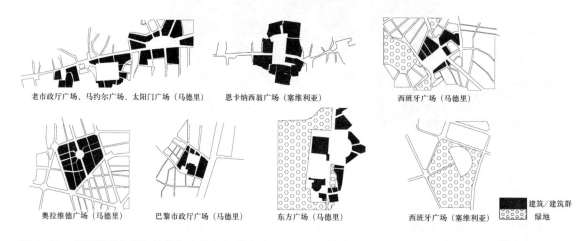

老市政厅广场、马约尔广场、太阳门广场(马德里)　　恩卡纳西翁广场(塞维利亚)　　西班牙广场(马德里)

奥拉维德广场(马德里)　　巴黎市政厅广场(马德里)　　东方广场(马德里)　　西班牙广场(塞维利亚)

建筑/建筑群

绿地

图 4-26　大型城市广场与城市主路的空间联系

19 世纪后新建的大型广场种类增加,不再拘泥于城市的中心广场,与它们相连的道路也发生了改变:

西班牙广场(马德里)在建成后,新兴的城市主路 Gran Vía 大道西延工程经过这里向西延伸至城市新区。现在的西班牙广场便与新的城市主路直接相连。

奥拉维德广场是居住区的中心,不与城市主路相连,仅与居住区的主路直接相连。居住区中心广场-居住区主路的关系实际与城市广场-城市主路的关系类似。

巴黎市政厅广场属于法院的附属广场,与城市主路紧邻但周围被建筑物环绕,且功能上与城市主路无紧密联系。

东方广场是皇宫与皇家歌剧院之间的过渡花园广场,脱离于城市主路。西侧道路的机动车交通在该段被引入地下,没有机动交通发生,也缺乏市民日常人行交通的目的性。这条"道路"上每天承载最多的活动便是将参观皇宫的游客引向东侧密集的小街道走向马德里老城区。因此这条与东方广场相连的道路实际更像东方广场与皇宫之间的过渡"广场"而非道路。

西班牙广场(塞维利亚)出于博览会目的建造,完全位于当时的园区内部,因而脱离了城市主路。虽有一条笔直的园路直达出口连接城市道路,却因为公园栅栏的阻碍将其与城市道路隔离,也与随意性的城市日常生活隔离开了。

道路交通岛广场本身是道路的一部分。

19世纪后的"新兴"大型广场大多在与城市的空间联系上弱于传统大型广场,在城市公共生活中起到的集聚作用也大大降低。

4. 结语

西班牙的大型城市广场通过尺度控制、广场-城市的联系形成了良好的空间品质,吸引了高强度、高复合度的活动在这里发生,大型城市广场成为城市中公共生活的舞台。

近现代大型城市广场出现了不具备突出功能性的新兴广场类型,它们以舒适、富有趣味的环境更多地起到类似公园的游憩作用,而非传统城市大型广场服务于日常生活的市场、交通、集会作用。这类广场也依旧有着良好的尺度控制,但在广场-城市的空间联系、功能联系上弱于传统大型广场。本文所述"传统城市大型广场"实际是巴洛克时期的产物,这个时期的城市广场被建筑史学家认为是华丽、宏大、功能单一的。它们在历史中的活动强度与活动复合度如何,我们不得而知,但在今天的城市生活中表现出的高水平活动强度与活动复合度也许与几个世纪来对城市广场功能与空间的持续的、适应每个时代市民生活的新需求的改造活动密不可分。

附 录

所在城市	广场名称	面积(m²)	类型	形成时代①	现代交通服务功能
科尔多瓦	科雷德拉广场 (Plaza de la Corredera)	6 215	集会广场;交通广场-交通枢纽广场	中世纪形成空地,现有形式17世纪	—
塞维利亚	西班牙广场 (Plaza de Espa ña,Sevilla)	36 700	集会广场	20世纪初	—

所在城市	广场名称	面积(m²)	类型	形成时代①	现代交通服务功能
塞维利亚	恩卡纳西翁广场 (Plaza de la Encarnación, Plaza Mayor)	10 500	市场;集会广场	形成于 16 世纪,21 世纪新改造	—
马德里	马约尔广场 Plaza Mayor	12 100	集会广场;交通广场-交通枢纽广场	17 世纪初建成,18 世纪晚期调整建筑高度	地下停车场
马德里	老市政厅广场 (Plaza de La Villa)	1 800	集会广场	中世纪形成空地,现有形式 17 世纪	—
马德里	巴黎市政厅广场② (Plaza de Villa de París)	11 600	集会广场	19 世纪末期	地下停车场
马德里	东方广场 (Plaza de Oriente)	32 700	花园广场	19 世纪中期	地下停车场
马德里	西班牙广场 (Plaza de Espana, Madrid)	36 900	花园广场	20 世纪初	地铁换乘站、地下停车场
马德里	太阳门广场③ (Puerta del Sol)	12 000	交通广场-交通枢纽广场	15 世纪形成,19 世纪扩增及改造	地铁换乘站
马德里	西贝雷斯广场 (Plaza de Cibeles)	11 500	交通广场-道路交通岛广场	19 世纪末	—
马德里	阿隆索·马丁内兹广场 (Plaza de Alonso Martínez)	7 100	交通广场-道路交通岛广场	19 世纪之后	地铁换乘站
马德里	哥伦布广场 (Plaza de Colón)	9 800	交通广场-道路交通岛广场	19 世纪末	地铁站
马德里	奥拉维德广场 (Plaza de Olavide)	7 850	集会广场-居住区广场	20 世纪	—

① 本文涉及的广场通常经历了漫长的自我形成-建设-重复的改造过程,这里的形成时代主要指大致形成现有空间形态的时期。

② 19 世纪建法院并形成这个广场,得名巴黎市政厅是由于 1905 年接待过法国总统。

③ 太阳门在 1570 年被拆除,但这个遗址仍叫太阳门。现在的广场大小及形态是 1854—1860 年改造的结果。

参考文献

蔡永洁.城市广场[M].南京:东南大学出版社,2006,3,80,93-95.

克利夫·芒福汀.街道与广场[M].北京:中国建筑工业出版社,2004,111.

Escobar J. The Plaza Mayor and The Shaping of BaroqueMadrid[M].Cambridge:Cam-
bridge University Press, 2004.

*未特别注明的照片和图片均为笔者拍摄和绘制

173

专题 5　西班牙城市小广场

曾晶晶

摘要： 以西班牙多个小广场为例，描述城市生活中小广场的各种功能和人们在其中进行的活动，表明小空间具有供人停留的便利及提升城市生活质量的作用。分析影响小广场使用的各种因素，阐述周边建筑环境对广场的重要性。希望在城市规划中，设计师能结合中国本土情况，重视、合理运用小空间，丰富人们的城市生活。

关键词： 小广场；功能；空间；城市生活；人性化

1. 小广场

扬·盖尔在《人性化的城市》中写到，"城市的质量可以用城市中停留活动的进行程度来衡量，如果一个城市中有很多人没在走路，而是自在地停留，这通常说明这个城市有良好的质量"（扬·盖尔，2010）。穿插在城市中的广场，就是让人们停留的场地。行走在西班牙的城镇里，时常出现的小广场为人带来惊喜，在马德里的老城区，密集的地方不超过 100 m 就有一个小广场。这些令人愉快亲密的小广场往往面积不大，常是小教堂或其他小型公共建筑的前广场，大多只有几百平方米。在那些小广场上，设施简单，摆几张凳子，种几棵树，放一尊雕塑，置几盏路灯。你却发现，那里总有人——走累的路人在那稍作歇息，迷路的游客在那翻看地图，偶遇的熟人寻张椅子坐下聊会天，伙伴还没到来的年轻人在那耐心等待……这些点缀在街道上的小广场，就像是溪水中不时冒出的小石子，既带来了别样的景致，也让水流有了暂时的停歇。

小广场，是人们停留、放松和避开疯狂忙碌生活的安全港口。它们和现代大型广场形成了鲜明的对比，现代大型广场"示以它们张大嘴巴的虚空和压迫性的倦怠……过大的广场对它们周围具有危害，而后者（小广场）却从未足够大到造成危害"（克利夫·芒福汀，2004）。小广场无需展示国家风度威慑众人，它贴近人们日常的生活，它因为服务人们而存在。

在这里定义的小广场，指非城市重要节点、非重要公共建筑前广场、非交通环岛广场，出现在街道或住宅区内，为人们日常生活所使用。

2. 城市小广场的多功能性

广场就像是一个舞台，设计师布置好站台，拉开帷幕，摆齐凳子。

一个好的舞台,能满足大多数剧目的演出要求,能让观众们看得舒畅。一个好的小广场也是如此。它是人们各种活动的载体,是聚会,休憩,娱乐的场所。

2.1　聚集场地

广场能给人们提供一块稍显开阔的室外空间,充当人群的聚会场所,给予他们某种活动的便利,提供交流的机会。在一些小广场,可以看到喜好音乐的年轻人在一起交流排练;或是妈妈们一边看着孩子们玩耍,一边坐在一旁谈话。大广场虽然综合功能更多,但服务范围有限,且大尺度也并不利于小群人的聚集。小广场面积小,造价低,能随意地安插在城市的各个地方,方便人群。

西班牙格拉纳达 Isabel la Real 广场是本地音乐爱好者的聚集地。下午四五点在老街区会看到背着乐器的人赶赴这个广场,和志同道合的伙伴切磋音乐。广场上充满着长笛、小提琴、吉他、萨克斯风、贝斯的乐声,乐者们相互交流演练,这些音乐又吸引着路过的游客或是周边的居民。广场为乐者们提供了户外"音乐室",而他们也为广场带来了激情和活力(图 5-1)。

某些公共建筑旁的小广场,还能充当建筑功能的外延地。马德里的摩尔门广场(Puertade Moros)是 SanAandres 教堂的前广场,对它利用最多的却是旁边学校的孩子们。学校面积不大,于是邻近的小广场就变成了孩子们室外的聚集场地。老师们将孩子的手工艺品和绘画在广场上展出,邀请家长过来观赏。广场被装点得洋溢着童趣,孩子们奔跑嬉戏,家长扎堆聊天,或和老师交谈。广场上的欢声笑语又吸引着更多人的参与,路过的人们也染上了笑意(图 5-2)。

图 5-1　格拉纳达 Isabel la Real 广场——年轻人的"音乐室"

图 5-2　马德里 Puertade Moros 广场——孩子们的课外活动场地

2.2　休闲娱乐

工作学习的余暇,好天气总是吸引着人们去享受户外生活。离家

图 5-3 马德里 Cebada 广场——
咖啡座上的人们

图 5-4 马德里 Sofia 广场——休
闲娱乐的人们

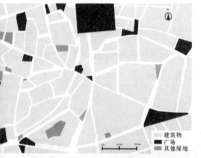

图 5-5 马德里 Mayor 广场以南
的小广场分布

近、有人却不拥挤、场地开敞、有咖啡小店或各种设施的小广场是人们的好去处。

周边有餐饮店的广场,会摆上桌椅,简单的空间一下变得丰满起来。咖啡座一向深受西班牙人的欢迎,到处都能看到人们点一份Tapas,享受阳光。即使是寒冷的冬日,人们依然固执地坐在室外,一边打量着来往的行人,一边聊天。"为什么人们在咖啡座中停留的时间总是比喝杯咖啡要用的时间长得多。人们来此的真正目的其实是为了娱乐休闲,尽情享受城市空间。"扬·盖尔如是说。在桌椅间,总会余下道路和一些空地给广场上玩乐的人和表演者——因为老板们深知,这是他们招揽生意的要素(图5-3)。

面积稍大的广场会布置儿童游戏设施,吸引小孩子和家长的到来;有台阶或高差的广场上,会引来年轻人的各种活动,如滑板、单车;居住区中的广场会布置运动、康健设施供人们活动。

这些小广场一日日地上演着戏目,每个露面的人都能从中获得自己的角色,既是台上的演员,又是看戏的观众。人们在这放松心情,尽情体会城市中的休闲时光(图5-4)。

2.3 歇息停留

西班牙的广场布置非常密集,在马德里马约尔广场(Plaza Mayor)以南的 400 m 范围内,最远不过 300 m 就有一个广场(图5-5)。也就是说,在正常的步行速度下,5 分钟内就能遇到一个可以停留休息的场所,非常适合步行。

一个能让人停留下来的城市才是真正人性化的城市。当一个人在闲逛城市、享受城市时,停留是件必需的事情,他需要在行走一定时间距离后整顿休息,这种停留可以触发很多人的活动、交流或是商业的进行。在国内的许多城市,这个停留地方往往是一些餐饮店。而在西班牙,分布密集的小广场解决了这个问题(图5-6,图5-7)。

图 5-6 马拉加 la Costitucion 广场——歇息
的人们(李迪华摄)

图 5-7 马德里 Isabel Ⅱ广场——广场上午餐
的人们

2.4 宗教铺垫

教堂的前广场往往起着渲染气氛,铺垫情绪的作用,让人们在进入教堂之前就感受到宗教的庄严神圣,使观者怀着尊敬宁和的心。世界上震撼的大教堂广场靠着气势磅礴的建筑、宏大开阔的尺度、高耸壮观的雕塑来让人们心灵撼动滋生敬仰之情,而小尺度的广场,通过设计依然可以烘托宗教气氛。

科尔多瓦的 Los Capuchinos 广场是宗教雕塑与广场结合的经典之作,夜晚看起来尤为震撼。广场呈狭长形,长宽为 55 m×11 m,一侧长边连通有 2 m 宽的道路,在越过教堂后缩窄为 1.2 m。路侧建筑高10 m,另外两边的围合建筑高 5 m。四面建筑造型简洁,白墙开长方窗,墙头铺有深褐色瓦,深浅的对比色显得庄重洁净。当夜幕降临时,所有背景都被染成了黑色,人们沿着略显压迫的小路进入后,扑面而来的是简单开敞的广场。墙在灯光的照射下一片洁白,和黑夜形成鲜明对比,宁静肃穆。广场只有一座耶稣受难像,鹅卵石铺就的地面和四面墙的肌理不同。雕塑由 Juan Navarro León 于 1794 年完成,取名Cristo de Los Faroles(灯中耶稣像)。它的巧妙之处在于周边环绕的八盏灯,这八盏灯围绕在耶稣像的脚边,四盏灯靠内,四盏灯靠外高度略低,分立在两个同心正方形的四角。灯杆呈黑色曲线,金黄色的灯光一下就从白色规矩的背景中脱颖而出,夺人眼球,人的注意力全部集中在雕像上。在寂静的黑夜里,灯如同火把将钉在十字架上的耶稣围绕,衬得因悲悯天下而受难的神像一片庄严。在这个小广场上,雕塑和其他元素相得益彰,给人以宗教的感染和教化。设计师充分运用了对比的手法,让狭小的广场充满了魅力(图 5-8,图 5-9)。

图 5-8 科尔多瓦 Los Capuchinos 广场(手绘图为科尔多瓦某旅馆提供)

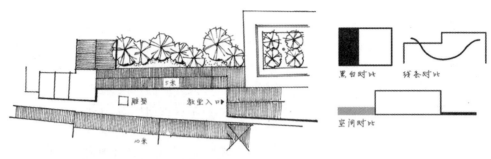

黑白对比　　　线条对比

空间对比

图 5-9　科尔多瓦 Los Capuchinos 广场示意图

2.5　观景

有观景功能的广场通常位于景色优美的地方,视野开阔,还通常布置有足够的凳椅供人们停留。美好的景致能吸引人们停下来,也能充当催化剂,促使人们表露自己的情感,这样的广场通常氛围宜人。

格拉纳达的 San Nicolas 广场位于老城区阿尔拜辛区,是 San Nicolas 教堂的前广场,地处高处,与闻名遐迩的阿尔罕布拉宫遥遥相望。因此这个广场是旅行者不可错过的一处景致,夕阳下映衬着雪山的阿尔罕布拉宫全景让人们心驰神往。

广场的布置非常简单,中心一座十字架雕塑,在人多的时候常常是艺人的表演舞台,他们抱着吉他,弹唱着富有西班牙风情的悠扬曲调,脚边的吉他盒中摆着自己的原创 CD。广场朝向阿尔罕布拉宫的位置有一排 40 余 m 的长堤,每当邻近日落,广场上便聚集起各地游客坐在此处等待着观赏夕阳下的红宫。广场边还设有咖啡店,方便人们一边等待美景,一边享受美食。贩卖纪念品的吉卜赛老妇人,响应着歌唱的乐者,用传统的西班牙响板随调子打着拍子,偶有热情的游客随着节奏跳起欢快的舞蹈,赢得一片掌声。当霞光染红了宁静肃穆的古老城堡,它对面的小广场上也洋溢着一片温暖柔情,聚集在广场上的人们虽是偶遇,却毫不吝啬对别人露出笑容(图 5-10,图 5-11)。

图 5-10　San Nicolas 广场上表演的艺人

图 5-11　San Nicolas 广场上等待夕阳的游客

2.6　购物

人流较多的小广场通常能促进买卖活动的发生。根据广场的大小,买卖的形式有游走的贩卖商人,有露天的简易摊位,也有驻扎的小商铺。商品五颜六色、琳琅满目,有些商人为了吸引顾客还会进行表演或示范,为广场带来了活力。商品既吸引人流,也充当广场的装饰物(图 5-12)。

178

图 5-12　小广场上的买卖活动(左上:托雷多 Ayuntamient 广场卖纪念品的小摊;右上:马拉加 Plaza del Carbon 卖手工艺品的女孩,李迪华摄;左下:Plaza de Espana 卖围巾的小店,李迪华摄;右下:San Nicolas 广场贩卖纪念品的老人,韦仪婷摄)

　　小广场上出售的商品大多是工艺品、纪念品、花卉等,而少有饮食类的室外商贩,所以并不容易产生破坏环境的问题。

2.7　交通相关空间

　　将广场和公交、地铁站相结合是件一举两得的事:广场能疏散出站的人群,人群能为广场带来活力。由于有站名,小广场能成为地标,方便人们和朋友的集合碰面,也为人们提供等车的休息地。人们可以坐在树下的椅子,边看看广场上的活动或景致,等待的时间也会变得不那么漫长(图 5-13)。

2.8　小广场案例

　　马德里 Tirsode Molina 广场①是一个具有多种功能、空间和元素设计合理的新建广场。这里原本是被遗弃的区域,在修建广场等一系列

---

　　①　Plaza de Tirsode Molina 取名来源于场中一尊 Tirsode Molina 的雕像,这位剧作家的真实姓名为 Gabriel Tellez,其创造的西班牙贵族唐·璜使人们将他长久铭记(乔纳森·霍兰,保罗·韦德,2011)。

改造活动后,成为了人气聚集的场所。

广场呈三角形,边长分别为 60m、120m、90m,周边围合的建筑高度从 10 m 到 13 m 不等。广场两面临街,一面连接建筑首层,首层多为小餐厅,它们摆出的阳伞和座椅让广场景致更为丰富。从附近建筑的路口延伸出来的线条与广场交接,将场地分为 3 块小空间,让尺度更为适宜(图 5-14)。

图 5-13 与公交车站结合的广场(左:马德里 Plaza Isabel Ⅱ 广场;右:马德里 Jacinto Benavente 广场)

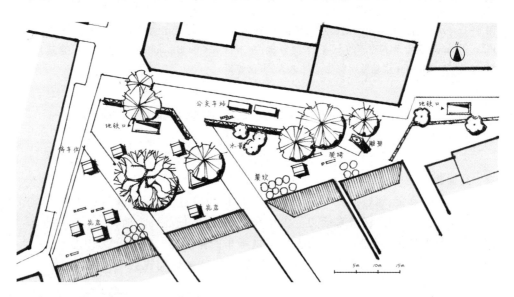

图 5-14 马德里 Tirsode Molina 广场平面

Tirsode Molina 广场有几点处理得颇具特色。一是高差。广场的北面高出 2m,设计师将这 2m 消化在场地的坡道中,让空间更有趣味。并且布置了 4 个 1.2~2m 高的种植池,既使高差断面不突兀,还形成了多个围合度不同的小空间,让此处的空间体验更为丰富。二是椅凳的设计。座椅在一定程度上影响了人们是否会停留以及停留的时间。人们在广场上坐下来可能出于休息、聊天、沉思、等待、赏景、观察他人等不同目的,座椅应当尽可能地满足人们的需求。Tirsode Molina 广场为此设计了几种不同样式的座椅。种植池池壁挑出一块金属板形成有靠背、在树荫底下的座椅,白色混凝土的桃心形排凳,咖啡厅的椅子,以及灌木池沿等二级座椅。这些座椅有些位于角落,有些处在广场中心;有独立的也有联排的,材质各异。三是与植物的配置。广场中央的种植池种有冠幅 8~10 m 的大树,茂密高大显得厚重有力,周边则种有常春藤,叶蔓垂落下石壁,将边界装饰得更为柔和可亲。在平地种植的疏朗小乔木,搭配泉涌,让气氛浪漫活泼。四是花店的设计。8 个正方形的木质钢架花店在广场中引人注意,它们在广场中摆放得疏密有致,主要集中在广场东面,与树池形成一个围合空间,成为广场的中心。鲜艳缤纷的花朵被店主们以各种形式摆放,力求吸引顾客。即使在冬季,Tirsode Molina 广场依然百花绽放。五是与交通的结合。广场的北面留出 8 m 的宽度作为公交站台,东西两面则布置地铁站出口,位置靠近边界,广场的各种设施方便出站或等车的人群(图 5-15)。

图 5-15 马德里 Tirso de Molina 广场(左:公交车站旁等待的人;中:各式凳椅;右:花店的植物搭配)

正是由于多功能的叠加,才吸引了不同人群的到来,让广场总是热闹丰富,充满了各种活动。

3. 小广场的重要因素

相较于国内对于大广场的热衷,西班牙的小广场却比比皆是,这些小广场让人惊喜,面积小、设施简单、造价便宜,利用率却不低。因为广场最吸引人的不在广场本身,而在周边建筑,以及在广场上的活动主体——人。受人欢迎的小广场在尺度把握、周边建筑排布、位置分配、设施布置等方面设计考究。它是真正意义上的人性化,为人们提供生活的便利和欢乐。

3.1 尺度

小广场的尺度不大,很难见到大广场那种空荡的场景。有人时它生动富有活力,无人时它静立在街道边,就像是点缀城市的装饰物。小尺度的广场就像是把公园拆成数块分散到城市的各个角落,于是人们不用奔波到一个指定的地点去休闲娱乐,在自己家门不远处就能随时享有同样的服务。

3.2 周边建筑

若说广场是城市的舞台,周边的建筑就是帷幕。它必须有一定的围合度,才能形成向心空间,供人们停留聚集;它高度和广场长宽的比例必须小于一定数字,否则会形成压迫感;它的功能最好是综合性的,广场才能在不同时刻都保持一定的安全性;它的首层最好是商铺,既能增添广场的丰富度,也能为广场带来人流。最为重要的就是建筑功能及开放度。

3.2.1 建筑功能

马德里的 Luca de Tena 广场呈方形,被穿插的十字路分成了四块。每一块小广场的设施布局类似,都布置有儿童游戏设施、长凳以及绿化,铺装做了引导人群的设计,使用率却大不相同。主要的原因是周边建筑的不同。东南角的小广场没有人的活动,两边的建筑一边是封闭的建筑背面,一边搭着脚架拉上了纱布。而此时东北角的广场有正在嬉闹的儿童,坐在椅上聊天的妇女,在观察期间共计有 10 人停留。两侧围合的建筑,都是上层居住,底层为商铺(图 5-16)。

图 5-16 马德里 Luca de Tena 广场(左:东南方空荡荡的广场;右:东北方嬉闹的儿童和聊天的妇女)

对于一个广场的活力,周边建筑的功能,特别是底层部分,起了决定性的影响。这些建筑对广场空间有界定作用,它向人们传达不同的信息,给予不同的体验,告诉人们这里可能是友善的、安全的、舒适的、有趣的。混合功能的建筑群组是最好的,因为它可以让广场不分日夜地拥有人流。

3.2.2 立面开放度

不管内部是什么功能,建筑立面越开放越好——更大的透明度,多开窗和门,拥有阳台。更为通透的立面促进广场和建筑内人群的交流,即使是眼神。广场上的人有更多瞭望的可能性。更高的开放度也意味着"街道眼"的存在,广场更加安全(图5-17)。

图5-17 广场周边建筑立面开放度(左:马德里 Cerveceria La 广场周边建筑阳台上的人偶;右:马德里 Cebeda 广场周边建筑物的仿窗立面绘画)

此外,建筑的立面外观、高度、围合度等也对广场产生一定的影响。

3.3 位置
3.3.1 道路旁

小广场的开放度随邻近马路等级的提高而增加,越是主干道,外来人数的比例就越高。穿插在街道上的小广场方便人在行进中的随意停留;而道路也能给人带来更多的视觉变化。这种小广场主要是为了让人们歇息、享受城市空间,它是外向性的,往往有餐饮等经营性设施。

3.3.2 居住区内

在某些住宅区内,会布置小广场充当人们户外活动的场地。它一般是内向性的,拥有稳定的使用人群。广场上布置有儿童游戏、康健或小型运动等方便居民生活的设施。它能促进同居住范围内人们的交流和认识,也能成为举办活动的场地。这种小广场安全性较高,到了夜晚也有人使用。

3.4 设施
3.4.1 雕像、水景等景观小品

当人们停留在广场中,眼睛总需要捕捉东西,雕塑、水景等景观小

图 5-18 马德里 Plateria de Martine
广场的雕塑和人群

品能充当视线焦点,为广场带来了故事和氛围(图 5-18)。

西班牙的小广场喜用水景,并常常与雕塑结合。西班牙是缺水的国家,所以小广场的水景也总是一小撮的,从雕塑的嘴中吐出一串水,或是从一根细细的铜管中流出一线水。在这里值得我们借鉴的是,水景不是越大越好,精心设计的小水景一样能带给人们惊喜和欢乐。

雕塑、水景等景观小品矗立在场地中,会形成以它为中心的领域范围。所以在稍大的广场中,雕塑等小品能划分空间;在小广场,则能将元素聚集,产生重心。

3.4.2 座椅

座椅是人们在广场上停留下来必不可少的设施。扬·盖尔认为城市规划中应当有形式多样的座位供人选择,包括一级座位,即实际座椅,以及二级座位,如台阶、雕像基座等(扬·盖尔,2010)。椅子要避免选取导热性强的材质、最好有包括椅背的凳椅、组合搭配满足交流的各种形式、位置分布各样、有些椅子背靠实体形成安全感、设计二级座位、椅凳最好有扶手来考虑老人的使用。座椅虽然只是一个小部件,却可以从中看出整个设计的诚意。

3.4.3 植物

人们总是渴望亲近大自然的,所以植物受大部分人的喜爱。西班牙小广场多数种有植物。植物能够调节广场微气候,净化空气,提供树荫。一年四季,植物展现出不一样的景致,让人们感受时令的变化。植物能充当边界,划分场地,形成不一样的空间氛围。

3.4.4 灯

当夜幕降临时,亮起的灯光给人安全感,还能带给人迥异于白天的景色。在黑暗中,灯光如同着重号一般将某些景致突显出来,渲染出不同的气氛。傍晚其实更是广场利用的高峰期,工作后的人们休闲放松,所以广场灯光更应引起重视(图 5-19)。

图 5-19 科尔多瓦 Cristo De Los
Faroles 广场灯中的圣母像

4. 小结

或许西班牙的气候和文化气质促成了西班牙人对公共生活的向往,也促进了西班牙广场文化的兴起。将西班牙的小广场生搬硬套到中国是不可行的,这种照抄的学习模式已经让中国许多城市吃了大亏。中国的城市飞速成长,汽车大行其道,人的空间被挤迫得寥寥无几。有些城市步行系统尚不完善,更不必谈停留空间。而一些城市大兴建设广场,却沦为政绩工程、城市美化手段,白花花的广场上"千山鸟飞绝,万径人踪灭",浪费空间、浪费资源。但我们可以借鉴小广场的这种模式——面积小、设施简单、造价低、踏踏实实地为了人的使用而存在。其实在中国的许多老村庄内,类似的"小广场"比比皆是:一棵大榕树下,摆上几张石桌椅子,人们白天在树下走棋闲坐,夜晚纳凉聊天。中国设计师应当认真研究中国人的生活习性、行为模式,设计出符合中国人需求的场所空间,让中国的人们也能在想停的时候能够停下来,享受城市,享受生活。

参考文献

杨·盖尔.人性化的城市[M].北京:中国建筑工业出版社,2010.
克利夫·芒福汀.街道与广场[M].北京:中国建筑工业出版社,2004.
乔纳森·霍兰,保罗·韦德.马德里[M].北京:电子工业出版社,2011.

*未特别注明的照片和图片均为笔者拍摄和绘制

专题 6 生活在街道
——马德里老城的商业业态对城市空间及市民生活的影响

陈希

摘要:本文基于马德里老城发展的历史过程,总结了其混合式小型商业的店铺特征和功能特点,分析了该种业态下街道活动的主要类型,并探析街道店铺类型及生活模式对城市形态的塑造作用。旨在引发读者对街道生活的关注和思考,为设计师进行城市设计、业态规划提供参考。

关键词:马德里老城;商业业态;街道活动;城市空间

1. 引言

从早到晚,马德里老城①总是熙熙攘攘,各种各样的活动都在街道与周边的广场不断上演。街道承载着购物、交通、观赏、展示、交流等多项活动,城市也因其而变得活跃起来。形成这种现象的原因是多样的,其中,以混合式小型商业为主的业态模式起到了非常重要的推动作用。在马德里的老城中,很难找到纯粹的"商业一条街"、"历史风貌街"或"休闲娱乐街",但几乎所有的街道都可以让游客和居民方便地买到需要的东西,欣赏古典精致的立面,或是驻足停留,只是观看丰富的街道活动。这种功能混合的做法引导了不同的活动在同一空间中发生,并互相作用产生出新的活动。

然而,马德里的老城也经历过衰落的过程。小汽车时代来临之后,城市商业向郊区化、集约化发展,老城的街道店铺渐渐衰落,城市活力降低。之后的"内城复兴计划"让人们重新思考街道商业和步行生活的重要性,对街道小型商业进行了引导,使其重获新生,这一过程值得我们反思和借鉴。本文对马德里老城街道发展模式进行了梳理,并以老城为样本,详细描述、记录商业业态的形式以及与之相关的街道生活,以期从这种街道模式中得到借鉴。

本文的资料来源自两大部分:① 相关文献、历史资料、马德里城市博物馆中搜集的街道历史地图和照片;② 实地拍摄、测绘、整理的数据资料。

---

① 汽车时代之前,以步行为尺度的马德里,主要指的是 19 世纪末以前的城市区域。

2. 马德里老城街道的发展历史与反思过程

2.1 马德里城市肌理演变

不同于许多中国城市老、新肌理相互叠加的状况,马德里保留并延续了每个时期城市的形态和肌理。从 9 世纪的堡垒(fortress)到 21 世纪的西班牙第一大城市,其发展的历史如同年轮一般,一圈一圈印刻在大地上。

马德里的城市发展历经三个时期,塑造了不同的城市肌理。第一时期是 1085—1561 年。此时的街道都是围绕着教堂或是修道院布置,建设时主要考虑的是对气候的适应。第二时期是 1561 年—19 世纪末期。在该段时期内,马德里被定为首都,城市不断扩张,并最终形成具有步行尺度的城市,即现在被称作"老城"的区域。其路网结构复杂,街道狭窄,以小型店铺为主要商业类型,区别于汽车时代的城市,具有较为明显的特征。第三个时期是 19 世纪末至今。该时期汽车被发明并得到广泛推广,新建城市道路以方格网的形式呈现。

2.2 小汽车化与老城衰落

19 世纪下半叶到 20 世纪下半叶是马德里城市人口增长最为快速的时期。1869 年,马德里的人口数为 30 万;而到了 1975 年,人口数量增长到了 328 万,10 倍于百年前(图 6-1)。在这一时期,没有建设高层集约式建筑的技术条件,城市便以水平方式扩展,规模成倍加大,而新建区域并未能形成自己的中心,人们不得不到城市中心工作学习,导致对汽车的依赖越来越大。老城街道狭窄,不适于机动车行驶和停放,许多基础设施已经无法满足新时代的需求。当中的商业也不适应汽车时代的运营方式,逐渐衰落下去。

20 世纪最后十年,马德里郊区迎来了人口扩展的高潮,许多区域的发展远远超过马德里中心城区(Juan Manuel Fernández Alonso,2011)。城市中心的"混合式小型商业模式"逐渐被"郊区 shopping mall"模式代替。以步行优先的街道转变为以机动车优先的道路。虽然这一改变提高了城市的效率,改善了民众的物质生活环境,但街道中丰富的活动却被抹杀,以此为基础的社会生活遭到破坏。

187

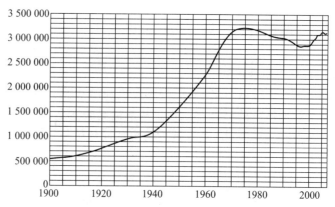

图 6-1　1900—2000 年马德里城市人口增长图①

2.3　城市复兴思想的应用

老城是城市文化遗产的宝库,承载着重要的城市记忆。为了缓解老城的衰落,为其新时代发展注入活力,马德里政府在 1995 年的城市总体规划中将"复兴老城""保护历史街区"两项放入到目标当中。其中"复兴老城"计划提出五个目标:更多的居住人群、更宜居、更多社会融合、更现代、更多的文化活动(MORE INHABITED, MORE INHABIT-ABLE, MORE SOCIALLY INTEGRATED, MORE CONTEMPORARY, MORE CULTURALLY ACTIVE)。经过 15 年的发展,广场、道路、公共交通等多项基础设施被改善,文化保护和商业发展也进入到良性循环,老城又重新恢复活力(Juan Manuel Fernández Alonso,2011)。

如今的马德里老城,拥有精致的建筑,宜人的尺度,丰富的活动。文化气息浸润在每一条街道当中,自然地流露。基于文化遗产的保护和展示,老城的商业也呈现出了它特有的发展模式——混合式小型底商模式。这种模式不仅在功能上满足了人们的购物需求,也为城市景观做出了很大贡献,并吸引了丰富的活动。本文通过统计、归纳等方法分析了老城店铺的形态、功能、分布规律,了解其对景观,以及街道活动的影响。

2.4　研究区域概况

太阳门广场位于马德里老城的正中心位置,是西班牙所有公路的起点。广场周边有十条道路呈放射状向外延伸,分布着大量的店铺,一天 24 小时都熙熙攘攘。这些道路基本保持了 20 世纪以前步行城市的肌理,街道窄而密集,具有较高的研究价值。本文以马德里的行

---

① 资料来源:Juan Manuel Fernández Alonso, General of Urban Planning at Madrid City Council。

政区划为参照,选取以太阳门广场为中心的"Sol 区域"作为研究对象,统计分析了其店铺的主要形式,商业业态的分布状况以及相关的街道配套设施。

3. 老城街道商业模式

3.1 店铺基本特征

（1）商业与居住结合

研究区域内的典型立面:一层商业,二层以上为居住楼的模式（图 6-2,图 6-3）,总楼层为 5~7 层。由于老城区优越的地理位置和商业条件,部分区域二层以上的居住楼已改造为旅馆,但依旧是以居住为主要功能。在研究范围中,大部分街道仅一层有店铺。有部分街道经过改造成为了完全的步行街,如北部的 Calle del Carmen、Calle del Preclados 等,它们均以两层店铺为主。居住在老城中的居民为底层的小型商店带来了商机,底层商业也方便了市民的生活。店铺可以被看做公共区域,而住宅则是私人区域。在老城当中,这两种空间相互融合,没有太明显的界限。由于住宅楼多是沿街分布,独栋存在,较少有配套的活动空间,所以市民的活动多集中在街道和城市公园当中。

（2）窄立面、大进深、小入口

扬·盖尔（2002）在著作《交往与空间》中提到,狭窄的立面、众多的门能使活动集中起来,狭窄的临街面意味着缩短出入口之间的距离,而出入口正是活动发生最多的地方。

马德里老城街道正有着"窄立面、大进深、小入口"的特征（图 6-4）。研究区内涉及的街道有城市主干道、次干道、支路三类,呈现出不同的店铺形态。贯穿太阳门广场主干道 Calle Mayor,以及由主干道改造成的步行街 Calle del Carmen,Calle del Preclados,Calle del Arenal 等道路以商业为主要功能,店铺的平均宽度为 10 m。以太阳门广场为起点的其余道路,为城市次干道,属生活型街道,店铺平均宽度为 5 m。连接这些次干道之间的道路为支路,店铺平均宽度仅为 3 m。虽然店铺门面较窄,较大的进深弥补了其空间的不足。狭窄的店铺立面也使得一条街能容纳更多的店铺,为业态多样性提供了基础。

店铺的另一个特征为小入口,有的店铺入口仅能通过一个人。这样的入口模式为店铺节约了大量的展示空间,精心装饰的橱窗成为了城市中最为靓丽的风景。同时,小入口的尺度更为宜人,也更亲近人,而不像大而厚重的门给人带来距离感。如图 6-5 所示,这家火腿店的入口和橱窗比例接近 1:8,店内的灯光为橱窗提供了照明,不仅节约了空间也节约能源。

图 6-2　典型老城建筑形式

图 6-3　街道 Calle de Cervante

图 6-4　店铺典型立面

图 6-5　典型橱窗立面

3.2　店铺功能特征

除了被改造成步行街的路段以外,研究范围内的街道的商业业态并没有很大的限制,基本上是属于市场调节而自发形成的。在这些街道上,既有满足游客需求的工艺品店与满足当地人使用的廉价超市,也有同时为游人和当地人服务的咖啡馆。为了更好地研究这种商业业态,笔者选取了太阳门广场以东的一条名为 Calle de la Victoria 的街道进行了详细调研。这条街道一端连接城市主干道,一端连接街区内的道路,既服务于游客又服务于当地人,非常具有典型性。

（1）功能混合

这条约 70 m 长的街道上分布有 25 个店铺,包括咖啡馆、餐馆、酒吧等,餐饮服务类店铺较多,有 19 家。除此之外,也有药店、烟草店、超市等,可以满足居民的日常需求。其中靠近城市主干道的一面偏向于为游客服务,而社区道路连接的另一端则偏向于为当地人服务。但店铺的功能并不和其所处的位置有必然的联系。在街道的南部靠近 Calle de la Cruz 的一面,也有为游客服务的超市、酒吧、烟草店等。店铺小而精致,门面最小的是一家中国超市,入口仅有一人宽,但货物种类却很丰富,足以满足当地人的要求(图 6-6)。咖啡馆、餐馆、酒吧有各自的装修风格和宣传方式,构成了街道立面丰富而多变的景观(图 6-7)。

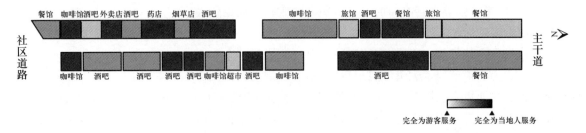

图 6-6　Calle de la Victoria 店铺功能

190

图 6-7　Calle de la Victoria 街道景观

（2）错时营业

店铺经营的内容不同,开业的时间也有较大的差别。这条街上的店铺营业时间互相错开,正好形成了一种互补的状态。无论是白天,傍晚还是深夜甚至凌晨,都有店铺营业,三个时段营业的店铺数量也基本一致(图 6-8)。这种营业状态在老城中较为典型,店铺的灯光和人来人往的状态对城市起到了一定的监护作用。当然,这样的业态布置也存在一些问题,比如说深夜酒吧产生的噪音对街区的住户有一定的影响,可以考虑将酒吧集中以解决这一问题。

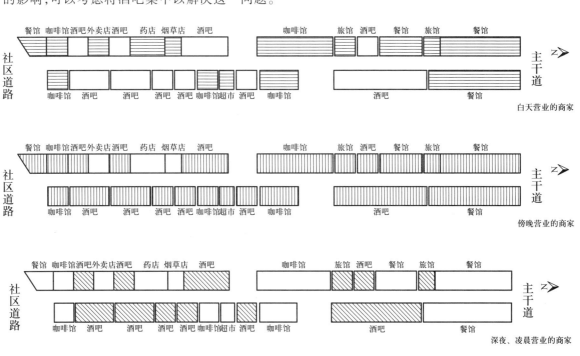

图 6-8　Calle de la Victoria 店铺营业时间

图 6-9　马德里街头橱窗

图 6-10　夜间依旧明亮的橱窗

图 6-11　驻足停留欣赏橱窗的人

图 6-12　三角地带的室外咖啡座

4. 基于业态模式的城市生活

4.1　商业空间的展示与对话

　　马德里老城的商业街大多没有经过业态的规划，店铺的种类也是五花八门。但它们有一个普遍的特点，就是店主总是会精心装饰店铺。特别是店铺的橱窗，已经不是单纯陈列的窗口，而是"展览"商品的工具（图 6-9）。商品的摆放是经过精心设计的，主次分明，色彩和谐，有的是在讲述店铺的发展，有的像是商品自己在演绎一个故事。店铺关门之后，橱窗大多还会继续亮灯，灯光虽不是特别强烈，但也为黑暗的城市带来了些光亮，让沉睡中的城市不那么冷清（图 6-10）。店铺处于楼房的底层并呈现线性分布，因而街道上的光也是连续柔和的。

　　自发的景观为城市增添了绚丽的色彩，也成为人们驻足街头的理由。在狭窄的老城街道上，常常看到三两好友停留在某一橱窗前，就某一商品互相讨论（图 6-11）。橱窗的大小尺度非常宜人，让人远观能完整地看到商品的全貌，走近又可以清晰地看到商品的细节。而小小的橱窗也是孩子们快乐的游乐场，儿童可以趴在橱窗上专注地往里面看，经过精心设计的橱窗不仅能让孩子们增长知识，更是潜移默化地培养着他们的审美能力。

4.2　路边咖啡馆——看与被看

　　欧洲人热爱喝咖啡，街头咖啡馆比比皆是。在拥有众多小吃、盛产红酒的西班牙，咖啡馆更是扮演餐厅的角色，可以提供正餐、下午茶、夜宵等各个时段的食物。咖啡馆从正午开门开始会一直营业到午夜 12 点以后，每个时段都有不同的人群光顾，可以说是店铺中最有活力的地方。除此之外，温和的气候让马德里非常适于户外活动，因而精明的咖啡馆商家往往会在店铺外布置一些座椅。由于老城街道并不是笔直的，路网结构也呈现出多变的形态，而不是棋盘格式的，在道路的交界处常常会产生众多的三角地带，这些场地是咖啡座最好的摆放地点（图 6-12）。人们在这里欣赏风景，也成了被人们欣赏的"风景"。图 6-13 就是一个较好的例子，处于岔路口的咖啡馆可以看到不同道路上发生的活动。虽然天气寒冷，人们还是愿意坐在室外。而室外咖啡座模糊了商铺和街道之间的边界，既为咖啡馆做了广告，又给街道增添了不少人情味。

5. 基于业态模式的城市空间

5.1 平层城市 (one-level street)

由于老城中的店铺大多分布在一层, 入口开向街道, 各个店铺的顾客都需要经过街道到达店铺, 促使道路上汇聚了较大的人流。而调查范围内, 没有任何过街天桥和地下通道, 所有的活动便都在地面层上集中、混合、并产生出新的活动。蜿蜒曲折、狭窄的道路限制了机动车的速度, 再加上政策控制和人们对行人的尊重, 人的空间得到保障 (图 6-14)。除此之外, 研究区域内的高差多由斜坡来处理, 鲜有台阶等设施, 连路牙也较少见。这在很大程度上方便了行人行走以及婴儿车、轮椅出行 (图 6-15)。平层街道增添了行人的舒适感, 吸引并促使步行活动集中, 这也为混合式小型商业提供了商机, 形成良性循环。

图 6-13　室外咖啡座

5.2 精致的立面与宜人的宽高比

一层混合式小型商业为街道带来了大量的人流, 为造就丰富的城市活动提供了条件。在汽车城市中, 人的行进速度加快了许多, 为了使人们看清建筑物和标志, 必须采用粗大的设计和巨型的符号。马德里的老城则恰恰相反, 步行的人群是城市的主体, 街道建筑更多考虑到的是人的观赏尺度, 因而有更多、更精细的细节。

图 6-14　汽车和行人和谐相处

由于人是街道的主体, 城市空间的设计更多地考虑了人在空间中使用的方便与舒适。在马德里老城行走, 既没有高楼林立的压抑感, 亦没有尺度过大的荒漠感。这种舒适宜人的感觉源于合适的街道宽高比。在研究范围内有三种典型的道路断面。第一种是城市主干道, 如 Calle Mayor (图 6-16)。中间是两车道的机动车道, 两侧是宽达 6 m 的人行道, 两者用铁桩分隔。街道宽度与周围的建筑高度之比 (D/H) 约为 1.3, 芦原义信 (2007) 在《街道的美学》中称这种比例为 "人的尺度" (2007)。第二种是经过改造的步行街, 如 Calle del Carmen (图 6-17)。这类街道没有人行道和机动车道之分, D/H 约为 0.6, 略有压抑感。为了创造舒适的步行环境, 该段步行街在 2 层楼高处设置了顶棚, 使得 D/H 改变为 1.6。第三种较为狭窄的小路, 如 Calle de la Cruz (图 6-18)。虽然道路仅能通过一辆汽车, 但两侧的人行道空间依旧能得到保障, 其 D/H 为 0.5。虽然存在有压抑感, 但建筑物巨大的阴影弥补了没有行道树的缺憾, 为炎热的马德里带来更多的阴凉。

图 6-15　人行道和机动车道的分割

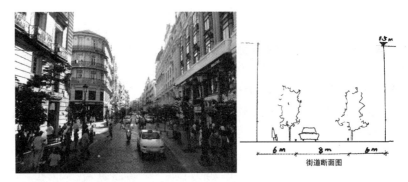

图 6-16　Calle Mayor 街道

图 6-17　Calle del Carmen 街道

图 6-18　Calle de la Cruz 街道

6. 启示

　　街道想要聚集更多的人气，不仅需要拥有宜人的景观，深厚的内涵，更需要为人提供出行的理由。马德里的经验告诉我们，混合式小型商业的这种模式，除了满足"购物"这项功能以外，也促进了街道活动的发生。店铺、行人之间的互相作用，塑造了人性尺度的城市空间，以及行人可观可赏的景观,也保障了人们的安全,最终形成了具有亲和力、宜人的城市。

在小型商铺不断消失,被大型购物中心代替的今天,街道变得生硬而无趣,人们的步行需求让位给机动车的效率需求,道路尺度变得巨大,城市如同机器。规划师、设计师们是否应该给予小型商业多一些关注,多研究人的需要,让街道为人的活动提供更多空间,从而创造舒适宜人的城市。

参考文献

芦原义信.街道的美学[M].天津:百花文艺出版社,2007,35-38.

扬·盖尔.交往与空间[M].北京:中国建筑工业出版社,2002,87-88.

Desarrollo, Asesoría y Formación Informática S. A. (DAYFISA), Centro Documentación de Historia Madrid de la UAM[Z].2011.

Juan Manuel Fernández Alonso. General of Urban Planning at Madrid City Council [Z].2011.

*未特别注明的照片和图片均为笔者拍摄和绘制

专题 7 马德里老城区步行体验

刘远哲

摘要:步行环境是城市文化的重要载体,好的步行环境是树立城市形象的重要手段。马德里老城区的街道建设将机动车对行人的干扰降到最低,营造出舒适宜人的步行空间。本文站在步行体验者的角度从安全性、舒适性、连续性以及景观效果等多个方面分析马德里老城区的步行环境,并探讨其街道魅力。

关键词:步行环境;安全性;舒适性;连续性

1. 引言

自古以来,步行是最天然最寻常的交通方式。近百年来,机动车以其快速、便捷等特点迅速发展并大量侵占步行空间。城市空间也逐渐由步行尺度变成以车行为主体的空间尺度。人行空间压缩,步行环境恶化,街道生活逐渐消失(扬·盖尔,2002)。

马德里作为西班牙的首都,也经历过城市内部机动车横行的阶段。近年来,随着人本主义思想抬头,能源及环保意识上升,人们开始反思是否对机动车过度依赖。位于马德里老城区 Calle del Arenal 等街道,在当地政府及城市规划师的共同努力下,相继由机动车道转变为步行街道。改造过程中步行的作用和地位得到重新认识,行人免于机动车的威胁并恢复了早期的街道生活,老城的历史价值得以体现,城市面貌焕然一新。

2. 马德里街道体验

2.1 安全的步行环境

安全、舒适、便捷的步行环境是城市美好生活的体现,其中步行安全为最基本的要求。漫步在马德里的老城区可以感受到老城的魅力,没有宽阔恢弘的大马路、不停催促的喇叭声,只有宽度适宜的街道,行人可安全、愉快地穿梭在街道中。步行道上设置简易的护栏,有效地将行人与车流适当地分隔,减少步行者和机动车之间的冲突(图7-1);设置迂回的行进路线与跳动路面使机动车减速行驶,步行者与机动车驾驶员能第一时间察觉到对方(图7-2,图7-3),减少交通事故的发生;且遇到没有交通标志的巷弄时,机动车会停下让步行者优先通过,恪行了

图 7-1 人车共存

图 7-2 迂回的行车路线

图 7-3 跳动路面(龚瑶摄)

"行人优先"的原则。安全的步行环境、沿街住户与商业活动远离车辆的威胁及噪音的干扰,使人们更愿意走上街头,人与人的交流不再受到阻碍,马德里老城的街道活力得以展现。

2.2 舒适的步行环境

上文提到,安全的步行环境是城市步行生活的基本要求。而舒适的步行环境是鼓励人们走出家门走上街头的重要因素。笔者徒步考察马德里老城区后,将其步行环境的舒适性归纳为空间、气候、休憩设施三个方面:

(1)适宜的步行空间来自于周边商业空间的使用强度

调研发现,老城区的街道尺度均考虑到与周边商业空间、业态的配合。以 Calle de Toledo、Calle Mayor 两条街道为代表,大部分商家贩卖居家用品或是小餐馆,主要消费时段为日间且消费群体分散,街道宽度为 2.5～3.5 m,可被步行者有效使用(图 7-4);Calle Gran Via、Calle de Atocha 等街道宽度在 6.5 m 左右,商家以精品、服饰、剧院、餐馆等为主,同时也作为老城区内主要干道。工作日人流量较小,但到晚间下班时段,用餐、休闲娱乐人群增多,6.5 m 的街道步行利用率较高,行人可随时停留欣赏橱窗内的展示品(图 7-5)。

图 7-4　Calle de Toledo 街

图 7-5　Calle Gran Via 街

以上可看出两种不同商业属性的街道,按照其使用强度不同则街道尺度不尽相同,综合考虑各时间段人潮的来源及对邻近交通的冲击进行街道尺度与周边业态的组合。最新的一个代表案例是位于太阳门广场旁的 Calle del Arenal 街道。太阳门广场作为老城区重要的活动区域,同时也是地铁主要的换乘站,为了适应越来越多人群的步行需求并提升当地商业价值,马德里政府将广场旁边的 Calle del Arenal 街道改为步行街,这一举措有效地疏散了人群;另一方面,车行道路面积的缩减使机动车辆减少,民众更愿意步行至此,太阳门周边的商业价值也得以提升(图 7-6)。

(2)步行免受气候影响

马德里的夏季非常的炎热,主要的市区道路如 Paseo del Prado、Ronda del Toledo 等均有绿带提供步行者遮阴停留的空间。而在老城区的街道上少有大量种植行道树,但老城区的建筑连接紧密,间距非常小,建筑群的阴影利于行人躲避酷晒。

图 7-6　Calle del Arenal 街

观察城区的建筑物发现,市区主要道路如 Calle de Toledo 等两旁大部分建筑物皆为商住混合式,底层用于商业,其余楼层用于住宅、办公等。建筑一层大多向内退缩或是设计成一层内部可通过的骑楼,可提供行人较舒适的步行环境(图 7-7,图 7-8);老城区 Calle del Arenal、Calle Mayor 等道路上许多商店在其橱窗外设置遮棚(图 7-9)。上述空间在恶劣的天气时,能发挥遮阳挡雨的功能,使步行者免受气候影响。

图 7-7　骑楼空间

图 7-8　一层退缩空间

图 7-9　设置遮棚（龚瑶摄）

（3）无处不在的休憩场所

一个舒适的步行环境，不但要尽量避免外在气候的干扰，还要有适量能供步行者驻足休憩的场所，无论是一张小的休憩座椅，或是一处街头广场。

图 7-10　随处可见的座椅

马德里老城中每步行 100 m 就会出现座椅（图 7-10），部分座椅还是可移动的（图 7-11）。步行 200 m 左右就会出现街头广场、小型绿地等休憩场所，内部设置了座椅，并有树木绿荫、遮雨棚等，便于行人停留休憩（图 7-12）。部分休憩场所周围还设置了精致的花坛、喷泉、趣味性解说设施、节庆装饰物等（图 7-13），让人体验不同的休憩场所空间。

图 7-11　可移动座椅

图 7-12　广场内的花坛座椅

图 7-13　休憩空间旁的景观小品

步行在马德里老城区时你会感受到，街道上随时可供休息停留的座椅专为你摆放；人行道上遮阴的行道树专为你而栽；应景装饰物专为你而设，这样一个舒适、友善的步行环境能促使不论当地居民还是游客都来感受步行带来的体验。

2.3　街道空间的连续性

街道空间体系是若干个空间的集合，人对街道空间序列的使用和体验是通过多个空间的连续使用和体验后完成的（黎智辉，2011）。步行在马德里老城区时，看不到孤立、体量庞大、造型奇特、与周遭环境没有关联的建筑和开放空间，只有统一的建筑风格以及用色彩与机理和谐过渡的建筑立面、铺装、街道小品等带来的空间连续性。

如 Calle Gran Via 两旁建筑接触面通过开窗与阳台形式的统一以及和谐的建筑色彩使得街道空间更为连续(图 7-14);作为商业步行街的 Calle del Arenal 两侧建筑接触面通过底层展示橱窗以及二层建筑立面形式的统一,使得连续性得以强化(图 7-15);Paseo del Prado 为老城区南北向主要干道之一,其南、北车道总宽达 30 m,将老城区与其右侧的普拉多博物馆、皇家植物园、退隐花园分割为左右两半部,但城市规划师在 Calle del Arenal、Calle de Antonio Maura 等与 Paseo del Prado 相接的东西向道路借由植栽绿带利用视觉引导,让步行者不自觉中穿越这条宽宏的大马路(图 7-16),也在机动车道中央设置林荫道(图 7-17),内部有许多小广场连接道路两侧。这种利用绿带空间连接道路两侧的设计手法,让步行者在步行过程中感觉到连续的、具方向性的绿色空间,而不是被道路切割成零碎的城市空间。

综上所述,老城区通过建筑形式、建筑接触面、绿带空间等成就了街道空间的延续性,使得老城区街道空间整体是连续的而不是破碎、孤立的,对步行者的安全以及视觉体验产生了积极的作用。

图 7-14　统一的建筑形式
(倪碧波摄)

图 7-15　建筑接触面橱窗的统一

图 7-16　Calle del Arenal

图 7-17　Paseo del Prado 中央林荫道
(倪碧波摄)

2.4 朴实无华的街道与琳琅满目的橱窗

漫步在老城区观看沿街的建筑、景观、商铺的橱窗,成为了一个享受的过程。观赏老城区历史悠久的建筑与街巷,搭配以简单朴实的建筑外表以及精细雕花的阳台和窗台,让人感受到它的历史、文化积淀与成熟,却不因年代的久远而显得寂寥萧索。步行中你会发现,朴实无华的街道上,无论是精品店、杂货店、肉品店等门前,人们不时的被沿街商家的橱窗吸引或驻足或来回穿梭(图 7-18)。这些琳琅满目的橱窗都经过店家精心的摆设(图 7-19),希望抓住顾客的眼球并入内消费。商家透过这大片的展示橱窗以及内部的商品与顾客交流,使得这些年代久远的街巷景观变得更美且丰富有趣。

图 7-18　人与橱窗商品互动　　　　图 7-19　精心布置的商品展示

步行在老城区街道上也是一种审美体验,不仅能感受到街道景观所带来的感观上的美,还能感受到城市的艺术品位与街道活力,而这内涵来自于历史、文化与生活的积淀。

3. 结语

简·雅各布斯(2005)在《美国大城市的死与生》一书中说到,人口集中和用途多样化的城市地区,人们仍以步行为主。一个地方的多样性越是丰富多彩又有条不紊,人们就越愿意步行;即使开车或通过公共交通从外面来到多样化的充满活力的地方,到达那里后人们也会步行。

相对于我国许多城市,车道越辟越宽,不断侵占步行空间、威胁步行者的安全,不但使城市丧失了原先的肌理,人也逐渐迷失在城市中。马德里的老城区为步行者提供了安全、舒适、便利又美观的步行环境;街头艺人表演、跳蚤市场等充满魅力和特色的街道生活让人感受到老城的历史价值、个性、吸引力以及源源不绝的活力,良好的步行环境造就了城市魅力,更展现了城市的美好生活。

参考文献

简·雅各布斯.美国大城市的死与生[M].南京:译林出版社,2005.
黎智辉.城市街道景观的营造与体验[J].安徽建筑,2011,(6):8-9.
扬·盖尔著,何人可译.交往与空间[M].北京:中国建筑工业出版社,2002.

*未特别注明的照片均为笔者拍摄

专题8 西班牙城市公共空间的多层次空间体验

王华清

摘要:本文以西班牙城市公共空间中,广场、滨水步道、建筑和城堡庭院为实例,分析城市公共空间中多层次多样化空间的类型和使用者体验,探讨多样化空间类型为城市带来的益处。

关键词:城市公共空间;城市空间体验;西班牙

1. 引言

城市公共空间在城市发展中扮演着重要角色,它是城市居民重要的休闲场所。

在西班牙,城市公共空间的数量、类型很多,占地面积不一,分布上总体呈现"小而分散"的特点。这一特点使得城市居民可以方便灵活地使用。

近几年,我国城市公共空间的建设得到越来越多的重视,然而,这些广场、公园建成后,往往功能单一,空间单调,尺度"非人"。这些空间不但未能提供良好的休闲环境,反而造成巨大的土地浪费。

于是,我们应该反思,什么样的公共空间是我们需要的? 如何营造这样的公共空间? 本文通过西班牙公共空间中,广场、建筑周围、休闲步道和城堡庭院等空间实例,对城市公共空间营造的问题展开讨论。

2. 西班牙城市公共空间案例分析

西班牙城市公共空间中不乏小尺度空间却能提供使用者丰富空间体验的案例。这些公共空间虽然尺度较小,但并不因此而显得简单乏味,反而提供了多层次多样化的空间体验。

2.1 西班牙马拉加——Bishop 广场

Bishop 广场位于马拉加大教堂的西侧,东西长约 35 m,南北宽约 25 m。广场一面面向大教堂,另外三面围合,其中两面的建筑底层为餐饮店铺。

图 8-1 显示了 bishop 广场上的热闹景象,面向广场的餐馆摆出了很多室外用餐的座椅,这些室外座椅占据了广场的大约四分之三的面积。建筑底层商铺,室外座椅,喷泉和空地等形成了多样的空间。

图 8-1　Bishop 广场鸟瞰[①]

---

① 照片来自 Panoramio 网站,地址:http://static.panoramio.com/photos/original/2632740.jpg。

人们参与广场活动的过程体现了广场空间的多层次特点。广场的中心是一个圆形喷泉,通向广场的有三条道路,马拉加大教堂高高的建筑穹顶成为引导人们来到这个广场的视觉中心(图8-2,图8-3)。而当人们一旦进入广场,视觉中心就由教堂穹顶转为圆形喷泉。之后人们开始参与广场上的活动,驻足、拍照、在喷泉旁玩耍、在广场上午餐或者进入底层店铺购物。广场上由东北至西南形成了一个个层次递进的区域,如图8-4所示,颜色越深表示越接近建筑和商业氛围越浓,颜色越浅越接近景观和空地,休闲氛围越浓。

图8-2 从西侧道路看向教堂①

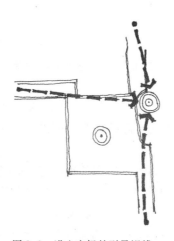

图8-3 进入广场的引导视线

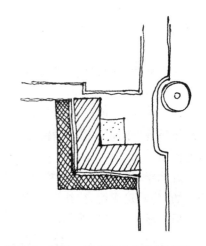

图8-4 Bishop广场的几个空间过渡层次示意图

广场上多样的空间层次不是利用高差和植物种植来分割,而是利用室外设施,如座椅、遮阳伞,景观小品,临时性的护栏等,在同一高程上进行空间的限定。由于用于限定不同空间的要素是非永久性质的,因此,这种层次限定会随时间变化。有时层次较多,有时层次较少。例如,当天气状况不佳,没有室外座椅的情形下,层次就会减少,也带来不同的空间体验。

图8-5示意了使用者在广场上不同的空间体验。从左至右依次是,在教堂的高塔下、喷泉旁、遮阳伞下和处于建筑物内部这几种不同空间体验。人最容易通过自己的身体来体验和感知周围的事物和空间。在教堂的高塔之下,人感觉到自己的渺小和教堂的雄伟;喷泉是较为接近人的尺度的构筑,喷泉旁会形成一个小范围的亲水空间。这个空间中,人们伸手就可以触碰到水,听见水声,却无法移动喷泉的位置;在遮阳伞下,人们可以改变座椅的位置,这是较为私密、四面开敞的空间;建筑物内部则是一个全围合的空间。Bishop广场提供了丰富

---

① 照片来自Panoramio网站,地址:http://www.panoramio.com/photo/13556490。

多样的空间体验,尽管面积不大却并不单调乏味。

图 8-5　使用者在广场上的不同空间体验

2.2　西班牙马德里——Caixa Forum

广场往往是利用横向的边界产生多样的空间。而建筑与户外空间的递进有时可以利用完全竖向的空间限定完成。Caixa Forum 就是其中一例。

Caixa Forum 是马德里的一个文化建筑,完成于 2008 年,包括两层的陈列空间,一个餐馆、一个演播厅和一个书店。这是一个非常成功的建筑改造项目,原有建筑由两部分组成,一部分是原电站,另外一部分是加油站。基地位于马德里的文化中心,西班牙最重要的博物馆附近。加油站的建筑由于不符合新的用途而全部拆除,变成了现在建筑前的小广场。原电站建筑唯一可以继续利用的就是它的砖墙表皮。施工中很仔细地把中间的结构层去掉,在原来的基础上进行改造。整个建筑的视觉形象由面向 Paseo del Prado 街道的两个立面决定。立面中的一个由绿色植物覆盖,创造一个垂直的庭院。另一立面加建了一个十字钢架,建立在原有的砖结构顶部(图 8-6)。

Caixa Forum 的多层次,得益于它与一层广场的结合方式。看似悬吊式的一层与户外空间直接相连。使得人们一进入广场即可通过一层建筑灰空间(这里指仅有屋顶的空间)进入建筑内部。广场的一部分成为了建筑的地面层。

如图 8-6 所示,建筑单体本身是一个由底层"闹"向顶层"静"的层次递进空间。底层为观众厅,功能角度讲是容易产生噪声空间类型,将这个空间安排在地下,很好的屏蔽对地面层以上的噪声干扰。地面层是一个横向的递进层次,由城市广场到建筑灰空间,再到建筑内部空间(图 8-7)。这种建筑与城市之间的多层次公共空间使得建筑的秩序与城市的秩序得以融合。由于建筑地面层的"悬吊"式设计,使广场上的人更易进入建筑内部。建筑二层是一个开放的大厅和一个书店,与地面层相比更为"静"(图 8-8)。三层和四层为展览空间,是整个建筑内部最为"静"的部分。整栋建筑为人们提供了不同类型的多样空间。

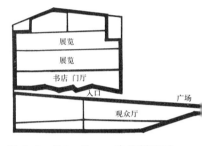

图 8-6　Caixa Forum 建筑剖面示意图

图 8-7　Caixa Forum 地面层与广场(龚瑶摄)

图 8-8　Caixa Forum 地面层通向二层的楼梯(龚瑶摄)

203

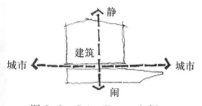

图 8-9 Caixa Forum 空间
过渡示意图

这栋建筑形成了竖向由"闹"到"静",横向由"城市"向"建筑"的双重空间层次的递进。不仅建筑单体内部过渡合理,且将"城市"引入了建筑,使城市的秩序与建筑内部的秩序自然融合(图8-9)。

如图 8-10 所示,这栋建筑带给人们不同的空间体验。人在广场上感受一个完全开敞的空间;进入建筑地面层,则是四面开敞,顶部覆盖的空间;建筑内部是完全围合的空间。建筑与广场的结合方式给人们提供了多种空间体验。

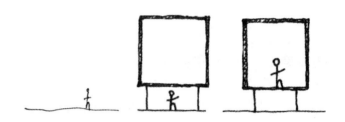

图 8-10 Caixa Forum 带来的不同空间体验示意图

图 8-11 塞维利亚滨水空间
(韩舒颖摄)

2.3 西班牙塞维利亚——滨水步道

图 8-11 和图 8-12 显示了典型的滨水多层次公共空间的特点。剖面图中,从左至右分别为:① 车行道,② 绿化隔离带,③ 步行休憩空间,④ 垂直交通——坡道,⑤ 步行空间,⑥ 跑步道,⑦ 步行空间,⑧ 垂直交通——坡道,⑨ 休憩空间,⑩ 河道。这是典型的城市与河流交界处的空间递进,它为市民提供了带状休憩空间。这种横向的空间层次由速度最快的行为发生地——机动车道,转变为行为速度最为缓和(垂钓行为等)的临水空间。两者之间利用木质材料的跑步道增加空间层次,使空间的尺度更为人性化,跑步道左侧被感受为更接近

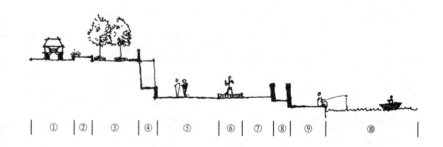

图 8-12 塞维利亚滨水空间剖面示意图

204

城市空间,右侧定义为更加缓和的亲水空间。滨水过渡的设计不仅丰富了空间的层次,提供了交流场所,并且使得河道空间的功能得以向城市延伸。

图 8-12 显示的滨水空间,不仅利用水平方向上的功能空间进行多层次的限定,同时也利用了垂直方向上的高差变化来体现。④号和⑧号空间的两次坡道解决了竖向交通问题,随着高度的降低,人的行为速度越低,滨水功能体现的越强。同时,这种竖向上的多层次设计提供了多种不同形式的"人-水"互动模式,处在③号空间中的人可以远眺水面,⑦号空间中的人可以散步、聊天,感受水面带来的舒适微环境,⑨号空间中的人可以直接与水面接触,垂钓或划船。从河流水患的角度考虑,多层次的驳岸有利于更好的应对水面往复上升和下降的变化,也为"河水"提供了一种缓冲空间,相比单层次的驳岸更为安全。

图 8-13　滨水空间丰富的空间体验示意图

滨水绿带为人们提供了多种不同的空间体验(图 8-13)。③号空间提供了林下空间体验,⑤号和⑨号空间提供了面向河流的机会,⑥号跑步道则提供了高于地面和具有空旷感的空间。层次多样,功能丰富。

2.4　西班牙马拉加——Alcazaba 城堡

Alcazaba 城堡是马拉加最具代表性的遗迹之一,建于 11 世纪摩尔人时代,具有典型的阿拉伯风格。其中的庭院空间都具有多层次的特点。

图 8-14 和图 8-15 显示了 Alcazaba 城堡内某庭院的情况。庭院利用了多层高差的地形处理,在墙体和建筑围合空间中塑造了优美的庭院景观。

这个小庭院利用的竖向边界以及植物和小品的围合设计,强调差异化的场所特性以形成不同的空间感受。通过在庭院狭小的空间里营造不同的场所以满足多种不同形式的活动,体现了多层次公共空间功能的多样性。

图 8-14　Alcazaba 城堡内庭院
(倪碧波摄)

图 8-15　Alcazaba 城堡内庭院

庭院四周均有建筑或墙体围合,利用不同形式的植物栽培形式、小喷泉等形成了至少四种类型的空间:如图 8-16 所示,①号和⑧号是建筑前空地,有两人同时通行的宽度;②号是小喷泉周围空间;④号是水井周围空间;⑤、⑥、⑦号花盆与树篱的交替出现形式,分别形成具有各自特点的空间环境。从左至右形成一个由建筑到景观小品到建筑的层次递进形式,其中④号区域是序列的重心,景观感受最强。庭院与建筑有着明显的轴线感,建筑入口位置与喷泉、水井等均是轴线上面的节点,庭院景观两侧沿轴线对称布局。

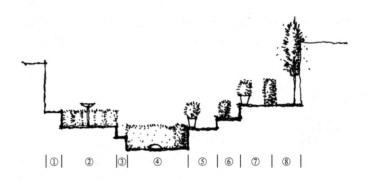

图 8-16　Alcazaba 城堡内庭院剖面示意图

　　②号空间的高程较相邻建筑地面层低,利用围合形式的树篱和中心喷泉来强调向心感。方形的平面布局形式与周围的建筑相适应,且景观引导了通行方向。这是第一级递进,功能是建筑入口前的第一层缓和,把人引向第二级递进,即中心的水井。

　　④号空间虽然没有高大乔木,植物类型也很少,然而却是景观感受最强的一个位置,周围的高大乔木遮挡住了四周的建筑,从井的位置向四周望去,四个方向均是园林景观,因此,水井是整个层次序列的一个重心。从功能角度讲,水井的高程是较低的,也就是说,整个庭院中,建筑与水井的位置和高程是相对固定的,两侧的构筑物和园林一方面是满足视觉审美等的景观需求,另外一方面是递进建筑——井——建筑之间的关系。

　　台阶是狭小空间中解决高差问题的有效方法,这个庭院也不例外。在⑤-⑥-⑦的空间中,多次运用台阶与盆栽交替出现的形式,使景观到建筑的过程具有多个层次,同时具有建筑和景观的双重属性(图 8-17)。

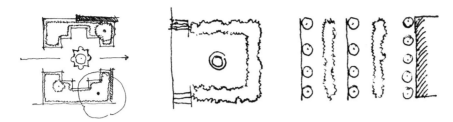

图 8-17　②号、④号、⑤-⑥-⑦号空间平面示意图

整个内庭院并不是一片空地,而是利用高差,植物配置,景观小品等塑造出丰富多样的空间类型。庭院提供了多个观察角度和视觉中心,如喷泉,水井,建筑入口等。在建筑附近看庭院,空间指向庭院中心;在庭院中心向外看,轴线将人们引向建筑入口。整个庭院有步移景异的效果,带来多种不同的空间体验(图 8-18)。

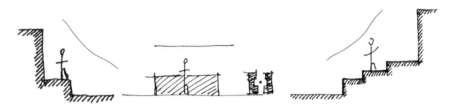

图 8-18　Alcazaba 城堡内庭院空间体验示意图

3. 多层次的空间体验带来的启示

3.1　丰富的空间是有益的

公共空间的丰富多样不仅可以为同一人群提供多种不同的空间感受。也可为不同人群提供相应的场所。在一个场地中,由于不同空间的存在,每个人都能找到自己觉得舒适的位置,这对于建立场所感是有利的。正如上文中塞维利亚滨水步道的例子展示的,垂钓、跑步、散步、闲聊以及表演的人们均可以利用这个场所,从而产生了非常活跃的场地氛围。

空间的丰富多样有利于把大尺度空间细化,建构"人的尺度,人的比例"的空间。减少由于场地尺度与人的尺度过于悬殊带来的不舒适感。

在城市化快速发展的时期,城市建设易趋向大尺度,这也导致了空间的单调,利用一些设计手法,在这些大空间中增加丰富和具有功能性的小空间是改善空间单调的方法之一。例如,西班牙的一些街道曾经非常宽,随着城市的发展,人们渐渐发现了这些"宽广"马路的弊端:交通拥堵、横向交通割裂以及人行环境的破坏等等。这之后,人们开始对这些道路进行改造。道路中间去掉 2~4 个车道,建设成为了道路中间的"花园",通过绿化、休闲步道、室外家具等的布置,街道中央成为了人们日常休闲的重要公共空间之一。

3.2 "小"和"丰富"是不矛盾的

公共空间的大小与空间的丰富程度没有必然的联系。并不是小的空间就不需要多层次和丰富。小空间设计更多的层次,给人提供更多样化的空间感受,可以产生步移景异的效果。城市中,分散而多样的小空间比单一的大空间更有意义,就像城市中有 10 所分布在各个区的小型医院比城市中只有一所大型医院更为适合一样。因此,城市公共空间中的小空间是不容忽视的,它可以解决许多日常的休闲需求,如聊天、晒太阳,吃午餐等等。

20 世纪 60 年代出现在美国的"口袋公园"(pocket garden)的概念以及非常著名的口袋公园——佩雷公园都体现了小空间对"丰富性"的需求。这个公园占地只有 390 m²,三面环墙,一面面向街道,然而空间却塑造的非常丰富。它利用爬藤植物、水幕墙瀑布、树阵、高差、室外家具等,营造了丰富的"公园"内环境,赢得了市民的好评。

3.3 "丰富"不等于"繁琐"

空间的丰富要通过具有功能的不同空间来实现,而不是单纯地为了"丰富"而丰富。那样有可能使空间变得异常繁琐,妨碍正常的空间功能的发挥。上述的几个国外案例中,虽然空间类型非常丰富,但是每个空间均对应着相应的功能和内容,较少出现空间浪费的现象。没有功能作为支撑的空间不失为空间的浪费,丰富多样的功能需要丰富多样的空间类型,多样的空间为多样的活动提供了可能。

空间,空间,记得留"空"是很重要的。若一个空间过于繁琐,人们不知如何使用这个空间,抑或无法进入场地中,场地仅发挥它的视觉审美功能,是很不经济的。

4. 结语

西班牙城市公共空间中的案例为我们展示了多层次的空间类型对于空间营造的重要性。这些空间提供了丰富的空间感受,带来多样的活动,为城市活力的提升发挥了重要作用。空间的丰富与空间的大小没有必然联系,不能以空间小为理由而使小空间单调乏味。小空间在完善城市功能中发挥着重要作用。功能的多样与空间的多样是一致的。如果没有相应的功能而为了"丰富"而丰富,会使空间变得繁琐,不易于空间功能的发挥。

*未特别注明的照片和图片均为笔者拍摄和绘制

专题 9 开放的城市，开放的公园
——马德里丽池公园使用情况调查

李源

摘要：丽池公园是马德里市最受市民欢迎的城市公园，本文通过对其进行历史背景回顾及现状调研，探讨开放性公园绿地在城市中发挥的积极作用。文章主要包括两部分内容：① 公园概况及历史回顾。通过查阅文献，介绍丽池公园概况、建设过程及建设的历史背景，着重回顾贯穿公园建设史的"开放"与"封闭"之间的斗争。② 公园使用情况调查。记录丽池公园中各种人群对场地的使用方式，以及公园之于城市在生态、教育等方面起到的作用。最后根据使用情况现状，对公园做出评价，并总结丽池公园案例对我国国内公园绿地建设的启示。

关键词：城市公园；使用情况评价；丽池公园

1. 引言

　　丽池公园位于西班牙马德里市东南部，已有近 400 年历史；面积 120 余公顷，园内植物繁茂，风景如画。公园向所有市民免费开放（早 6 点至晚 11 点），并通过 18 个入口与城市紧密连接。公园附近有 20 班公交车及 4 个地铁站，马德里市民可以非常便捷地到达。园内历史遗迹众多，健身器材、儿童游戏器材等服务设施一应俱全，是重要的旅游景点和市民休闲、锻炼、聚会、娱乐的主要场所。

　　本文通过对丽池公园的历史回顾及现状使用情况调查，探讨开放性的城市公园在城市中发挥的积极作用，并总结丽池公园案例对我国国内公园绿地建设的启示。

2. 公园概况及历史回顾

2.1　公园建设历史

　　丽池公园是 17 世纪时由菲利浦四世下令兴建，作为皇室的消遣场所，18—19 世纪公园扩建，费尔南多七世在位期间在公园内种植大量植物，并建成了包括皇家动物园（Casa de Fieras）、渔民小屋（Casita del Pescador）在内的大量建筑、园林。西班牙独立战争期间，公园被法国士兵用作军营要塞，遭受严重的破坏，之后又经历了 19 世纪的城市扩张,最终形成今天的格局。1868 年,丽池公园收归马德里市所有,当时即对公众开放。

19 世纪末 20 世纪初,丽池公园举办了多届国际性展览,现在的玻璃宫(Palacio de Cristal)与委拉斯盖兹宫(Palacio de Velazquez)即为当时的展馆;到 20 世纪末,公园内又建起体育中心(Chopera Sprots Center)等数座现代建筑。

2.2 公园开放过程

2.2.1 公园历史上"开放"与"封闭"之间的斗争

在丽池公园 4 个多世纪的历史中,"开放"与"封闭"的斗争从来没有停歇过。封建统治年代,使用公园是君主的特权,除了在少数开明君主统治时期(费尔南多六世与卡洛斯三世都曾有条件地向市民开放丽池公园),普通市民无法进入。

1868 年,公园被移交给了地方政府,实现了公园管理权由封建统治阶层向资本主义掌权者的转变,丽池公园开始向马德里市民开放(Benjamin,2007)。但在民主年代,公园完全开放还是颇费了一番周折:20 世纪 80 年代的丽池公园,仅允许步行者进入;90 年代初,大量原本的公共空间被重新"私有化",到 1995 年,管理者以"保证区域安全,防止古迹遭到破坏"为由,完全关闭了公园。在这之后,经过市民长期的斗争,丽池公园才又重新逐渐开放,形成今天的状况。

回顾丽池公园"开放"与"封闭"的斗争历史,可以看出,专制时代的"封闭"是由于统治阶级掌握特权,民主时期的"封闭"是由于资本家对土地利益的追逐。而丽池公园今天的完全开放,一方面是因为欧洲城市居民权利意识的觉醒,另一方面是由于当代欧洲城市发展历史背景的改变。

2.2.2 公园开放的背景与目的

丽池公园的逐步开放基于如下的大背景:在全球城市之间竞争激烈、旅游消费发达的时代,公园是整个地区的卖点;如果希望在城市之间的竞争中获取更多的资本,将公园私有化(收门票、建别墅等)是一个很短视的做法,而提升城市的竞争力,提高土地价值才能产生长期的利益(Harvey,1996)。

在这样的时代背景下,以 1990 年的欧洲旅游年(European Year of Tourism)为契机,丽池公园内部及周围开始以"将公园建设得舒适宜人"为目的进行一系列改造,具体措施包括修建 Retiro 地铁站、保护和修复公园内的遗迹以及加强公园内的治安管理等(Owen,1992)。

马德里市对丽池公园的开放与改造有三个目的:① 利用历史遗

迹以及完善、开放的公园绿地,提高当地居民的自豪感和对城市的认同感;② 将公园作为经济上的盈利手段与政治上的政绩资本;③ 把公园内各时代的遗迹在一个大的绿地系统中予以保留,以保证周边环境与遗迹本身在风格上的统一(Philo and Kearns,1993)。

3. 丽池使用情况调查

丽池公园的开放与改造,将曾经的皇家园林建成免费向市民开放的城市公园,为各类活动的发生提供了场所。

今天的丽池公园,已成为马德里市民生活中不可或缺的一部分。本文通过实地调查,分类记录公园内发生的各种活动,描述当前市民对公园的使用情况(图9-1,图9-2)。以反映丽池公园的开放对于城市的意义。

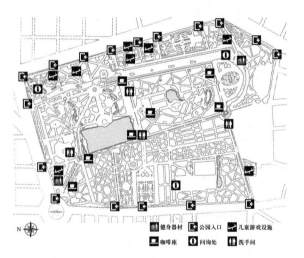

图9-1 公园服务设施分布

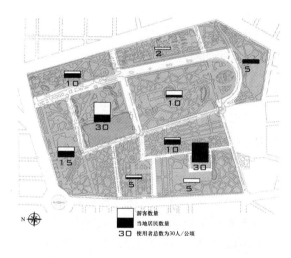

图9-2 公园使用人群分布

3.1 深受市民喜爱的休闲娱乐空间

丽池公园中聚集了许多来休闲放松的市民、游客,使用者在公园中进行丰富多彩的休闲娱乐活动(图9-3)。

公园常有临时演出和街头艺人的表演,吸引诸多市民驻足观看:水池旁的公园主路边在上演简易木偶剧,十多位小朋友席地而坐,凝神观看(图9-4);公园西北部的小剧场,儿童剧演出吸引了200余名观众(图9-5);主路交叉口处,一位街头艺人用铁链吹出巨大的泡泡,十多个孩子围着泡泡追逐、欢笑(图9-6)。

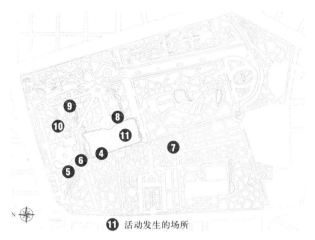

图 9-3　各类休闲娱乐活动发生的位置

图 9-4　儿童木偶剧

图 9-5　小剧场

图 9-6　街头艺人表演

　　马德里市民在丽池公园进行各种休闲活动,放松身心。林荫道空气清新,随处可见牵着宠物走走停停的市民(图 9-7);公园里的草坪可以自由出入,市民三五成群躺在草地上,聊天晒太阳,悠闲自得(图 9-8);常有爸爸妈妈带着孩子在公园里玩耍,给钢筋水泥森林里长大的孩子一个接触自然的机会(图 9-9)。晴朗的天气和美丽的环境,让使用者也变得友好而健谈,在公园中聊天闲谈的市民随处可见,完全不必担心别人的打扰(图 9-10)。

图 9-7　林荫道上遛狗的市民

图 9-8　草坪上享受阳光的市民

图 9-9　公园里的亲子活动(李迪华摄)

图 9-10　围坐在一起闲聊的市民

　　马德里市民享受生活的态度以及公园内丰富多彩的公共活动也感染了外地游客。在丽池公园旅游远不止是拍摄美丽风景或是与伟人雕像合影留念,更多是在始建于 17 世纪的方形水面上泛舟(图 9-11),在一片柔软翠绿的草地上晒太阳,混在本地人之间观看街头艺人的表演,或是为玩轮滑的小青年所表演的花样喝一声彩……丽池公园成为游客融入马德里,享受欧洲人闲适生活的最好场所。

图 9-11　游客在湖上划船

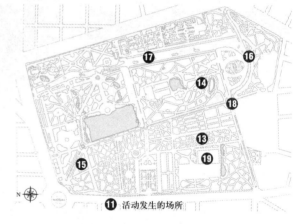

图 9-12　各类户外体育活动发生的位置

3.2　服务周边居民的体育活动场地

　　欧洲的城市居民喜欢阳光热爱运动,在空闲时间,很多周边市民选择到公园进行户外体育活动(图 9-12)。

　　公园里,来锻炼、健身的市民随处可见。林荫道上没有硬质铺装,道旁都是几十年的大树,落叶也不会被扫走,许多市民在这样自然的环境中慢跑锻炼(图 9-13);公园中部一片僻静的圆形小广场,十多个老外在练太极,一招一式毫不马虎(图 9-14);北部一块空地上,十几位户外爱好者拄着登山杖绕场行走,在做户外训练(图 9-15)。公园里还有 3 组免费开放的器材,吸引大量来健身的市民(图 9-16)。

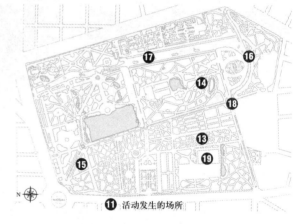

图 9-13　林荫道上慢跑

图9-14　练太极拳(李迪华摄)

图9-15　户外训练(李迪华摄)

公园内还常发生各种竞技体育项目。平坦的水泥园路上,总有穿戴专业、骑单车、玩轮滑的市民(图9-17);堕落天使雕像周围场地开阔平坦,近百名轮滑爱好者在这里摆上三角形的障碍物,聚集训练,高难度的动作引来围观者的声声喝彩(图9-18);公园西部还设有体育中心,包括1个足球场,1个篮球场,3个网球场,3个羽毛球场及2个手球场,深受市民喜爱(图9-19)。

图9-16　健身活动

图9-17　骑自行车

图9-18　轮滑表演(李迪华摄)

图9-19　公园里的足球场

3.3 马德里重要的科普、保护基地

丽池公园在马德里市还负担着一定的遗迹保护、生态保护以及科普教育功能(图 9-20)。

图 9-20 遗迹所在位置

图 9-21 阿方索十二世雕像

图 9-22 1870 年建成的公园大门

图 9-23 玻璃宫

公园始建于 17 世纪,园内的历史文化遗产不胜枚举。马德里市用一整片绿地将其中的古迹保护、联系起来,同时用于向市民普及历史文化知识,增强归属感和认同感。公园内共有 182 座雕像,174 个雕塑作品以及 397 个喷泉。其中包括世界上唯一一座为魔鬼而建的雕像(Fuente del Angel Caido),阿方索十二世雕像群(图 9-21),Martinez Campos 将军雕像,甚至公园 1870 年建成的公园大门也成了公园内的重要雕塑(图 9-22)。这些雕塑小品完全融入了公园的景观环境,没有护栏没有遮挡。随处可见的国王、政治家、学者、科学家以及出自寓言或神话的人物雕像,加强了公园的宏伟气氛,使公园充满了历史感。园内各时代的建筑都保存完好,并在现阶段发挥新的功能。玻璃宫与委拉斯盖兹宫是 19 世纪马德里承办国际性展览时建起的展馆,现在是公园内最重要的景观历史建筑。这两栋古建不是作为遗迹单纯受到保护,而是在今天作为各类艺术展的展览场馆。我们有幸参观到在玻璃宫(图 9-23)举办的装置艺术展和在委拉斯盖兹宫举办的前卫画展。

同时,丽池公园还是马德里的城市绿肺、多种生物的繁衍保护基地以及植物科普基地。马德里市区建筑密集,绿地难得一见;丽池公园内 118 hm² 的绿色植物使其在提升城市环境质量,保护物种多样性方面发挥重要意义。公园内植物繁多,其中不乏具有较高历史价值的树木:位于 Parterre Gardens 的落羽松,植于 1633 年,很可能是马德里最古老的树木。公园内的水系和树林是许多鸟类的栖息地,山鸟、金翅鸟、蓝冠山雀等食虫鸟类随处可见。公园内还有一条精心设计的植物认知路线,始于独立广场(Independence Square)附近的公园入口,沿这条线路漫步一周

需要两小时左右,依次展示了 54 种特色植物(图 9-24,图 9-25)。

图 9-24　植物展示牌

图 9-25　植物认知线路(李迪华摄)

4. 结论与启示

通过对丽池公园的使用情况调查可以看到,开放的丽池公园聚集大量人气,为当地市民的各类活动提供场地,提高了市民的生活质量;同时也为马德里市发展旅游、遗迹保护和生态保护等方面做出了贡献。

丽池公园的改造与开放并非个案,它代表了欧洲城市,从 19 世纪"将公园作为私人休闲清净场所"向 21 世纪"将公园作为提升城市空间价值的手段"的思路转变(Harvey,2000)。丽池公园案例所体现出的合理利用历史园林,实现在社会公平、文化、经济、政治、遗迹保护多方面的共赢的思路,对我国国内历史遗产保护和城市公园建设具有借鉴意义:

(1)怎样定位公园对于一座城市的意义。城市公园是市民日常活动的场地、是为城市创收的旅游景点。但公园对城市的意义远不止于此,更多在于:提高市民对于城市的归属感和认同感、提升周边土地价值、在城市之间的竞争中增强吸引力等。充分认识到城市公园的价值,才能将眼界放得更长远,更好地发挥城市公园的作用。

(2)怎样让公园发挥更重要的作用。丽池公园改造中的许多具体做法值得借鉴,比如,增强城市与公园之间的联系,在公园周围布置公共交通,并向各个方向开设入口,让市民可以很方便地进入公园;在具体的改造设计中不做过多的引导和限制,让市民以自己希望的方式使用公园;在遗迹保护方面,拆掉遗迹周围的护栏,用绿地将遗迹与环境统一起来,让它融入现代人的生活,等等。

希望丽池公园的诸多成功之处能在国内的城市建设者中引起思考,在城市之间竞争日益激烈的今天,正确认识历史遗迹和公园绿地在城市中所应发挥的作用,用开放的公园为城市注入新的活力。

参考文献

Benjamin F. Madrid´s Retiro Park as publicly-private space and the spatial problems of spatial theory[J]. Social & Cultural Geography, 2007,8(5):673-700.

Harvey D. Justice, Nature and the Geography of Difference [M]. London: Blackwell, 1996.

Harvey D. Spaces of Hope[M].Berkeley:California University Press,2000.

Owen C. Building a relationship between government and tourism [J]. Tourism Management, 1992,13:358-362.

Philo C, Kearns G. Selling Places:The City as Cultural Capital, Past and Present (Policy Planning and Critical Theory) [M]. Oxford:Pergamon, 1993,1-32.

*未特别注明的照片和图片均为笔者拍摄和绘制

专题 10　从城市更新的角度解读马德里里约项目

倪碧波

摘要:本文从城市更新的视角分析了马德里里约项目的现状及其在城市发展中扮演的角色,反思了交通规划从以机动车为主导向以行人和自行车优先的转变过程,并着重研究了项目的交通系统与景观系统的空间布局方式对实现城市环境质量提升、历史遗存保护、社会经济发展及居民休闲娱乐的综合效益所发挥的作用。

关键词:城市更新; Madrid RIO;交通

1. 里约项目的城市规划背景

1.1　马德里近 25 年城市发展战略演变

马德里(Madrid),西班牙首都,全国第一大城市,马德里省首府,是全国的经济、交通中心。马德里的城市规划经历了一个发展变化的过程,从最初关注城市历史中心区的保护发展到对城市郊区发展的关注,开始逐步重视城市结构的平衡发展。

最近 25 年的马德里城市规划,依次出现了三种互为补充的城市发展战略,分别是 1976 年以来的历史名城恢复战略,1985 年以来的城市废弃用地重组计划及 1995 年以来的城市周边区域新发展战略。尤其是 1997 年提出的《马德里市总体城市规划(1997)》,通过构建一套关于城市发展的政策性文件,对公共机构和私人投资的资金整合做出了明确规定,同时给出了城市未来发展的具体承诺。该规划提出了新增公共开放空间与住宅用地以提高居民生活质量、重组城市发展结构及城市废弃地回用等目标,而里约项目就是对这些目标的最好实践之一。

1.2　马德里交通网络及 M-30 环路

西班牙高速公路网以马德里为中心,向全国各地径向发散出去,将西班牙主要城市联系起来。马德里及周边的高速公路主要有 M-30、M-40、M-45 及 M-50 等几条。

作为城市交通大动脉,M-30 环绕 42 km² 的市中心形成一个圈,是整个高速路网的最内圈。它最早出现在 1929—1941 年马德里城市规划图中,但直到 1974 年才开始建设。这条沿着曼萨纳雷斯河河岸修建的高速公路环线,不仅承担了市内物资流通的交通责任,还要联系市中心和郊区,解决大量的城市过境交通。之后随着城市发展,大量人口从公路东侧的成熟市区迁居至西侧,但是有限的过河通道和众多的过往车辆,常常导致 M-30 高速路拥堵不堪。

因此该环线于 20 世纪 90 年代整体竣工时,就已经远远不能满足所涉区域每天高达 26 万的车流量,产生了严重的交通问题,并给城市环境带来了空气污染和噪音等负面影响。由于高速公路是全封闭的,也给两岸居民的出行带来极大不便。

M-30 环线的交通问题及其对环境和市民生活产生的影响,都为人们重新思考原有的以车为导向的城市交通规划提供了良好的契机。

1.3 曼萨纳雷斯河及周边环境

在 M-30 环线西侧,曼萨纳雷斯河几乎与之平行,将整个马德里市一分为二。

曼萨纳雷斯河起源于瓜达拉马山脉 Navacerrada 山口附近,上游流域是 UNESCO 认可的生物圈保护区,然后河流途经桑蒂拉纳水库,向南折向马德里边缘具有生态价值的地区 Monte del Pardo,之后穿城而过。由于作为城市生活污水再处理后的排放河道,河流两岸已被渠化,河流水质较差,环境效益差。加上 M-30 的存在,滨河两岸公共空间缺失,往来不顺畅,缺乏可达性,从而产生了城市中心区与周边地区的交流障碍。

尽管曼萨纳雷斯河尺度小且在地理上的重要性也不突出,但是具有较高的历史意义,河上遗存的历史名桥也为滨水空间的更新改造提供了较好的基础;河流周边的用地类型丰富多样,有城市绿地、居住用地、行政用地及商业用地等,周边人口数量和空间结构充分保证了未来城市滨水区发展的潜力。

2. 里约项目的场地现状

2003 年 6 月,马德里新市长阿尔贝托鲁伊斯·加利亚东决定对 M-30 这条城市大动脉实施改造,并将其提到了影响整个城市未来发展的高度。以此为契机,马德里市政府重新规划沿河两岸区域,试图为城市及区域的经济复苏、环境改善和社会公平的实现做出贡献。这就意味着更新项目除了需要达到改善城市交通现状的目的外,还担负着改善城市居住环境、提升城市形象的重任。2004 年,马德里 M-30 改造工程启动。在 M-30 总长达 99 km 的道路中,有约 70 km 将被改造为地下隧道。本文主要探讨的是 M-30 西南里约段(Madrid Río)的更新改造项目,该段将有 15 km 高速公路转入地下。

2005 年,荷兰景观事务所 West8 和马德里著名建筑师一起制定的 Madrid RIO 总规划提出了"3+30"的设计概念,即一个分三步发展的战略性规划,从而在国际竞赛中脱颖而出。80 hm² 中包含 47 个子项,总造价达到了 2.8 亿欧元。第一期在 2007 年完工,剩余部分已于 2011 年完工。

2.1 项目设计目标

通过分析城市原有规划的缺陷与不足,研究场地及周边原有的空间结构与功能、交通组织及人口分布,该项目指出现有的问题主要为:功能单一(只承担了交通通行功能),基础配套设施缺乏,忽视滨河空间的发展潜力,无法满足社会、经济、精神文化方面的需求。

为了改善或者解决现有的问题,城市更新势在必行。作为马德里城市更新项目与城市发展模式的重要组成部分,里约项目(Madrid RIO)是一个复杂的系统工程,既要解决城市原有发展遗留的问题,又要满足城市发展的新要求,尤其是提高居民的生活质量,还要强调其所能发挥的社会、环境与经济效益,使城市及周边区域发展逐渐步入良性循环的轨道,确保城市的可持续平衡发展。

里约项目主要的具体目标包括:

(1)解决交通问题,联系两岸往来;

(2)改善居住环境,提高市民生活质量;

(3)创造城市平衡、可持续发展的模式。

2.2 项目场地现状

结合周边城市肌理的多样化及用地类型的丰富程度,项目规划充分考虑周边的住宅、行政楼、公园等,将腾出来的 100 多万 m² 开发成为城市公共开放空间。同时充分发挥场地临近曼萨纳雷斯河的优势,使其形成了整个地区公共生活又一新的核心,甚至可能在未来整个区域的发展中都将扮演重要的角色。

下文将从交通组织、空间营造和功能整合等方面,阐述项目规划是如何实现上述所期望达到的目标,进而达到城市更新的目的的。

2.2.1 地下交通改造

2004 年马德里 M-30 交通改造工程在曼萨纳雷斯河两岸破土动工,度身订制的全世界最大的隧道掘进机与高达近 40 亿欧元的投资,在欧洲乃至全球引起轰动。里约项目(Madrid RIO)的 15 km 高速公路被埋入地下,经由地下隧道引导来往车辆沿不同匝道过河或者开往地面,从而提高安全性和流动性,减少交通事故发生率与废气排放量。

交通改造工程无疑是整个项目开展的前提,通过采用最新技术的隧道掘进机将道路移至地下空间,以开放的绿色空间的形式还地面空间于民,为市民提供了大量的公园、广场等户外空间,为城市环境质量的改善做出了努力;同时通过重新整理、改善破碎化的邻里关系,联系河流两岸,为城市未来的经济和社会发展提供额外的可能性,也增强了周边地区参与城市经济、生活的能力。

总的来说,作为整个项目的改造亮点,将地面交通用地还之于民的做法,改变了由交通支配城市空间的现状,恢复了人的步行空间,是对以往"以车为本"的城市交通规划的反思。正如刘易斯(Lewis,1997)在《分裂的公路》(*Divided Highways*)一书中提到,第二次世界大战以后,美国在一些城市的中心区兴建了许多高架道路,被看作是一种革命性的进步。但是如今这一趋势正在逐渐改变。这正是因为人们意识到穿城而过的高速公路破坏了城市肌理,割断了邻里之间的联系,影响了人们的日常生活。因此 20 世纪后半叶,人车关系逐渐发生转变,城市陈旧的交通系统也逐渐得到改善。

2.2.2 地面交通的可达性与连续性

整个项目的可达性主要表现在三方面,即场地与周边地区的联系、河流两侧线性交通的连续性及河流两岸的连通性。

尺度宜人的街区、散步道和自行车道,方便的过街人行道、合理的出入口设置将场地与原有的邻里空间组织起来,大大提高了场地的使用潜力。

基于线性空间的特征,项目优先考虑步行和自行车的出行方式,重新整合滨河空间,合理布局交通系统。其中自行车道结合场地的地势高差和景观布局,通过铺装颜色的变化,区分了快慢道,可以满足不同目的的自行车骑行需要。

此外,为了避免曼萨纳雷斯河重新成为物理空间上的障碍,河上新建了 23 座能满足不同通行方式需求的桥梁,为两岸的积极沟通发挥了重要作用。得益于此,西岸市民如今只要 20 分钟就可以穿过曼萨纳尔雷斯河到达东岸的市中心。

2.2.3 尊重场地历史,利用原有资源

规划设计必须尊重本地的传统,尽可能地优化利用自然、历史、经济以及其他各种资源,同时引导它们成为新发展形式的基础。其中场地原有建筑、周边绿地及历史遗存经过合理整理与规划结合,可以得到延续发展,共同提升城市环境质量。

滨河散步道和自行车道(图 10-1)的设置将里约沿线的 Campo del Moro Gardens(摩尔人花园)、Casa de Campo、Huerta de la Partida(果园)、Parque de san Isidro(公园)等分散的城市公共绿地串联起来,不仅更易于出行,而且加强了重要绿地间的沟通联系,

图 10-1 自行车道的标识系统

构建了更加完整的城市绿地系统网络。其中，Huerta de la Partida 果园(图 10-2)的变迁很好地反映了再利用的过程。该果园的历史可以追溯到 17 世纪，之后由于基础设施的变迁使得曾经的果园变成了交通枢纽。在更新项目中，设计师以现代的手法重新阐释传统果园，通过种植品种繁多的树木(包括无花果、杏树、石榴以及类似的象征天堂的树种)再现果园的昔日风采，同时以旱河的形式表现河流曾经的蜿蜒曲折，使场所精神和历史特色得以重现，也满足了现代城市的功能需要(图 10-3)。

通过恢复横穿河床的历史桥梁，并建造连接两侧河岸的新桥台，历史遗迹得以保持和加强，并融入了现代西班牙的特色，尤其是塞戈维亚古桥(建于 1572—1588 年)和托雷多古桥(重建于 1715 年)的修建恢复，除保留并修复桥体本身之外，还改善了与之相关联的公共空间，使古桥大放异彩(图 10-4，图 10-5)。

2.2.4 场地营造与分类

项目中新建了 8 个城市公园，植树达 25 万多株，原先的废弃沥青路面被替换成城市公共开放空间，从而消除了原先横亘在城市内的物理隔阂，弥补了马德里这个巨大的"城市伤口"，为曼萨纳雷斯河两岸未来的交流提供了更大的可能性。

里约滨河场地的不同地段包含的场地类型不尽相同，为市民提供了不同的体验空间。此外，滨河建筑未作太大的退界，形成了滨河休闲廊道连续完整的界面，结合两边种植的树木，营造了积极的场地围合感。空间类型主要分为以下几类，即绿色廊道、儿童游戏场所、运动场所及城市沙滩等。

Salón de Pinos 是连接现有以及新规划的城市空间与河道的带状绿地，发挥着纽带作用(图 10-6)。其绝大部分直接位于高速路隧道上方，植物选择参考了当地山区的树种，主要为松树，经合理配植创造了自然化或雕塑化的空间。

儿童游乐场所(图 10-7)。规划中所涉及的儿童活动项目的确定，都选自当地儿童的创意，同时结合周边用地类型和社区人群等差异性，将儿童游乐设施或设置在靠近进出口处，或在大场地中单独开辟出儿童游乐空间，或别出心裁地利用其他空间营造儿童活动场所(例如托雷多古桥下设置了儿童荡秋千的游乐场所，桥下空间得到充分利用)，让人耳目一新。

此外，运动类型的多样决定了运动场所类型的多样，主要包括了 30 km 长的自行车道、付费的网球和足球场地、免费的滑板场及健身区等(图 10-8)。此外，为了让马德里市民能在城市享受海滩日光浴的惬意，在征集民意之后，建造了城市沙滩及喷泉(图 10-9)。

图 10-2　Huerta de la Partida 果园

图 10-3　果园内的种植形式和旱河的处理

图 10-4　马德里最古老的托雷多古桥

图 10-5　托雷多古桥周边的绿地空间设计

图 10-6 Salón de Pinos 绿色廊道

图 10-7 儿童游乐场所

图 10-8 滑板场(附近有新手训练场)

图 10-9 城市沙滩及喷泉

3. 里约项目评价

3.1 空间特征评价

整个场地规划设计中,最突出的空间特征有以下四点,即交通组织的便捷性与可达性,历史遗存的保护与发展态度,细节的艺术性和趣味性。

3.1.1 便捷性与可达性

为了实现步行系统及自行车系统的便捷性与可达性,同时考虑到地下隧道的紧急安全出口设置,里约项目需要实现以下三方面的沟通与衔接,从而为通行安全、出入便捷提供最大的可能性。

第一,地面与地下的联系。为了还地面空间于行人,马德里市政府选择了地下隧道这种交通改进方式,并为工程的顺利挖掘、铺设及相关建设花费了高昂的代价,并需要承担未来可能出现的交通工程安全风险。美国波士顿大开挖之后的工程安全性无疑是前车之鉴,所以该项目的交通工程规划设计有选择地设置了几十处紧急出口,并将其与景观设计以多种形式相结合,在不影响视觉效果的同时,最大限度地增加地下交通出现问题时逃生的机会。实地观察显示,紧急地下出入口的设置会对人群使用产生一定的负面影响,其周边人群活动明显较少甚至没有,但是也确保了紧急出入口的安全性(图 10-10)。

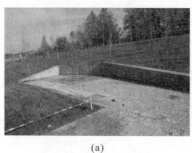

(a)

(b)

图 10-10 地下紧急出入口与场地结合

第二,里约项目为滨水空间,呈线性展开,因此需要解决周边不同类型用地与场地的衔接问题,具体表现在出入口的设置方面。根据具体场地环境的不同,灵活安排不同形式的出入口。与居住区连接的出入口,常常通过就近布置儿童游戏区及增加休憩座椅等方法,尽可能地方便居民出入及日常使用;与周边道路连接的出入口则通过过渡性景观的营造,潜移默化地实现交通空间与滨水空间之间的转换;与周边绿地之间,则根据不同的绿地属性和管理特点,进行不同程度的联系沟通。例如苗圃由于权属和管理的不方便,只能从视觉上进行沟通联系,而 Casa de Campo 公园由于本身的开放性,在出入口设计上选择了完全开放的形式进行空间的过渡与连接(图 10-11)。

图 10-11 里约项目不同地段的出入口形式(分别是与城市道路、周边绿地、住宅社区之间的出入口)

第三,两岸的沟通联系。M-30 困扰周边住户的重要方面之一就是两岸的出行,河上新增的桥梁较好地解决了这个问题。观察发现,每一座桥梁都发挥了较好的通行功能,节约了出行成本,尤其是设计新颖的新桥梁和历史悠久的古桥梁由于出色的视觉效果和独特的价值,得到了更多使用人群的关注。但是每一座桥梁的通行方式由于桥梁本身的原因会有所不同,尤其是对自行车通行会有明确的要求,可能在一定程度上造成了自行车骑行的不方便(图 10-12)。

图 10-12 两岸的沟通联系(不同形式与用途的桥梁)

3.1.2 历史遗迹的保存

场地上的历史遗迹并不多,最有价值的是塞维利亚大桥和托雷

图 10-13　历史遗存的保护与发展

图 10-14　桥梁顶的图案设计

图 10-15　儿童休息坐凳

多古桥。但是在整个项目中，无论是有记载的但已遭损毁的小教堂，还是被重修过多次的桥梁，都能得到设计师的保护更新或恢复重建，既没有刻意谄媚地凸显，也没有嗤之以鼻地贬低，无论最终设计成果如何，一定会在遗存边上以最生动形象的标识方式阐明其沿革历程。以塞维利亚大桥为例，为了让市民认识古桥的底部结构和侧面承重桥墩，特意设计了穿桥洞而过的步行道，丰富了使用者的体验；增加喷泉，以声音吸引使用者，实现了动静结合；设置湿地净化池，用于河流水质的改善——从而使历史遗存得到发展性的保护，以生机盎然的新面貌出现在大众面前，参与到市民的公共生活中来（图 10-13）。

3.1.3　趣味性和艺术性

大到新架桥梁（图 10-14），小到儿童活动设施（图 10-15），于整个场地的细节处均能体现西班牙设计的风格，质朴温暖的色彩、耳目一新的造型和丰富的想象力，展示着地中海的阳光和活力。

3.2　使用人群及活动内容

按照年龄段划分，可以将场地使用人群分为婴幼儿、青少年、中年人及老年人四类（图 10-16）。经观察得出，中年人（48.9%）和老年人（30.1%）是最活跃的场地利用群体；而青少年（17.4%）与婴幼儿（3.6%）的比例较小，其中婴幼儿往往受其有限行为能力的制约，活动场地范围一般较小，同时与看护人的活动也有很大的关联。青少年人数比例较少的原因主要是由于观察当天为工作日的缘故。结合场地的使用人数与场地尺度比较得出，该场地的单位面积使用人数相对极少，场地还尚未发挥最大的使用效率。

使用人群的活动内容比较多样，最主要的是散步、通行、坐憩、伫立及骑自行车（图 10-17）。其中，散步（30.3%）人群中老年人最多、中年人其次；通行（14.2%）人群主要以中年人为主。坐憩休闲（16.6%）和伫立（10.3%）的人群又可以细分为观景、交谈、照看孩子等不同活动内容，主要以老年人和中年人为主。因为整个场地呈线性分布，并有独特的自行车骑行线路设计，故吸引了较多以自行车骑行锻炼为主要目的的适用人群，占 6.8%，多为户外骑行爱好者，以青壮年为主，但也不乏老年爱好者。此外，还有各种其他的活动类型，虽然人数不多，但是都是对场地既定用途的诠释或者补充，如跑步、健身、钓鱼、遛狗、骑机车、谈恋爱、晒太阳、喝咖啡、阅读等。但是与马德里丽池公园等横向比较，其所包含的活动内容远远不如前者丰富，尚待积攒场地人气以实现未来的进一步发展。

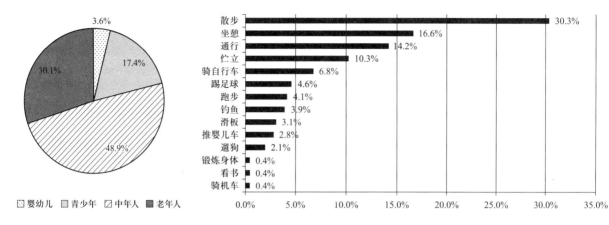

图 10-16　使用人群年龄结构分布　　10-17　场地使用方式及所占比重

　　场地的使用人数、行为与时间有一定的相关性(图 10-18)。11:00 至 18:00 的七个小时观察时间内,以 13:00—16:00 及 17:00—18:00 时段的使用人数居多,这主要与当地人们的日常作息相关。14:00—16:00 为午休时段,周边的人们可以就近利用场地空间,并选择不同类型的休憩方式,主要有通行/散步与坐憩两种。17:00—18:00 为学校放学、公司下班的时间段,场地中的青少年及活动类型有明显的增加,最明显的是足球场和滑板场的开放,俨然成了关注焦点。通行人群也有明显增加,大多为下班的青壮年。此外考虑到天气因素,尤其是夕阳西下的光照条件舒适宜人,场地内坐憩休闲的人群也明显增加,多于其余观察时段的坐憩人数。至于傍晚及晚间时段,并未得到很好的实地观察数据,尚待进一步调研及分析。

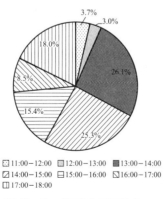

图 10-18　使用时间段分布

3.3 使用人群空间分布及原因

场地内人群的空间分布有一定规律。自场地西侧至东侧,人群主要集中分布在 A 处(靠近 Casa de Campo 公园)与 B 处(Arganzuela 公园东侧),而 C 处(托雷多古桥附近)与 D 处(由屠宰场改造而成的马德里艺术中心)使用频率最低,使用人数几乎为零,其余地段使用人群分布相对比较平均。

从 A、B、C、D 本身的空间设计可以看出,其都符合整个场地交通便捷、遗存保留及趣味性设计等空间特征,究其人群分布的多寡,主要与场地周边的用地类型、场地本身的用途或者空间尺度有关。

3.3.1 A 处(靠近 Casa de Campo 公园)与 B 处(Arganzuela 公园东侧)

由于周边用地的独特性,使得 A 处和 B 处能够在整个里约滨河场地中脱颖而出。此外,B 处的成功还与场地的用途有关。

A 处周边用地中绿地所占比重较大,在整个项目所在地块中有极大的优势,加上其周边完善的交通系统组织,增加了该场地的使用潜力。同时,周边不同类型的居住区分布较多,为场地使用率的提高增加了极大的可能性。

B 处周边用地中居住区所占比重较大,潜在的使用人群数在整个场地的利用人群中占有较高的比例,大大提升了使用率。该处与其他的地段相比,出入口设置相对较多,充分满足了周边居民的出入需要。同时,该处的两个运动活动场所——足球场和滑板场——能够在工作日的休息时间和非工作日吸引到大量的使用人群和围观人群,使得场地的使用率大大提升。

3.3.2 C 处(托雷多古桥附近)与 D 处(由屠宰场改造而成的马德里艺术中心)

由于场地缺乏高大的乔灌木,只有低矮的灌木或者地被植物存在,加上大面积的硬质铺装,C 处和 D 处两处相比其他地段而言显得尺度过大。尽管西班牙人喜欢在阳光底下活动,但是这并不意味着他们喜欢被曝晒在炎炎烈日下,加上不适合步行的空间尺度,使得这两处显然成为了败笔。同时,没有周边居住区或者城市绿地的土地利用优势,没有场地类型的出彩设计,就不可能吸引公众的使用(图 10-19,图 10-20)。

图 10-19　C 处场地现状

图 10-20　D 处场地现状

3.4 项目总体评价

与项目目标一致,项目成果同样不能用局部的观点去看待,而要从场地本身、市域及区域这三个层面去归纳总结,进而评估该项目的实际价值。

在场地层面,尽管存在着尺度过大、线性空间局部略显单调等缺点,但是从整体效果上看,场地的道路流线组织、出入口设置、功能布局及细部设计等基本上达到了预期目的,改善了周边居民的生活环境,为大众提供了优秀的城市公共开放空间。

在市域层面上,里约项目极大地缓解了马德里市中心的交通压力,将曼萨纳雷斯河两岸重新联系起来,力求促进两岸共同的经济发展和社会进步。此外,马德里市政府以此为契机对市中心大量历史建筑进行修缮,划定了步行区域和步行街,新建3座大型的换乘枢纽,使得曼萨纳尔雷斯河沿岸古老的历史街区重新焕发生机。

在区域层面上,通过重新认识人作为城市主体的规划原则,反思现有交通规划的弊端,马德里里约项目的成功案例为城市乃至区域未来的整体发展提供了新的思考方向,包括城市移民、人口密度、社会公平、流动性和资源再利用等。

4. 小结

理解城市更新的本质。城市更新不能仅从纯物质空间的规划思考,关键是要考虑人们的生活,重新恢复人作为城市生活主体的地位,这在现今人的主体地位逐渐被机动车辆取代、机动车道变宽变多的情况下显得尤为重要。为了消除无形中为人们的出行制造的这些障碍,增加人们在公共空间中交往的可能性和愉悦感,马德里花巨资将道路引入地下、波士顿数十年只为将原有高架悉数拆除等案例,无一不是对本末倒置的城市规划(尤其是交通规划)反思后的结果。这些城市已经为他们的错误付出了沉重的代价,不仅包括巨额资金投入,还有各方的人力物力及对城市正常生活的影响。

尽管马德里里约项目并不是完美的,但是却给了将来的城市更新很好的启示。与其他以艺术文化取胜的西班牙城市如巴塞罗那、塞维利亚不同的是,马德里作为西班牙首都,甚少在国际社会中展示其形象,而更多的是关注于城市生活的建设和批判性研究上。这也就意味着马德里的城市发展并不能走巴塞罗那的老路,而要发挥自身优势,明确其独特的未来发展方向。马德里里约项目作为"野心勃勃"的市政工程之一,其项目初衷是提高居民生活水平,打造宜居城市。所以项目初衷不是单纯地出于城市美化的目的,而是通过物质空间的改善来提高城市居民生活质量,营造宜人的居住环境,提升该地段房地产价值,最终实现社会价值、经济价值与环境价值的三者平衡。至于其对于城市及区域的具体影响尚且需要时间去验证。

那么北京呢?同样作为首都城市,同样拥有环形的交通网络系统,同样的噪声污染和空气污染,同样被交通环形网切割得支离破碎的城市结构,这样的物理性障碍最终会成为城市的社会障碍、文化障碍和经济障碍吗？由此引发的一系列城市问题又该如何解决？城市的可持续发展应该怎么走下去呢？我们需要自己去寻找属于我们自己的最合理的答案。

参考文献

Lewis T. Divided Highways：Building the Interstate Highways，Transforming American Life [M]. New York：Cornell University Press，1997.

*未特别注明的照片和图片均为笔者拍摄和绘制

专题 11　城市规划的反思

——以马德里为鉴

杨嘉杰

摘要:本文在提出对我国城市规划进行反思的前提下,分别对体现城市规划中的交通、居住、遗产保护等问题的马德里 M-30 道路改造建设、Vallecas 低密度社区以及城市遗址保护三个案例进行了研究和总结,尝试以马德里城市建设历程为鉴,对我国的城市规划反思提出了建议。

关键词:城市规划;马德里; M-30

1. 引言

当今,我国城市化进入快速发展阶段。随着快速城市化的进程,众多的城市问题开始涌现:居住质量下降、交通拥挤、城市环境恶劣、大量的投资浪费、城市文化流失,等等。经济发展和资源环境的矛盾逐渐加剧,人们陷于生存之上,生活之下的困境,城市的发展备受阻挠。尽管许多规划设计师都已经意识到了城市出现的问题,但是对此,人们解决问题的方式大多是盲目的,有的对缓解城市问题毫无作用,有的似乎有些作用,但运行了几年后又带来了新的城市问题。

面对这样的情况,城市是否应该先放缓快速建设的脚步,深入反思后再进行规划建设? 答案是肯定的,方向比速度更重要。规划师们在审视现今的规划设计时,应具有社会责任感,深入思考城市人的根本需求,从而有远见地避免人为规划给城市发展带来的问题,引导城市化向更加优化和可持续的方向发展。

本文以马德里城市规划的几个案例为例,总结其中的经验教训,为我国城市规划的反思提供借鉴。

2. 马德里的城市规划

西班牙首都马德里是欧盟第三大城市。市区面积 607 km^2,人口约 327.3 万;马德里区域(包括郊区和卫星城镇在内)面积 1 020 km^2,人口约 627.2 万。与许多其他的大城市一样,马德里的城市发展过程中也遇到了许多城市问题。近年来,马德里市正努力探索这些城市问题的解决之道。

2.1 马德里城市规划概述

2.1.1 新政府之前的马德里城市状况

弗朗西斯科·佛朗哥的独裁统治期间,不完善的城市建设给现在的马德里遗留了许多城市问题。

（1）城市发展不平衡

当时马德里城市各个地区的发展并不平衡。工业化进程的加速使得城市快速扩张,大量人口从农村地区迁徙到城市居住。城市居民的贫富等级差距加大。马德里的东南部成为了一片广阔的贫民区。同时由于河流的阻隔和交通的不便,城市在河流东岸的地区迅速扩张,而河流西岸的发展停滞不前。

（2）城市环境状况恶劣

当时的马德里,是一个不折不扣的工业城市,污染十分严重。空气污浊、河流污染、公共空间肮脏不堪,生活质量很低。

（3）城市空间支离破碎

在当时政治和经济背景的影响下,马德里存在许多废旧凌乱的区域,那些区域的环境十分糟糕,空间肌理和交通情况也十分不佳。全市的城市空间处于支离破碎的状态,缺乏连贯的整体性。

2.1.2 近30年来的城市规划建设

1979年以后,马德里城市规划才使得城市逐渐系统化。特别是1985年的全面城市规划通过后,马德里破碎的城市空间被整合,城市的基础设施得以完善。

1985—1995年的城市规划主要是对现有的城市进行空间整合和基础设施的完善,这为初步的平衡城市奠定了基础。十年期间,城市发展要解决的问题是同时满足城市增长和一些针对现状较差地区的规划,并意在优先解决住房、交通及环境问题。

1997年后,城市规划以解决振兴历史中心和城市扩张这两个基本问题为核心,提出了9点目标:以改善住房问题为目的的新的住宅用地建设,提高交通的可达性,振兴历史中心,保护历史遗产,生产性用地的现代化,完善基础设施,提高公共开放空间质量,平衡城市结构和建设21世纪的城市项目。

2.2 马德里城市规划的典型特征

马德里近年来的城市规划以改善和解决城市交通、城市发展不平衡、城市环境欠佳等问题为目的。

2.2.1 提高生活质量和保留历史文化的核心目标

马德里城市规划政策以两点为核心:提高城市生活质量和保留历史文化。在马德里,我们看到许多基于"让生活更好"的规划项目,如低收入人群保障住房建设、为步行人服务的交通改造、河流环境的整治以及公共空间和公共建筑的改造翻新等。在这里，一百年的城市历史和一千年的城市历史同样都是被尊重的。人们非常重视城市历史的保护，旧的房屋没有被随意地拆毁重建而是有目的性的作为城市文化历史的名片。这不是一个静止的三维城市，而是一个具有四维时间轴的城市。

2.2.2 自下而上的市民参与

笔者在马德里参观访问时了解到，自下而上的市民参与是马德里城市规划的一个非常重要的环节。在规划方案设计之前，政府会向市民广泛征求意见，对市民最厌恶的城市问题进行研究和分析，并征求市民对城市的建设性意见，将这些需要解决的问题和市民对城市的希望综合考虑，平衡所需，寻找最佳的规划方式。

图 11-1　里约河岸居民楼
（倪碧波摄）

例如里约新区的河道改造。政府在征求两岸居民对河流的意见时发现，居民最大的抱怨是河流的臭味已经让他们无法打开窗子透气。于是，这成为规划必须解决的问题。一些针对改善河流水质的生物工程被实施。现如今，我们在河畔漫步再也闻不到河里的异味。居民楼的窗户向河岸一侧敞开，对面是湛蓝的天空，人们可以听到河对岸的教堂传来的钟声（图 11-1，图 11-2）。

马德里自下而上的市民参与还体现在项目的资金结构上。马德里城市建设的资金主要来自银行贷款、市政府投资者和私人合作伙伴。多源的资金结构一方面保障项目实施的稳定投资，同时因为利益相关者的多方化，项目的决策更加慎重而综合。个人投资者会在项目中获得利益和政府优惠政策，因此也调动了市民参与城市建设的积极性。

图 11-2　河道改造后

3. 近年来马德里城市规划建设典型案例

城市发展有着各方需求，本文选取交通、居住、遗址保护三个方面结合马德里的案例进行分析。

3.1 M-30 城市交通道路改建

越来越大的交通压力是常见"城市病"之一，在处理城市交通容量不能满足汽车数量的问题时，许多城市采用拓宽和修建更多道路的方式，认为这样就能解决问题。可结果不但原本的交通问题没有解决，还带来新的问题，如适宜生活的小尺度城市空间被打破，公共休闲活动空间被占据，城市环境污染问题越来越严重等等。

这样"头痛医头，脚痛医脚"的弊端十分明显，城市交通问题的解决需要更综合的方法。城市交通需要协调人的出行、环境效益以及空间分配等多个方面。在人的出行方面,市民需要交通的便利性和安全性。在环境效益方面,人们希望能最大程度的降低交通噪音对城市环境的影响,并尽量降低交通对空气、水、土壤的污染。而在空间分配上,居民也期望规划者能协调城市交通机动化发展与公共活动空间被挤占的矛盾。

M-30 是马德里市中心的第三条交通环线干道,环绕 42 km² 的市中心形成一个圈,而在环线的西侧是曼萨纳尔雷斯(Manzanares)河。这条环线早在 1929—1941 年期间就开始规划,但直到 1970 年才开始建设。到了 1990 年建成使用的时候,道路出现了许多不能满足城市交通需求的问题。在 2003 年,马德里市长开始实施对 M-30 道路的改建。

3.1.1　M-30 交通道改建之前的情况

M-30 交通道路在改造之前存在许多问题。

首先是交通拥堵。由于规划的时间较早而建设的时间较晚,20 年后才建成的城市道路已经远远不能满足当时所涉区域每天高达 26 万的车流量。同时,由于城市的发展,大量人口从公路东侧的成熟市区迁居西侧,而过河通道交通容量有限,M-30 拥堵不堪。

交通拥堵的同时,M-30 附近区域还存在严重的环境问题。曼萨纳尔雷斯河被彻底封锁在道路中央的狭长地带,原本属于市民活动的沿河空间被道路无情地剥夺,这条河流逐渐被市民们遗忘。除了河流被覆盖外,空气质量也严重下降。大量的汽车尾气排放,让 M-30 这条道路就像一个吞吐废气的机器怪物,严重影响着周边居民的生活质量。

3.1.2　M-30 道路的改造内容

(1) 改造目的

复式立交桥、单一的线性布局、高交通事故发生率和交通堵塞是改造 M-30 环线公路的主要难题和原因所在。改造工程的目的有以下几点:

① 提高交通安全性,大幅降低原来的事故发生率。

② 改善 M-30 公路的功能,减少交通堵塞,使乘客出行更加安全舒适。

③ M-30 成为马德里市区的一条绕城线,建造目的是减小环线内的交通流量。

④ 建立新的绿化带以及恢复滨水空间,给市民提供良好的户外公共空间。

⑤ 消除由 M-30 环线所造成的将市中心同市郊分隔开来的屏障效应。

(2) 改造方式

规划采用自下而上的市民参与规划模式。政府在做针对 M-30 道路项目改造的调查时发现,人们不仅希望现有的交通拥堵情况能够得到改善,还希望可以在河畔聚会活动,希望汽车尾气对空气的污染能够减少,希望可以便捷地到达河岸对面,希望多一些行人的使用空间等等。在广泛征求民意过后,M-30项目才开始动工改造。

项目针对M-30环线的十余个路段进行改造规划。方式有立交桥的改扩建、开挖隧道、道路绕行等等。其中最具特色的是把M-30环道上与曼萨纳尔河并行的15km快车道转入地下。这样,曼萨纳尔河畔就会留出更多空间给市民活动。政府利用曼萨纳尔河的河畔空间兴建了39个城市公园,这些公园连成一条长达42km的绿道步行带,真正做到了把公路变成公园的市民需求。

（3）资金结构

M-30道路改造项目在资金投入上也一定程度上体现了城市规划的市民参与。工程的预算在30亿欧元,其中资金的来源以公私合作形式提供,并采用三个80%-20%的结构分配:即80%优先级债务20%自己出资,80%股本20%次级债务,80%市议会权益20%私人合作。最后,这项工程的财政结构在3个80%-20%组成下,64%为市政府所投,而36%为私人合作者。

3.1.3 M-30道路改建后的实施评价

M-30最终通过4年的时间完成了改造。而M-30项目改变的不仅仅是一条环线,马德里政府借机完成了一系列旧城改造项目。现今,曼萨纳尔雷斯河沿岸古老的历史街区重新焕发生机,约27万人受益于M-30改造计划以及与之相伴而生的城市改造计划。曼萨纳尔雷斯河岸又重新恢复了往日的生机。由于隧道内过滤器的安装使得马德里每年减少约3 500吨二氧化碳的排放量,每年马德里的市民们可以节约7亿多小时的交通时间,交通事故也相应减少。但另一方面,工程的巨大投入加大了马德里政府的经济负担,成为政府负债中的主要组成部分。

3.1.4 案例小结

解决城市交通问题最重要的是改变城市于人于车的态度。目前许多大城市的交通规划首先遵循的原则是车辆优先。在这个态度的基础上,无论多专业的规划,都会导致城市的不可持续发展。摒弃过宽的车道,还城市空间于人行,摒弃光滑的柏油马路,还长满植物的土壤于城市,才是城市可持续发展的方向。

3.2 Vallecas社区的建设

城市的居住区建设是城市规划中保障城市居民基本生活的重要内容。如何解决社会各个阶层的居住问题,保障社会公平,营造良好的住宅区环境是规划者关心的话题。

在城市快速发展的背景下,市民首要关注的是低收入人群的住房保障问题。因此,廉价住宅区的建设需求越来越急迫。同时,较远地区的低密度住宅区逐渐发展。在缓解城市高密度住宅环境给人带来的心理压力的同时,低密度住宅区也存在着它的问题,例如交通不便,社区缺乏活力等。

Vallecas 社区位于马德里东南郊,是城市郊区向历史中心封闭街区的过渡区域。1960 年,由于卫星城镇的移民定居,这里曾经是围绕在马德里周边最大的贫民窟。近年来的城市规划,Vallecas 社区成为马德里重点发展的城市居住区建设项目。

3.2.1 Vallecas 社区建设的目的

西班牙众议院于 2007 年 5 月通过了新的《地皮法》,其中一个重要内容就是规定所有用于住宅建设的土地都必须预留出 30% 用于建造保障性住房。Vallecas 社区就是政府保障性住房的建设区域。在这里,50% 以上的住宅都是政府保障房。

3.2.2 Vallecas 社区建设的实施评价

Vallecas 社区的规划采取低密度的空间分布,建筑物遵循平方块网格,包括住宅,公共设施和绿化区,以及所有路段。在严谨的方格规划下,不同地块上的建筑被私有承包建设,因此 Vallecas 社区也成了新型可持续住宅建设的试验田。在上海世博会上展出的"空气树"项目就位于此社区巴耶卡斯的生态大道上(图 11-3)。此外,许多社会住宅的建筑设计都在国际上频频获奖。

图 11-3 巴耶卡斯的"空气树"

尽管社区内的项目获奖无数,Vallecas 低密度社区却存在许多问题。笔者在参观访问中看到,Vallecas 社区的公共空间使用率并不高,而随行的马德里市政府人员也介绍说到这里的住宅入住率不高。大尺度的生态大街除了空气树外几乎没有人聚集活动,社区内的业态也并不丰富,看不到餐饮、超市等基本服务设施。平时的白天,潜在的本地使用者只有不愿上学的儿童和全职的家庭主妇。简·雅各布斯(2006)在《美国大城市的死与生》一书中曾提到:周围地区功能的多样化,以及由此促成的使用者及其日程多样化是街道和广场保持活力的原因。而 Vallecas 低密度社区恰恰因为腹地功能的单一使得社区的公共活动空间人烟稀少(图 11-4)。

图 11-4 Vallecas 社区人烟稀少

3.2.3 案例小结

马德里政府在保障低收入人群住房问题上所做的努力是值得肯定的。在保障住房的基础上,接下来要考虑的更应着眼于城市市民的生活。社区的交通是否便捷,生活设施是否齐全,儿童是否就近有学可上,社区的安全性等问题的考虑应优先于单纯的建筑和环境设计。一个不受当地使用者欢迎的社区,纵使单独的项目设计获奖无数,也不能称得上是一个好的社区。

3.3 马德里城市遗址保护

城市不但是人们生活的空间载体也是历史的记忆载体。在这个四维的载体上，城市的风貌随着时间轴不断地更新变化。如何保护和利用过去的城市遗产，使它的生命力在人们新的生活中加以延伸，是城市规划者们需要深入思考的问题。

快速城市化的过程中难免出现一些大规模的大拆大建现象。虽然过去的城市基础设施已经不能满足现代人的生活，但是全部拆除是否是恰当的城市更新方式是值得三思的。城市遗址的最大价值是文化和历史的承载，需要被规划和建设者尊重。

在西班牙，不论是哪个城市，城市的遗址保护随处可见。马德里，这个相对年轻的城市，也是如此。西班牙人十分重视自身的历史文化，无论是从尊重整体的建筑风貌，还是单体历史建筑的保护方面。城市文化遗产的保护在西班牙不仅是一个政府的法规性文件，更是深入到每一个市民的行动中的潜意识。在马德里，随处可见被挖出地面就地保留的遗址。人们在修建新的建筑时不会拆毁老建筑而是有意识地保留下来，把这些建筑作为新建筑的一部分。城市的历史在不经意间仿佛时光倒退般向人们展现。

3.3.1 整体片区格局形态保护

马德里的城市历史发展是以圈层的形式向外延伸的。不同的城市圈层由于建设的时期和功能不同有着不同的肌理，而这些圈层被整体地保留了下来。

马德里的历史城市圈层像一朵单侧包裹玫瑰花，逐层在曼萨纳尔雷斯河的东岸扩展，圈层清晰可见。最内圈是最早的皇宫和城堡区域。当时的居民居住在皇宫的东侧外围形成 U 字形的第二层外围，这个区域也是马德里现在最具历史特色的居民区，街道结构保存得完整并且建筑色彩十分丰富。第三圈层围绕城市中心继续向东侧扩展至 13 世纪马德里城墙为界。这个区域是现在马德里最活跃的商业圈范围，包括马约尔广场在内的许多现今马德里最具活力的广场都在这个区域范围内。第三圈层外的一圈是第四圈层，城市向东部和南部继续扩张的区域，当时是老百姓的居住地，现今是马德里商业、居住的区域，著名的太阳广场就位于这个圈层内紧邻第三圈层的地方。虽然不同的圈层建设时间不同，但它们的肌理依旧保持着当时的格局尺度，几百年来未曾变更(图 11-5)。

图 11-5 马德里城市博物馆中的城市历史圈层模型(龚瑶摄)

3.3.2 单体建筑保护

在马德里，单体建筑物的保护措施大致可分为原地保留和改造更新两种。

被原地保留的城市遗产多为较早时期的旧城市遗址。马德里将

237

图 11-6 马德里地铁站中的遗址保护

图 11-7 马德里街道上的遗址保护

图 11-8 凯撒文化广场电力站改造

这些遗址与新的城市设施相结合,体现了对历史的尊重。马德里的地铁十分发达,在挖掘地下隧道的时候会发掘出深埋地下的城墙根遗址。城市建设者就会小心地把原址保留下来,在地铁中建设小小的博物馆,重新设计地铁通道的布局,绕开这些遗址(图 11-6)。同样的尊重也能在道路和公园中看到。马德里的街道上,一些地下的城市遗址被玻璃罩封起来,向人们展示同一地点若干年前的历史(图 11-7)。公园中的遗址和现今的绿地结合,曾经的断壁残垣成为游人休憩、儿童游玩的场所。

近期的一些功能性建筑多被改造和功能更新。比较有代表性的例子是凯撒文化广场电力站的改造和索菲亚博物馆的改造。凯撒文化广场前身是一个建于 1899 年的发电厂,是马德里这座城市中仅剩的几个重要历史工业建筑之一。由于时代的更替,这个早期的工业建筑与现代城市的功能需求明显不符。于是建筑师对其进行了功能性的改造,在保留原始立面的情况下,对建筑内部的结构功能进行了翻新和调整。现在,这个建筑已经成为城市的艺术中心,建筑内部改造成为适于商业、展览的空间格局(图 11-8)。索菲亚博物馆的前身是一个建于 18 世纪的医院,老的建筑被改造成为博物馆,而后来由于展览的需求,建筑师又在其后方加盖了新馆和天蓬。现今的索菲亚博物馆分为旧馆和新馆两个部分,看上去既具有历史的气息又富有时代的动感,并且满足现代马德里市民的使用需求。

3.3.3 案例小结

对待城市的态度应从大规模的拆改向旧城的有机更新转变。在此基础上,思考城市遗产的保护利用,较好的方式是将其融入新时期的城市生活,赋予其新的城市功能。城市建设在平衡发展和保护两者之间的关系时应更具有远见性,认识到城市遗址长远的文化和经济价值。马德里的城市遗址保护向大众展示了一种聪明的双赢:既保护了城市历史遗迹,又利用历史遗迹提高了市民的自豪感和对城市的认同感。

4. 城市规划该如何反思

马德里的案例不仅向人们展现了调整过程中的方法,也体现了不同于我国的规划核心目标。反思我国的城市规划,马德里经验有几点值得借鉴:

4.1 改变城市建设关注点

城市规划的最终目的是服务于人,而不是服务于经济和城市形象。马德里的城市建设始终围绕着提高市民生活质量为中心,让人们能够真正使用和享受规划成果。由于特殊的城市发展背景,我国发展中的城市建设在寻求高效益的同时,必须寻找为人服务的结合点,把服务于人融入到每一个细节中去。

4.2 改变规划参与结构

从马德里独裁统治时期的规划教训中可以看出,规划权利的过度集中、土地高度国有制容易让规划犯大错。适当的调整规划的权利结构,努力将下层群众的需求传达到决策者处,才能更好地反映民意,从而使规划者做出更有效、更多样并且更具广泛效益的规划。

4.3 改变建设速度

快速的城市化背景使城市规划建设很容易出现大量的投资浪费、豆腐渣工程等其他问题。马德里的弯路教训告诉我们:与其将来花费更多的费用和精力对规划重新调整和改建,不如现在调整忙乱的步伐,让规划合理有序、稳步前进。应当降低对城市建设速度的过分追求,加强对工程长期效益和质量的追求。

4.4 重视历史文化的保留

在我国的许多城市,大拆大建的现象十分严重,城市上百年几千年留下来的肌理逐渐被破坏。马德里的城市规划更新项目向人们展示了新的城市建设和旧的历史文化区保护不是一件矛盾的事情。城市更新的本质在于延续当地人的生活,而城市的历史文化是人们生活的一部分。城市规划首先应做到的是尊重当地的历史文化。

5. 结语

鼓励对城市规划进行反思并不是鼓励否定之前的规划。城市建设的方法很多,但实质都是城市功能的延续。城市的外在虽然随时间改变,但人们的生活本质并没有变:人们希望拥有良好的生活环境,渴望满足衣食住行的基本需求,期望传承自身的文化,同时期许与他人的交流沟通。规划无论怎么做,都是在将城市调整到一个适宜人们生活的最佳状态。

城市问题真正的解决方法取决于服务于人的规划态度。是否基于生活思考城市问题的本质,是否为人设身处地地着想决定了城市规划的成功与否。正如扬·盖尔在《人性化的城市》一书中所说:"如何对城市中人的关心是成功获得更加充满活力的、安全的、可持续的且健康的城市的关键：这是 21 世纪追求的具有重要意义的所有目标。"

参考文献

简·雅各布斯.美国大城市生与死[M].南京:译林出版社,2006.

*未特别注明的照片和图片均为笔者拍摄和绘制

专题 12　思学于欧洲

葛雪梅

摘要：西班牙安达卢西亚地区是欧洲重要的文化发源地，文化历史底蕴深厚，古迹众多，自然风光优美。区域内城市规模不大，但极具个性特色。本文从自然、历史、文化三个角度探讨西班牙城市建设可借鉴之处。

关键词：城市建设；西班牙

1. 引言

在我国国内如火如荼进行城市建设的今天，城市问题日益凸显，提醒着我们停下脚步，思考现行城市建设理念与方法的不足。欧洲城市建设历史较我国长许多，欧洲城市规模无论大小，都能给来访者提供舒适安全的城市印象和体验。因此，当越来越多的国民，越来越多的国内城市建设者、决策者有机会走出国门，如何学习西方成为首要问题。笔者通过此次西班牙南部安达卢西亚地区之行，试图从自然、历史、文化三个城市建设的基本命题出发回答这个问题。

2. 如何保护自然

2.1　完整的自然区域保护网络

西班牙境内高原和山地相间，森林面积广阔，有着丰富的自然资源。西班牙是最早重视自然区域保护的国家之一，早在 1916 年就颁布了《国家公园法》。而安达卢西亚是西班牙最南的历史地理区，有瓜达尔基维尔河及同名河谷，这里的土地一半是崎岖不平的山地，覆盖着大片植被，气候条件良好，阳光充足，植被生长良好，由于其地质和景观上的多样性，被认为是欧洲地质和景观最丰富和保留最完好的区域之一。

整个 19 世纪随着有关自然保护法律法规的逐年完善，至 2003 年，所有位于安达卢西亚自治区领域的自然区域已形成一个完整统一的受法律保护的"安达卢西亚自然区域保护网络"。这个网络由 247 个、覆盖大约 280 万 hm^2 的自然区域逐渐合一形成，其中 270 万 hm^2 是陆地（占安达卢西亚大约 30.5% 的地表面积），其余的是近海，这是欧盟最大的地表保护网络。在西班牙国家总体保护机制的基础上，安达卢西亚力图最大限度地保护当地生物多样性和景观多样性，建立"安达卢西亚自然区域保护网络"来实现城市自然空间的连贯性，发挥生态、自然和文化价值,保护它们的完整性,确立自然生态保护与经济发展相协调的努力方向,多样的保护性措施,制定相关政策制度,使得保护与发展计划得到高效实施。

2.2 层次分明的保护管理机制

"安达卢西亚自然区域保护网络"包括了150个保护空间,2个国家公园,24个自然公园,21个城市公园(处于城市或者城镇边界),32个自然位置,2个受保护的农村,37个自然遗迹,28个自然保留地,4个合作的自然保留地(由政府机构与地产拥有者协商管理)。每一个类型的保护单元都有相应的管理机构设置,分类型、分层次进行管理。

2.3 保护和发展兼备的管理理念

"安达卢西亚自然区域保护网络"的保护管理主要关注三个方面:自然资源的永续利用、自然与文化价值的发掘、区域发展契机的推进。在某些需要严格保护的区域理性保护,而在可以适当发展、部分保留的区域,安排环境教育活动,使当地人有足够机会能够接近自然。

3. 如何对待历史

城市从开始存在的那天起,便开始积累属于一个城市独有的岁月和故事,在日后的发展中如果不对宝贵的城市记忆加以保护,那么城市可能就丢失了一段成长的痕迹或者毁坏了一笔历史宝藏。

漫步在西班牙的城市中,令人感触最深的就是这个国度对于自身历史的珍视,虔诚的态度体现在各个尺度的历史古迹上。西班牙有着摩尔人创造的精粹文化,包括城市、建筑、园林宫苑等,现在仍然是令世人惊赞的不朽古迹,更是全球旅行者神往的游览胜地。

3.1 城市建设和旅游开发以保存古迹为前提

始建于13世纪的阿尔罕布拉宫(Alhambra Palace),是摩尔人留存在西班牙所有古迹中的精品,在19世纪经过长期修缮与复建,恢复了原有风貌。在树木葱茏的山顶,150 m高的阿尔罕布拉宫巍峨耸立,与对面中世纪建造的阿尔拜辛区,相互辉映。阿尔拜辛区保留着大量摩尔人建筑风格和安达卢西亚建筑风格融合的建筑。无论城市怎么发展整个区域始终保持着14世纪以来的原有风貌与格局(图12-1~图12-3)。

图12-1 保存完好的阿尔罕布拉宫

图12-2 阿尔罕布拉宫内部

图12-3 俯瞰阿尔拜辛区

3.2 原真地展示历史遗迹

位于马拉加的地标性建筑之一阿尔卡萨瓦城堡,是当地历史最悠久的遗迹,始建于公元6世纪,是伊斯兰文化的极好体现。城堡位于海拔170 m的山上,由三道城墙环绕,防御性很强。11世纪由摩尔人在这里建立宫殿,保存相当完整,宫殿房间如今作为考古博物馆向游人开放。坐在内廷花园里,看到斑驳褪色的石壁,欣赏着略带沧桑的树篱藤架,似乎可以感受到千年的时代变迁(图12-4~图12-6)。

走下城堡,再走几步就可以看到两千年前古罗马人留下的斗兽场,安静地坐落在城堡脚下,周围是翠草相拥,阳光照亮了一片遗迹,却又留下另一片不争不抢地呼应着(图12-7)。

3.3 对古迹周围历史空间的现代化重塑

西班牙最繁盛时期的首都托雷多,是一座保存完好的欧洲古城(图12-8)。因其古城格局与环境的完整保留,被联合国教科文组织评为世界遗产城市,重建于西班牙内战之后的托雷多古城堡,经过修复和扩建,附属建筑成为国立军事博物馆,扩建部分包括军队广场之下的新建筑和位于北立面可以通往托雷多中心的花园。博物馆内可以直接触摸到那些征战岁月留下的城墙,感受到戒备森严的城堡(图12-9)。

这样一项庞大的工程邀请了由一支建筑师、考古学家、专家工程师和遗产修复专家组成的专业队伍,博物馆以高水平的混凝土结构技术修建,是位于遗迹、承重结构和遗留的古墙之上的卓越的地下建筑物。建筑物立于岩石之上,在其中可以看见古代军事城区、战争物品和当代建筑游览引导结构。

图12-4　马拉加地标阿尔卡萨瓦城堡

图12-5　古城外墙

图12-6　城墙外的现代海岸

图12-7　古罗马斗兽场

图12-8　托雷多

图12-9　托雷多国立军事博物馆

4. 如何塑造文化

城市是人类文化积淀的物质形态，是在一定的地域范围内聚集了各种不同形态的文化特质的承载体。城市规划学家沙里宁(E. Saarinen)说："让我看一看你的城市，我就知道你的城市中的人们在文化上追求什么。"城市文化包括物质文化(自然格局、历史风貌、景观、空间、功能的多样性)、制度文化(家园建设)、精神文化(繁荣文化的设施建设、学习类文化设施建设、创新类文化设施建设)，随着城市中人们对精神生活需求的提高，城市规划不再仅关注物质层面，文化培育在城市中占有重要位置。

4.1 修建新的文化地标

由于城市文化通常依托某些具有强烈可识别性的城市空间而存在，因此当城市中提供这样的空间时便意味着提供了丰富的文化生活可以发生的空间。塞维利亚当地很有名的建筑"大都市阳伞"(Metropol Parasol)，是一个社区复兴项目。场地中醒目的大蘑菇云是塞维利亚新的文化地标。城市中各种规模的公共活动都围绕它发生(图12-10，图12-11)。

图12-10　"大蘑菇云"下的涂鸦比赛　　　图12-11　大蘑菇云下的轮滑区域

4.2 丰富的城市文化生活

城市中的人是城市文化的有形载体。人在城市中丰富的文化活动，也是传播文化的有效方式。西班牙是个节日很多的城市，巡游、斗牛赛、舞蹈各种形式的庆祝活动经常在街头发生。丰富的文化生活、宜人的气候和悠闲的时光让西班牙人长时间地享受着城市户外时光。

*未特别注明的照片和图片均为笔者拍摄和绘制

荷兰篇

一、行程简介

荷兰行程包含两个部分,一部分是参加在荷兰举行的由荷兰阿姆斯特丹建筑学院组织承办的第三届欧洲景观设计学硕士研究生设计研讨会(EMILA Workshop)。北京大学建筑与景观设计学院的张天新老师获邀,带领傅微、陆慕秋、王彦彬、蒋理四位北京大学 2010 级地理学(景观设计学)硕士研究生参加了此次研讨交流。另一部分则是学生自主考察荷兰周边的国家城市,包括德国及比利时。

2011.9.4 星期日	北京-阿姆斯特丹
下午	抵达阿姆斯特丹
晚上	抵达鹿特丹
2011.9.5 星期一	鹿特丹
上午	参观城市中心区
下午	考察 pathe Schouwburgplein,cubichouse,museum park 等项目
2011.9.6 星期二	代尔夫特
上午	抵达代尔夫特
下午	参观代尔夫特老城区,重点考察了代尔夫特工业大学建筑学院
晚上	返回鹿特丹
2011.9.7 星期三	海牙
上午	抵达海牙
下午	参观城市图书馆、市政府、binnenhof 等项目
晚上	返回鹿特丹
2011.9.8 星期四	阿姆斯特丹
上午	抵达阿姆斯特丹
下午	欧洲景观设计学硕士研究生设计研讨会报道
晚上	参观荷兰建筑学院
2011.9.9 星期五	阿姆斯特丹
上午	研讨会会议安排
中午	午餐会
下午	听取荷兰建筑学院和美国弗吉尼亚大学教授的讲座
晚上	参加荷兰主办方举办的欢迎会

2011.9.10	星期六 Veenkolonien
上午	乘大巴前往第一块研究场地——Veenkolonien
下午	听取当地政府、居民介绍场地情况
晚上	各国学生共同入住一户家庭,自主做饭交流

2011.9.11	星期日 Veenkolonien
上午	分小组场地调研
下午	各组教师参与小组讨论
晚上	小组汇报介绍调研情况

2011.9.12	星期一 Geeserstroom
上午	乘大巴前往第二块研究场地——Geeserstroom
下午	听取当地政府、居民介绍场地情况
晚上	聚餐

2011.9.13	星期二 Geeserstroom
上午	分小组场地调研
下午	各组教师参与小组讨论
晚上	小组汇报介绍调研情况

2011.9.14	星期三 Twente
上午	乘大巴前往第三块研究场地——Twente
下午	听取当地政府、居民介绍场地情况
晚上	聚餐

2011.9.15	星期四 Twente
上午	分小组场地调研
下午	各组教师参与小组讨论
晚上	小组汇报介绍调研情况

2011.9.16	星期五 Twente
上午	分三组,对三块场地分别展开研讨设计
下午	在 5m×2 m 帆布上制作场地设计模型
晚上	讨论设计与制作

2011.9.17	星期六 阿姆斯特丹
上午	乘大巴返回阿姆斯特丹
下午	三组分别制作模型和设计研讨
晚上	聚餐交流

2011.9.18	星期日　阿姆斯特丹
上午	汇报各组设计成果,教师及外请专家点评
下午	聚餐欢送会
晚上	抵达安特卫普
2011.9.19	星期一　布鲁塞尔
上午	抵达布鲁塞尔
下午	游览布鲁塞尔历史中心区,参观布鲁塞尔大广场及 St. Michael 和 St. Gudula Cathedral 教堂
晚上	返回安特卫普住宿
2011.9.20	星期二　安特卫普
上午	参观安特卫普历史中心区,考察安特卫普中央火车站
下午	参观安特卫普大广场、船舶博物馆
晚上	前往德国杜伊斯堡
2011.9.21	星期三　杜伊斯堡
上午	抵达杜伊斯堡
下午	参观鲁尔工业区中杜伊斯堡工业遗产公园项目
晚上	火车往返科隆与杜伊斯堡,参观科隆大教堂
2011.9.22	星期四　艾森
上午	抵达艾森
下午	参观艾森工业遗产公园及其周边
2011.9.23	星期五　波鸿
上午	抵达波鸿
下午	参观波鸿工业遗产公园、westpark
2011.9.24	星期六　阿姆斯特丹
上午	抵达阿姆斯特丹
下午	乘机返回北京

二、设计研讨会过程简介

本次 EMILA 设计研讨会有来自国立凡尔赛景观设计学院、巴塞罗那建筑学院、汉诺威莱比锡大学、爱丁堡艺术学院、阿姆斯特丹建筑学院、弗吉尼亚大学和北京大学等 7 所院校的 40 余名教授和研究生参加。以荷兰东北部三种较为典型的景观类型地块为研究场地,研讨在面临全球化、城市化、经济高速发展等诸多外部压力的情况下,如何以保留和发展荷兰独特的农业景观、文化景观为前提,进行合理的土地利用类型转换,保留甚至加强人们对当地景观的认同感。

研讨会首先邀请了 11 位相关领域的专家、学者组织多场讲座,讨论了不同学科视角下荷兰农业景观变迁的历史和问题。随后开始为期 9 天的场地研究和设计。40 余位师生一起多次以步行、自行车等方式进入场地,不断地产生感性体验,不但向当地相关专家咨询,更积极与当地居民交谈,试图从生产(production)、消耗(consumption)、留存(conservation)三个角度去理解当地的景观。为了启发学生们的规划设计思路,师生们还访问了荷兰本地几个成功的土地类型转换案例,了解欧盟相关土地政策,试图探讨土地由单一农业向多功能景观转变的多种可能性。在最后的规划设计阶段,全体学生被分成三个组,在老师指导下,通过模型分别表达对三个场地的规划设计设想。

在整个研讨过程中,各院校的学术思想得到了充分的交流,跨国师生间建立了良好的友谊。师生都表示受益匪浅。

三、教师团队

张天新,北京大学副教授,中国城市规划学会(CACP)会员,中国风景园林学会(CSLA)会员,中国 ICOMOS 会员,中国地理学会会员,日本建筑学会(AIJ)会员,《城市规划》杂志特约审稿专家,国外城市规划学术委员会委员,《北京规划建设》特约编辑、"叶山品鉴"专栏作者,日本北海道大学文化资源管理研究会(Web-Journal of Tourism and Cultural Studies)国际学术委员、审查委员,加拿大 McGill University、Concordia University 访问学者。

专题 1　荷兰自行车系统规划与设计

陆慕秋

摘要：通过论述荷兰自行车系统设施的规划、设计，以及现状，分析总结了自行车系统现有的基本条件和相关使用规定，提及了其系统细节处的设计。通过观察自行车系统的使用情况，为设计师提供自行车系统设计之借鉴，对比反思现今中国发展自行车系统的不足之处。

关键词：自行车系统；阿姆斯特丹；荷兰

1. 引言

建设慢行系统，提倡居民使用自行车和公共交通设施，是节约资源、实现可持续发展、提倡低碳社会的必由之路，更是近期我国城市建设中须大力提倡的规划要点。荷兰城市中自行车的使用率和其系统的完整性，尤其是它在各种空间和角落中良好的延展和铺陈，以及由此而给城市带来的巨大活力令人佩服。荷兰自行车系统和公共交通系统的良好融合，市民对自行车系统的高效率使用，充分证明了自行车系统在现今城市中仍具有强大的生命力。

2. 荷兰的自行车系统发展历史

荷兰兰斯塔德城市圈是当今世界范围内最为发达、最有活力的城市群之一。人口稠密，公路网密集，城市化水平极高。长期围海造田的发展历史，使人们意识到土地的珍贵性，在阿姆斯特丹这样早期形成的结构紧密的大城市，步行、自行车、船运一直是人们出行的主要方式。在马车开始流行的时代，都曾因为马车的体积太大，而被市民认为不应该使用。后来出现的水上巴士还一度成为公共交通的重要组成部分。

20 世纪 60 年代，随着工业的发展，荷兰城市机动化水平急剧上升，大规模的机动化交通得到鼓励，政府在政策上主动为小汽车提供空间。因此，随着战后经济繁荣而来的是机动车数目的激增，城市的发展被小汽车支配。到 70 年代初，随着小汽车的进一步普及，交通出现了严重拥堵现象，伤亡人数增长到极值；之后国际局势风云变化，能源危机，经济危机纷至沓来，这种发展模式受到了质疑（孙芹，2006）。

20 世纪 80 年代荷兰政府开始应对国情，重新审视交通政策，明确发展公共交通，尤其鼓励自行车交通。政府和各地方市政制定不同的方针,针对不同的使用群体制定了包括建设自行车专用道,停自行车场,发放自行车补贴等一系列政策,自行车使用率不断提高,是世界上自行车使用率最高的国家。

3. 自行车系统的布置和设计

漫步荷兰大小城市,总会发现大量自行车行驶于街头。在高速公路旁的自行车道上,还有骑车人在向下个城镇进发。根据统计结果显示,曾经的1 600万荷兰国民拥有1 800万辆自行车。在2007年的调查更显示,荷兰国民借助自行车完成26%的全年总通行里程数,其中34%短于7.5 km的行程是由自行车完成的,这部分行程则占到荷兰国民通行行为的70%。

自行车如此普及的现象背后,自行车系统的绝对优先性,设施布置的完整性和设计的人性化是支持自行车出行的主要原因。

3.1 自行车系统设施的布局

无论在城市内部,还是城市之间,其自行车网络都有完整便捷的布局。

3.1.1 城市自行车系统的布局

城市区域的自行车系统会受到很多限制,但利用得当的话,也会为慢行系统创造非常多的机遇。

(1)道路系统

在阿姆斯特丹市中心区,同心圆状的运河控制了城市的形态,主要路网随之呈现出同心半圆的形态,滨河道路宽度固定,在10 m左右。除了中心城区的轴线之外,几乎没有主要干道可循。在这样的条件下,发展水上交通,机动车与非机动车混行成为了必然的选择。在很多路段,市政当局还采取了机动车单行道的政策(彭蓬,陈刚,2011),保证非机动车的安全行驶。

根据城市交通的规定,自行车使用者可以在阿姆斯特丹的所有道路上以低于30 km/h的速度骑行,因此,几乎阿姆斯特丹所有非机动车道都是自行车道。专门的自行车道则几乎遍布阿姆斯特丹的每个街区,在这些自行车道上可以低于50 km/h的速度骑行,机动车禁止进入这些道路。

(2)停车系统

在荷兰,自行车在城市中的停放是随意的,可以停靠于街边、桥栏杆上等任何不阻碍他人活动的地方。多种形式的停自行车设施也大量分布于城市的各个地方。极具个性、色彩亮丽的自行车也成了城市中亮丽的风景线。阿姆斯特丹的主要城市广场,如水坝广场、莱顿广场等场所,在周末还成为了城市自行车赛集合、停车、检录的场地(图1-1,图1-2)。

在与公共交通系统的接驳上,荷兰做得尤其好。同样,在阿姆斯特丹,火车站、公交站、码头等地都设有防盗的停车设施,或大或小,对应于交通设施的人流量,非常实用。

3.1.2 城市间自行车系统布局

除了城市中密集的自行车道外,荷兰全国还有不同种类的休闲自行车道,在保障了相对高速的情况下,可以满足荷兰人在一城生活,而在另一邻近城市工作的通勤需求。此外,还满足了70%荷兰国民进行的休憩一日游。三个等级的自行车系统,6 500 km的国家级自行车道,其中4 500 km具有完备的指向系统,大城市区域环路系统(由政府、区域、省份和牵涉土地的个人团体负责维护)和区域连接网络。

骑行者可以毫不费劲地自己制定行车路线,从一个城市到另一个城镇。尤其值得一提的是,这个系统甚至和德国、比利时等其他邻国相连。笔者就曾花费45分钟时间从荷兰骑车至德国境内,全程没有交叉路口,全部以小交通转盘取代,沿途不用穿过城镇,十分安全高效。与笔者一样选择使用自行车而非汽车作为穿行城镇的荷兰国民不在少数,访问荷兰居民时,有居民表示,他们乐于使用自行车到邻国的超市去采购生活用品。

LF道路系统(低频道路系统)是属于国家级的自行车道,全荷兰共有20条,每条都进行了专门的旅游规划。一条完整的LF道路常会由远离机动车的乡间小道、城镇间的自行车高速路、自然保护区内的自行车道等各种道路交织而成,使游客和骑车者能够享受到自然的美景。

3.2 自行车设施设计细节

3.2.1 城市自行车道路系统

阿姆斯特丹的城市道路上专设的自行车道,以砖红色的地面或者自行车的图标与其他车道分离出来。有时有隔离带,很多情况则是通过高差来完成空间的分离。即使在某些没有机会开辟专门的隔离自行车空间的道路,也会用白色虚线划出自行车道来保证自行车道的畅通(图1-3)。

在很多情况下,自行车道和机动车道几乎等宽。骑车者一般都非常自觉,使用自行车道,遵守专门的红绿灯;行人也不会进入自行车道。自行车通行因此通常能够保持在一个较高的速度,保证了自行车作为一种交通方式的效率。

自行车系统与其他交通的功能的结合是自行车系统的设计重点

图1-1 停满车的水坝广场

图1-2 自行车活动所在地的城市广场

251

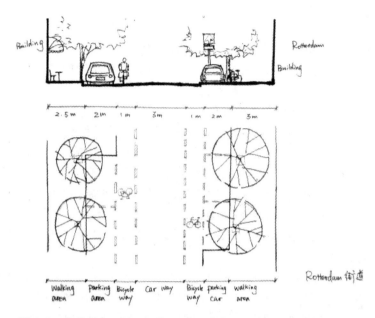

图 1-3　鹿特丹中心城区—街道剖面图及平面图

之一。在步行占主导的道路上，电车系统占据了近半宽度（5 m 铁轨，2 m 站台），剩下路面仅 3 m 宽，却依旧画出 0.8 m 左右为专门自行车道。但由于空间的不足，在观察中发现，自行车和机动车实际上呈混合行车状态（图 1-4）。

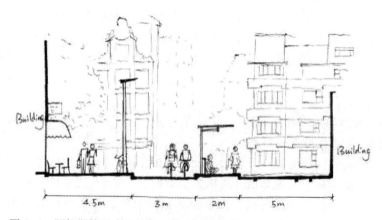

图 1-4　阿姆斯特丹中心城区—非滨河道路剖面图

在滨河区域，即使空间有限，也考虑了多功能的结合：步行的刚性需求、滨河住宅使用者和公共产业可能的停车、自行车的停车需求，甚至是停船的需求等等。虽然不划分明显的道路线，但充分尊重步行者和自行车者，用法规补足空间（图 1-5）。

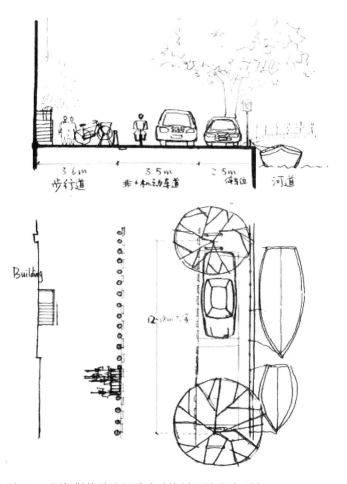

图1-5 阿姆斯特丹滨河道路系统剖面图及平面图

3.2.2 城市停车系统设计

为了使公共系统和自行车系统接驳方便,政府在交通接驳处设有大量的停车设施,方便市民和访问者的使用。在阿姆斯特丹中心火车站(Amsterdam Centraal)的西面,有一个据说是世界上的第一个自行车停车平台。该停车场200 m长,三层,可容纳2 500辆以上的自行车,建于2001年,当时是为中心火车站的一个大型整修工程而建于水上的临时存储场。虽然计划于2004年被拆除,但由于使用者众多,效果很好,而留到了今天。如今在其三层斜坡的里面还挂上了一个表达人们对自行车热爱之情的巨型广告牌(图1-6)。

图1-6 阿姆斯特丹中心火车站自行车停车场

虽然已有了灵活多样的停车设施,但在观察中发现,由于使用者众多,非机动车的停放设施依然不足。相较于专门的停放设施,市民更愿意把自行车与路灯、桥栏杆等公共设施直接锁在一起(图1-7)。

3.2.3 与建筑、自然保护区的连接设计

由于自然保护区的特殊性,一般只允许自行车和行人进入。自然

图1-7 鹿特丹电车站边停车设施

图1-8　自然保护区自行车道

图1-9　自行车通道

保护区一般面积较大,自行车较步行就成为了最为理想的交通方式。

在荷兰的自然保护区,一般会有一条自行车道连接自然保护区与外界(图1-8),每隔大约半小时的车程,就在路边设有小型休息区域,附带垃圾桶、座椅等基本设施。自行车道路面一般用自然沙石路面铺设,雨后甚至会出现烂泥,颇为颠簸。但荷兰国民对此非常习惯,在这样的路面上,依然保持了很快的骑行速度。

除了道路系统的完整连接之外,自行车道还注意了和建筑空间的链接。将旅游景点的庭院与城镇道路对接,在文化遗产景点的改造上,注意了庭院内部留有方便自行车通行的道路,方便游客组织旅游路线(图1-9)。

4. 对中国自行车系统设计规划的启示

荷兰人常骄傲地说,荷兰与自行车王国几乎是同义词。阿姆斯特丹等大城市极高的自行车出行比令人印象深刻。自行车系统的成功推行确实有一些先天条件:自然地理上,荷兰地势平坦,全国几无坡度;在城市面貌上,荷兰的城市规模都不大;政府建造自行车系统设施、税务相关政策也起到了很好的支持作用(刘仁文,2006)。

以荷兰为鉴,完善便利的自行车系统设计能够鼓励人们选用自行车低碳出行。更加重要的是,始终将城市发展控制在一个紧缩的范围内,在一定的生活单元内可以满足市民的日常需求。以非机动车为交通导向,使市民的生活、工作、文娱地点间距离能够在自行车可达的范围之内,才是慢行系统的根本和基础。

参考文献

刘仁文.荷兰的自行车文化[J].观察与思考,2006,2:112-114.

彭蓬,陈刚.荷兰非机动化交通模式研究[J].青岛大学学报(自然科学版),2011,2:89-93.

孙芹.荷兰:"汽车王国"变脸"自行车王国"[J].安全与健康,2006:44-45.

*未特别注明的照片和图片均为笔者拍摄和绘制

254

专题 2　现代城市中的有轨电车
——以鹿特丹为例谈绿色出行

蒋理

摘要：20 世纪 70 年代末，随着交通机动化带来的一系列城市问题开始引起人们的反思。有轨电车，在经历了百年间的兴起和衰落之后，作为一种绿色交通方式在许多城市中重新被启用。本文介绍了有轨电车的发展历史，并以鹿特丹为例，阐述了对有轨电车的体验感受以及给我们的启示。

关键词：有轨电车；绿色出行；鹿特丹

1. 引言

在鹿特丹街道上，行人一不留意就踩在了有轨电车的轨道上面。和大多数荷兰城市一样，乘坐有轨电车是除了骑自行车外另一种非常受追捧的出行方式。无论是轨道网络的密集度、换乘方式的便捷度，还是设施的人性化、票价的低廉程度，都使得有轨电车，这一兴起于 19 世纪末、20 世纪初的交通工具，在这个城市的整个交通系统中拥有了绝对的优势。有轨电车在城市中的复兴，得益于人们对汽车泛滥而引发的众多城市问题的反思；也得益于科技的进步，使现代有轨电车成为了一种既便捷又安全的绿色交通工具。那么，鹿特丹的有轨电车系统究竟有哪些特点和可借鉴之处？它在世界范围内的复兴历程又可以给交通问题困扰下的中国怎样的启示？

2. 背景

2.1　有轨电车在世界范围内的发展历史

1879 年以架空导线供电的有轨电车问世以来的 30 年间，电气化有轨电车在以惊人的高速发展，成为了世界上大中城市广泛采用的主要交通工具。然而到了 20 世纪 30 年代，小汽车的迅速崛起极大地遏制了有轨电车的发展。加上有轨电车本身由于运营及维修费用的增加，以及系统本身在运营中存在运能低效的问题，有轨电车的客运量锐减。20 世纪中叶，随着私家汽车、常规公交及其他路面交通工具的普及，不少城市的有轨电车系统已陆续消失。

尽管这一时期，有轨电车在世界上许多城市交通系统中的地位明显下降，但荷兰、德国、比利时等欧洲国家认为提供良好的大众运输服务对缓解拥挤的汽车交通状况有所帮助,因此仍十分重视对原有都市电车铁路运输服务品质的提升。

20世纪70年代的石油危机和80年代后半期兴起的环保浪潮使得一些国家对有轨电车重新重视起来(朱成章,1997),许多城市开始反思之前的交通政策。现代有轨电车克服了低速、不灵活等缺点,成为许多城市综合交通系统的主力军,在限制小汽车使用和实现道路资源优化配置方面扮演着十分重要的角色。到21世纪初,全世界有轨电车线路已达400多条,总里程达4 000 km,电车总量达6 000多辆,每天客运量约300亿人次(黄雁鸿,2007)。

2.2 有轨电车在鹿特丹的发展历史

图2-1 1905—1927年间鹿特丹的有轨电车

与大多数欧洲其他城市一样,鹿特丹有轨电车的发展也大致经历了兴起、衰落和复兴三个阶段。1879年,当鹿特丹电车公司正式开始运营马拉轨道车业务时,鹿特丹只是一个人口不到15万的港口小城。随着资本主义经济发展下城市的迅速扩展,港口运输网络的建立和完善,城市的规模也在不断变大,到19世纪末,鹿特丹的常住人口已达到30多万,并且还在以一个惊人的速度增长。于是在1905年,新的轨道电车——电气化有轨电车在鹿特丹的中心区应运而生了(图2-1)。

20世纪初的鹿特丹城市尺度非常适合步行,当时只有上流社会的贵族使用有轨电车。之后有轨电车的服务对象不断大众化,轨道网络也日渐完善。到1910年底,全市共有9条有轨电车线路,覆盖到新马斯河南岸。到1927年,有轨电车交通系统在鹿特丹的城市交通系统中占据了绝对的主导地位。

1927年开始,大量的私营载客小汽车和巴士涌入街道,极大地冲击鹿特丹的有轨电车业务。为了挽救城市的公共交通状况,鹿特丹政府在1929年强令所有私营巴士削减业务。政策扶持下,鹿特丹的有轨电车事业继续高歌猛进。然而1931年开始的经济危机又一次使鹿特丹的有轨电车系统受到严重的打击。

真正的重创发生在1940年,德国空军对鹿特丹的轰炸之后,整个市中心和东部广大地区完全被破坏。鹿特丹电车公司的多条悬空电缆和轨道网络被彻底炸毁。为了尽快进行重建工作,仅仅一周以后,有轨电车就重新驶上街道,大约一个月以后大部分电车路线就恢复了正常运营。

第二次世界大战以后鹿特丹政府对整个城市进行了新的规划,除了对战期遭到破坏的地区进行重建之外,还积极开拓新的城市片区,有轨电车因为被认为是过时的交通方式并没有得到入驻新区的机会。但是在城市中心区,有轨电车依然获得了极大的尊重。在新建的宽敞马路中央,有轨电车享受到了行驶在专用道路上的特权。

20世纪60年代末,鹿特丹的城市人口达到了历史最高点,政府开始大力发展具备更大客运能力的地铁系统,电车网络的建设受到了不小的影响。尤其是 1969 年西-东地铁线计划使得电车系统近乎荒废。直到 1976 年,鹿特丹因为资金不足不得不把用于新住宅区的轨道从地下改到了地上,有轨电车再一次获得了重生。

3. 概况

3.1 四通八达的轨道线路

在鹿特丹,有轨电车是城市综合交通系统的主力军。全市共有 8 条有轨电车普通线路。它们连接了火车站、主要景点、商业区、公园和外围居住区;另外还有三条季节性的旅游观光专线和一条临时性的足球赛事专线。12 条线路总长达到了 93.4 km。

除了市区的有轨电车线路,还有一条属于兰斯塔德地区城市轻轨线的一段市际快速轨道电车线,它连接着鹿特丹中央车站和代尔夫特中央车站,使得两地之间的距离缩短到 10 分钟的车程。

3.2 与其他交通方式的高效协作

任何一个城市都需要一个包含多种交通方式的综合交通系统,以满足不同的出行需要。鹿特丹的综合交通系统,不仅包括便捷的有轨电车系统,还包括公交巴士、地铁和水上巴士。鹿特丹的公交巴士主要服务于市区和郊区交通,是对有轨电车交通的有益补充。地铁线路兴建于 1959 年,目前有东西向和南北向两条地铁线路穿过城市。地铁是中长距离运输的主力,它能够满足大批量乘客在市区与郊区、相邻城市之间的通行。在市区地图上还可以找到两条往返于新马斯河两岸的水上巴士线路,这是鹿特丹利用天然海港的地理优势开辟的带有观光功能的水上交通线路。

除了市内交通之外,鹿特丹还通过地铁、轻轨、火车、水上客运船和公路与外界进行紧密的连接。总的来说,鹿特丹的城市综合交通系统布局就是:四通八达的有轨电车路线支撑整个中心区的交通,与小汽车、自行车和行人共享道路空间但又彼此隔离;同时,一个发达的放射状铁路系统从城市中心向外伸展,覆盖整个都市区外缘,并且连接鹿特丹中心区与周边城市;最后,公路网在外围环绕,保证市内公共交通的顺畅运行。

4. 感受

4.1 "特权地位"带来的便捷感

4.1.1 占用大面积路面的特权

有轨电车在鹿特丹公共交通的中心地位不仅体现在网络结构

的完整性上,还体现在对路面的占有情况方面。鹿特丹的大小街道,充分体现了这座城市对待各种交通方式的不同政策。在鹿特丹中心区,再宽的街道机动车道的数量也不超过双向 4 车道,街道的宽度不是由机动车道的数量决定的,而是由轨道电车的车道数量以及人行道和自行车道的宽度决定的。通常情况下,有轨电车的车道设在马路中央的分隔带上,加上两边的绿化隔离带和站台区,一个双向有轨电车道系统可以占据 7.5~8 m 的路面(图 2-2,图 2-3)。

(a)

(b)

图 2-2　鹿特丹街道

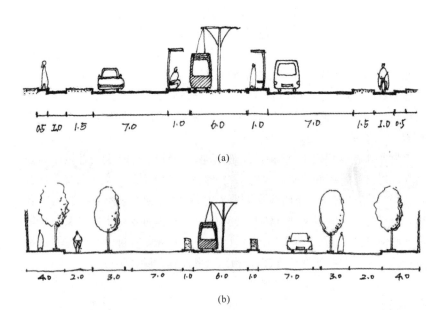
(a)

(b)

图 2-3　街道断面

4.1.2　拥有独立使用空间的特权

在一些新建的街道上,电车常常采用草坪绿化或者绿篱作隔离带

258

的方式来标示独立路权,禁止其他车辆进入轨道区域,或者予以警示。大量采用独立路权是现代有轨电车与旧式有轨电车的一个重要区别。独立路权率越高,电车的运行速度越高,单位时间的运载能力就越强。独立路权也分绝对独立路权和相对独立路权。在鹿特丹,拥有独立路权的电车轨道占据了很大的比例。通常在交通流量较大的道路中央,有轨电车的轨道两侧会铺设高度适宜的路缘石,或者是用标线划出电车的专用路权范围。这样当发生紧急情况,如机动车严重堵塞或其他意外事故时,机动车能够运行在有轨电车的线路上;而在一般道路和郊外需要电车快速通过的路段,则会采用栅栏或者较高的隔离墩来隔离,以阻止机动车、行人及其他生物穿越轨道(图 2-4,图 2-5)。

图 2-4　用绿篱标识独立路权

4.1.3　独享交通信号的特权

由于很多时候,电车的轨道是铺设在街道中央的,为了使有轨电车系统能够更加独立,运行不受到机动车的干扰且在信号方面拥有优先权,它不仅有自己的行驶空间,还有一套专享的信号系统。因而在斑马线上,人们经常能看到六根交通信号指示灯柱,在电车道与机动车道之间有一个供行人等候的安全区。虽然独立的信号系统有可能会增加过马路的行人和车辆的通过时间,但是事实证明,为了让电车系统获得更高的运行效率,人们愿意多花一点时间等待(图 2-6)。

图 2-5　路缘石标识独立路权

在一些没有机动车道的路面上,交通信号的指示方式变得更加灵活。有的路段为了让行人获得尽可能多的街道使用自由度,路面不设斑马线,人们可以在任何没有电车通行的地方穿越街道,形成一种"行人+有轨电车"的路权共享方式。而在这种情况下,交通信号只是针对电车起作用,因此信号设施的设计也变得更简单。

(a)

(b)

图 2-6　信号设施设计(陆慕秋摄)

4.2 人性化设计带来的舒适感

4.2.1 过轨换乘的人性化

鹿特丹的有轨电车不仅和其他交通方式各司其职又通力协作,而且它与其他交通方式之间的互相过轨运行和换乘也给乘客带来舒适和方便的感受。首先,有轨电车作为一种以路面行驶为主的交通工具,它与公共汽车、轻轨之间可以进行同层换乘,避免了地铁和高架铁路带来的高差上的不便。其次,部分有轨电车线路和地铁线路重合,电车站台与地铁站之间的水平距离很短,也给换乘带来了便利。除此之外,不同线路的有轨电车之间的换乘也非常方便,因为人们在到对面车站的途中只需穿过两个轨道而非一整条街道,并且不同方向的站台是对称设计的,也就是说只要垂直地穿过轨道就可以到达对面的站台(图 2-7~图 2-9)。

图 2-7 轨道两边对称式的站台

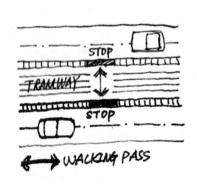

图 2-8 平面图

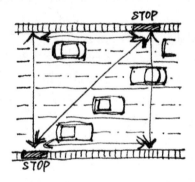

图 2-9 传统公交车站台

4.2.2 站台细节设计的人性化

城市的人文关怀精神同样体现在公共交通设施的设计上。如果你在鹿特丹乘坐过电车,就会发现上车下车似乎就像在平地上走路,因为站台的高度和电车地板的高度几乎是一样的。一个原因是站台本身有一个 15 cm 左右的抬高,其次是因为现代有轨电车经过新技术的改良,可以达到一个很低的底盘水平。这样就极大地方便了行动不便者、负重者、儿童等特殊乘客上下车。然而关于站台的人性化设计并不仅限于此。仔细观察你会发现,站台表面有不同颜色、图样和材质的铺装。盲道被引入其中,使得盲人也可以安全地享用电车交通。警戒线警示人们在安全的区域候车。站台边缘用钢混材质代替石材,或是用铁皮包裹,防止因车身摩擦和乘客践踏造成磨损。有些站台外缘还有一条与站台同高且颜色鲜明的钢管,则是为了使站台和电车达到无缝衔接(图 2-10)。

(a)　　　　　　　　　　　　　　　　　　(b)

图 2-10　站台设计(王彦彬摄)

4.2.3　时刻表设计的人性化

　　除了以上这些基础设施的设计以人为本之外,站台时刻表的设计也十分人性化。不同于一般国内的公交车站站牌,只标示出车辆的首末班和每两个班次之间的间隔时间,鹿特丹的电车时刻表,不仅标示出每一线路车经过的站点,还有经过所有站点的确切时间。初看是一张密密麻麻都是数字的表格,其实非常浅显易懂。乘客只要看表后对照时刻表上的时间,就可以清楚地知道下一趟车还有多久就会到站。在鹿特丹,同一线路电车之间的时间间隔在 10~20 分钟不等,乘客如果查阅时间表发现等车时间过长,可以灵活地选择其他线路或交通方式。当然,前提是电车能够按照时刻表的时间准点到站,这也是由电车受其他交通方式干扰的程度决定的。我们在鹿特丹的乘车经历证明,有轨电车的准点性堪比地铁。

4.3　城市景观角色带来的优美感

4.3.1　为城市带来绿色的景观

　　鹿特丹是荷兰为数不多的新兴城市。重建后的整个城市充满了现代的气息。有轨电车作为一种古老的交通工具,在这样一个崭新的街道氛围中却显得融洽而生动。有轨电车道的存在,给街道增添了许多绿色。在马路中央,它是天然的隔离带;在水岸河边,它又恰到好处地扮演着滨河绿地的角色。草地将电车的轨道掩映在其中,不仔细看,你也许都以为它是一块普通的草坪。特别精妙的是沿河而设的"电车绿地",无车通行时,这块空间可以为旁边道路的使用者提供一个观河的视域;当电车驶过时,车上的乘客仿佛置身于优美的自然环境中。还有车道两旁行列的大树,让街道空间变得绿色且紧凑,你也可以想象在其中穿行而过的感觉。因为有这些绿色的柔化,城市不再

图 2-11 沿河的"电车绿地"
（陆慕秋摄）

图 2-12 绿荫中的有轨电车
（陆慕秋摄）

图 2-13 密集的有轨电车触网

图 2-14 规整地沿街伸展的电车
线网

是生硬的钢筋混凝土的森林（图 2-11，图 2-12）。

4.3.2 为城市增添活力的景观

对有轨电车在现代城市中应用的质疑之一是，电车的线杆和触网会不会给城市空间带来视觉污染。当我们漫步在鹿特丹宽敞的街道上，仰头望向那些看似没有章法的线网时，它们与街道两边的建筑和天空之间的和谐却多过于它们本身的凌乱。我想是因为它们的高度并没有遮挡住一般行人的视线。另外其实它们是很规整地沿着街道布局，仅仅占用了电车轨道上方的空间。并且我认为最重要的一点是，它们是城市活力的标志之一。在欧洲你会发现，越是电车线杆和触网密集的地方，街道的人气也越兴旺（图 2-13，图 2-14）。

5. 启示

5.1 选择适合城市的交通模式

有轨电车系统并不适用于所有城市，或者说在不同的城市它的应用方式不一样。曾经有人对世界上 58 个主要城市的有轨电车系统做过统计，发现包括鹿特丹在内的在原有有轨电车系统基础上进行更新的城市，城区人口平均为 82.8 万人；而那些新兴有轨电车系统的城市，如里昂、伦敦，中心城区人口平均为 48.7 万人。如果按照通行的城市规模划分标准，非农人口在 20~50 万为中等城市，50~100 万为大城市的话，那么对照统计结果，大中城市较为适合发展现代有轨电车。因为大中城市的公交客流量一般均能满足现代有轨电车客流量的需求，而小城市的公交客流量相对较小，建设现代有轨电车则不太适宜（王艳彩，黄新，2011）。

欧洲多数拥有现代有轨电车系统的城市，采用的是旧线改造与新建线路相结合的方式。我国有轨电车虽早在 1906 年就有了，而且直到 20 世纪 50 年代后期，还是一些城市的主要交通工具（朱成章，1997）。然而随着城市建设的发展，有轨电车逐渐被公共汽车和无轨电车替代，保留到现在的轨道线路已经很少。但是我国有许多城市由于重工业区的外迁或铁路车站的改址，市区内遗留下很多废弃不用的铁路。在规划、建造有轨电车系统时，也可以充分利用这些废弃的轨道，将其改造为有轨电车所用（卫超，顾保南，2008）。

对开辟有轨电车线路的忧虑之一是是否会给交通组织管理带来难度。尤其在老城区，街道一般比较狭窄，人流车辆较大，道路交通条件较差。但是其实我们在荷兰的许多城市的老城区看到，有轨电车依然便捷地行驶在狭窄的街道上，同样的情况还发生在中国香港。香港是世界上人口最稠密的地区之一，有轨电车在香港岛北部的繁华大街上已经行驶了百年之久，至今依然是香港市民非常喜爱的出行工具。

可见并不是因为道路宽度窄就会带来交通组织困难,关键是地区的交通策略,是鼓励机动车还是公共交通和步行。在一些条件较好的老城区,可以通过建设有轨电车,达到不破坏原有城市肌理的同时解决中心区交通疏散的问题。也可以借鉴西方"行人+有轨电车"、"捷运步行区"的模式,将历史街区或者城市中的商业街打造成非机动化的街道。

5.2 让绿色交通方式带动城市发展

我国快速城市化发展过程中,城市的机动化水平不断提升,居民使用私人小汽车出行的比例也越来越高。2009年上半年,全国机动车保有量就已达到1.77亿辆(姚之浩,2010),并且正在以惊人的速度增长。于是政府通过建造更多更宽的道路和大量停车场以期缓解交通压力。这些基础设施的建设占用了大量的土地,并且打破了原有的城市肌理,使得城市空间从人的尺度变成了车的尺度。然而实际情况是,大马路并没有解决机动车带来的拥堵问题,人们依然在忍受着出行不畅的痛苦。

扬·盖尔在《人性化的城市》一书中说,汽车交通产生百年之后,道路越多则交通越多的观念与思想被公认为是一种事实。这是由于我们总是能够寻找到新的方式以增加我们的小汽车使用,所以修建额外的道路就是对购买和推动更多小汽车的一种直接性的邀请和欢迎。人们想当然地认为,城市建设更多的马路就是为了容纳更多的车辆,而不是容纳当前容纳不下的那部分,所以他们购车和用车的热情不会因为堵车、停车难等问题有丝毫减弱。政府建马路的速度永远比不上机动车增长的速度,导致城市的交通状况永远得不到改善。

我们是不是一定需要行驶机动车的马路?或者说,我们是不是一定需要机动车?旧金山1989年遭遇地震之后,当宽阔的Embarcadero高速公路被关闭时,人们很快适应了其交通行为而且剩余的交通也找到了其他路线得以解决。今天的Embarcadero已成为一条友好的林荫大道,道路两侧树木茂盛,有轨电车穿行其间,为城市生活和骑车人提供了良好的环境条件(扬·盖尔,2010)。实际上,没有机动车我们并非无法出行,而是我们没有通过正面的手段来抑制机动车和鼓励绿色出行。

荷兰政府为了鼓励人们使用公共交通工具,将购车的消费税和汽油费一涨再涨,而乘坐电车等公共交通工具的年费却数年不曾调动,维持在一个比买一罐饮料更低的水平。2002年伦敦出台了道路拥挤费,意味着机动车驶入内城的规定区需要缴纳一笔费用。该项政策出台之后的5年,小汽车的数量下降了41%(扬·盖尔,2010)。日本政府为了鼓励绿色出行,出台了"城市有轨电车交通系统建设费补助制度",对于承担城市有轨电车交通计划项目建设的城市轨道交通企业,可以分别从国家和地方政府得到相当于1/4建设费用的补助(阳建鸣,2006)。

国外的经验告诉我们,不能总是被动地顺应问题的恶化,而是应该积极地扭转问题的局面,让绿色交通带动城市的发展。1996年,法国波尔多市通过改造城市公交系统,建设现代有轨电车系统使得城市中心区得以复苏(姚之浩,2010)。巴黎在建设有轨电车线路时,除了在沿线种植树木花草以美化城市之外,还借助建设之机,配合市政工程改善了步行道和自行车存放设备等(杨青山,2010)。

综上所述,发展绿色交通可以成为城市更新的契机,不仅能够复苏老城区活力,还能引导新城区朝着人性化的空间尺度发展。

6. 结语

有轨电车在城市中的复兴,说明我们已经开始认识到一个绿色的交通环境对城市可持续发展的重要性。然而在交通状况已经如此糟糕的今天,我们不仅需要强有力的政策支持,还需要规划、管理、交通、开发等多个部门和专业的共同努力。国外的发展经验,给了我们很多启示,其中最核心的一点,是要为人创造一个健康安全和人性化的出行环境。城市交通的魅力,不应体现在它有多宽的马路,而应体现在它是否是一个真正适宜人使用的系统,这一点上,或许我们可以从鹿特丹的案例中获得更多的思考。

参考文献

黄雁鸿.有轨电车-传统而时尚的交通方式-有轨电车与连云港的"机缘巧合".江苏城市规划,2007,4:23-27.

王艳彩,黄新.现代有轨电车的地区适应条件[J].交通标准化,2011(2):127-129.

卫超,顾保南.欧洲现代有轨电车的发展及其启示[J].城市轨道交通,2008(1):11-14.

阳建鸣,编译.日本对城市有轨电车的地区适用条件[J].交通标准化,2011(2):127-129.

扬·盖尔著,欧阳文,徐哲文译.人性化的城市[M].北京:中国建筑工业出版社,2010(6)8-9.

杨青山.法国巴黎大力发展有轨电车[J].人民公交,2010(5):86-87

姚之浩.国外有轨电车交通的发展与启示[J].上海城市规划,2010(6):69-72.

朱成章.发展电力公共交通是最佳选择[J].大众用电,1997(5):16-20.

*未特别注明的照片和图片均为笔者拍摄和绘制

专题3 适当减少道路安全设施的合理性
——以荷兰多德雷赫特老城区为例

王彦彬

摘要：路缘石、护栏等道路安全设施在保护人车安全的同时，也对马路上横向的人行交通、交流产生了一定程度的阻碍，而且这种车行优先的道路对行人来说有一定的安全隐患。本文以荷兰多德雷赫特老城区为例，说明在社区内适当减少道路安全设施——降低路缘石高度、减少护栏等，同时对道路线形、铺装、植栽等进行改造，充分利用人的视错觉，不仅不会导致交通事故频发，反而能够调动人们的理性让司机更加注意行驶安全，营造适合步行的社区氛围。

关键词：道路；路缘石；护栏；视错觉

1. 引言

随着中国汽车数量的增加，道路交通安全问题愈发严重。为了有效地减少交通事故，一般道路上都会设置配套的交通安全设施，包括道路交通标志、标线、护栏、隔离设施、防眩设施、视线诱导设施，等等。

我国从 20 世纪 80 年代开始系统研究交通安全设施，借鉴美国、欧洲、日本的有关技术规范制定了自己的标准体系，有效地推进了我国道路安全设施的建设。但与此同时，欧洲的许多国家、城市却在减少交通安全设施，例如在荷兰的城市道路上，就很难见到大型的标志牌和连续的护栏，甚至河边也没有连续的栏杆（图 3-1）；许多支线街道上人车混行，共用一块路面，没有隔离设施或者路面高低区分（图 3-2）；即使是人车分行的街道，路缘石的高度一般也在 5cm 左右，远低于国内 10~25 cm 的标准。在这样"不安全"的道路上，荷兰的年交通事故起数、万车死亡率、10 万人口死亡率（交通原因）却远远低于中、美、德、西、法、意等多个国家，并且有逐年下降的趋势[①]。这固然跟交通法律的完善程度、人民的素质高低有关，但是也与道路设计有密切关系。由此证明，并不是交通安全设施越完善的道路就越安全，适当减少道路安全设施，可以充分调动人们的理性，加强警惕，减少交通事故。

图 3-1 荷兰没有护栏的河道

图 3-2 荷兰人车混行的道路

---

① 参考《2000—2006 年世界部分国家道路交通事故数据》（数据来源：欧盟交通事故数据库（CARE）、美国死亡交通事故数据库（FARS）、日本交通事故统计年报、韩国交通事故统计年报）。

2. 减少道路安全设施的必要性及尝试

街道是由其两侧的建筑所界定,由其内部秩序形成的外部空间。它不仅具有道路的通路功能(street as path),还是一种基本的城市线性开放空间,具有场所功能(street as place)。

其中通路功能又分为纵向交通功能——利用汽车、电车、自行车和步行等方式通过场地,以及横向交通功能——交通主体(人或物)进出沿街的各类空间(建筑、公园、河道等)。横向交通功能是城市市民活动的重要组成部分,更多地关系到人的日常活动和具体生活。

街道的场所功能是指街道是人们的生活环境和场所,简·雅各布斯(2005)认为街道及其人行道,作为城市主要的公共区域,是一个城市最重要的容器,容纳了各种各样的活动,如休闲、游玩、集会等。街道活力——以步行为基础的人们所进行的丰富的街道活动来自于街道功能的多样性,营造街道活力关键在于重叠多种功能,让足够多的人去使用街道,维持停留在街道中人的数量。扬·盖尔(2002)通过对人们日常活动的观察,提出慢速交通意味着富于活力的城市,应该提倡街道中的步行活动,因为这种活动最易产生休闲、游憩等相关活动,以及发生人与人之间的交流。

然而,在现实中,随着城市人口增加、经济发展、汽车增多,越来越多传统的、有活力的街道被改为笔直通畅的马路,动辄二三十米甚至更宽的柏油路和采用高差分隔的快速车行道阻碍了人们的交流,道路也因缺少人的活动而变得消极、缺乏吸引力,甚至成为社会不安全事件的发生场所。针对越来越不人性化的城市,许多学者提出了自己的见解,还有许多国家和城市正在做出尝试,将街道恢复为以人为先的场所而不是以车为先的通路。而荷兰在这方面,则最先提出了"生活化道路"(Woonerf)的理念。

1970年,荷兰代尔夫特(Delft)地区的居民在经历了惨痛的交通事故之后自发地为了防止汽车对生活环境的入侵而对自家门口的街道进行改造,不仅减少了方便车行的道路安全设施,还采用放置花坛、铺设地砖、种植树木等方式对车行造成障碍,以减少通过性车辆的穿越。这种做法得到了荷兰政府的认可,随后被推广到荷兰的各个城市。这种被称为Woonerf的道路一反以往"车行优先"的人车分行设计方法,让步行和自行车优先于机动车使用道路,它强调街道中人的活动的优先权,体现了以人为本的住区精神,人们可以在道路上聊天,孩子们可以在街上玩耍,而不必担心快速行驶车辆的威胁。荷兰的德·波尔(Niek De Boer)总结了Woonerf原则,提倡为了保证街道各种公共活动的进行,应尽量做到:① 过境交通不准进入;② 人车共存,人优先通行;③ 车速降低到步行速度。

这种模式实质上是从道路系统的微观环境入手来解决人行与车行的矛盾,是更高层次且更为安全的"人车混行"道路设计方法。该原则被广泛应用于荷兰各城市的支线街道设计,取得了良好的效果。

3. 减少道路安全设施的心理学依据

正如安全带的推广一方面减少了交通事故发生时的损失,降低了司机和乘客的伤亡率,另一方面也使司机以为有保障而麻痹大意,从而导致更多的交通事故,道路安全设施也有利有弊。当驾驶员行驶在安全设施齐全的道路上时,往往会松懈警惕,降低对突发情况的反应能力。

并不是所有的交通安全设施都可以不用。交通安全设施可以分为三类:

(1)引导性设施:交通标志、标线、隔离设施、视线诱导设施等,路缘石和护栏也具有一定的引导作用;

(2)防护性设施:护栏、路缘石等;

(3)其他设施:如防眩设施等。

一般来说,由于引导性设施和防眩设施并不影响人们的活动,并且能够保障交通安全,应该予以保留;而防护性设施由于会对横向交通产生阻碍,可以根据场地实际情况斟酌是否使用。

最终所有设施的去留都要从场地主要使用者的利益出发来考虑。荷兰北部小城哈伦市的昆宁研究所所长威廉·福特豪斯认为,交通标识也不是越多越安全。研究显示,司机们通常忽略约 70% 的交通标识。另一方面,太多的交通标识让人不会思考。久而久之,连车不能撞人这种常识也会忘掉。我们把标识移走,人的理性就自觉地发挥作用。这一思想在哈伦进行了实践,在哈伦市中心,不仅人车混行,而且也没有交通信号灯或道路标志,但是建成 8 年来小城的交通事故率不升反降,不但少见拥堵,而且由于等待信号灯的时间被更好地利用,通行速度反而提高了。

3.1 路缘石、护栏的利弊
3.1.1 路缘石、护栏的作用

路缘石指设置于路面边缘的界石,分为平缘石和立缘石,一般置于人行道与马路之间,以及交通岛、安全岛的边缘。其中平缘石顶面与路面平齐,主要作用为标定路面范围、保护路面边缘。此处指的则是立缘石,它的主要作用有:

(1)分隔人行道与车行道,利用高差引导车辆行驶,保障行人安

全,并且对偏离车道的车辆有一定的保护作用;

（2）分区组织道路排水,保障街道通畅。

路缘石的高度设置与车道的车速相关,我国路缘石的设置高度一般为 10~25 cm。冯茛等(2011)以虚拟样机仿真分析软件 ADAMS 为平台,进行了车辆动态仿真实验,认为路缘石截面高度为 35 cm 时可以有效拦护偏驶车辆,保证行车安全。

护栏的作用并不是为了减少一般事故的发生,它的防撞机理是通过护栏和车辆的弹塑性变形、摩擦、车体变位来吸收车辆碰撞能量,从而保护驾驶员和乘客的生命安全。如果某一车辆以一定碰撞条件碰撞某一危险物的事故严重度比相同条件下车辆碰撞护栏的事故严重程度小,那么就不能采用护栏保护该路段,而是应该采取其他安全设施,如改善道路几何线形、设置视线诱导设施、设置限速标志、提高抗滑能力,等等。此外,护栏也具有一定的引导视线的作用,能够清晰划分道路轮廓,引导前进方向。

滨水护栏的主要作用除了保障行人和车辆的安全之外,还应具有一定的美化和休闲游憩作用,使之成为景观的一部分,方便人们进行亲水活动。

3.1.2　路缘石、护栏对横向交通的阻碍

虽然路缘石和护栏有一定的安全保障作用,但不可否认它们会使道路被条分为纵向的空间,从而阻碍了横向的交通和交流。尤其是对于坐在童车里的幼儿和行动不便的弱势群体,高低错落的路面和护栏等障碍设施增加了他们横过道路的危险。虽然在指定地方有坡道方便人们上下人行道,但仍然不能解决紧急情况时的需求。另一方面条分的道路不便于街道上人们的交流和购物,减少了街道活力。

3.2　利用视错觉保证道路安全

人们对于事物的感知往往通过视觉来实现,这种认识主要体现在两个方面:首先是人体机能对物体的感知情况,其次是人们依据对世界认识的经验来判断。视觉连续作用会让人们自觉将看到的以较高频率重复出现的事物连贯起来,形成动态的或线性的印象。例如人们之所以会认为频闪的霓虹彩灯广告牌上的图案不断移动,是因为当灯光迅疾地一个接一个在相距不远的位置上显露出来时,人的前脑皮层中会萌生某种机体机能短路,神经器官兴奋就从一个点迅疾传向另一个点,与这一个机体机能过程相对应的心理经验就使我们如同看见同一光点位移。

这一原理同样可以被用于道路设计。在需要依靠护栏或路缘石造成的高差来引导行驶方向的路段,可以采用间断设置的隔离柱、路缘石方法来兼顾人行和车行的安全。当车辆行驶在这样的路上时,不

断出现的分隔设施会形成连续印象,在驾驶者脑海中形成清晰的行驶方向。同时由于并没有连续分隔路面,行人也能很方便地横过马路。

同理,在滨水的地方,可以采用隔离柱或者列植的树木、分隔的小花坛来让人产生分隔的概念,同时辅以地面铺装的变化,来强化边界的印象,既达到了保证安全的目的,又不妨碍人们的亲水活动。

4. 多德雷赫特老城区街道路面设计分析

多德雷赫特(Dordrecht)位于莱茵河和马斯河三角洲的汇合处,是南荷兰省(South Holland)的第四大城市。2009 年时人口达到 11.8 万人,是荷兰西部著名的港口城市,拥有悠久的历史和灿烂的文化。城市保持着宜人的步行尺度,有荷兰最长的商业街 Vistraat(1 200 m)。几条河流穿城而过,许多房屋、街道临水而建,尤其是在北部的老城区,泊满船屋的河道与街区结合在一起,共同形成了充满活力的滨水街道空间。研究场地位于老城区的西南角。

4.1 以纵向交通为主的道路

场地为了营造适合步行的社区氛围,以纵向交通为主的道路较少,只有 Vistraat 街道和几座桥梁。

Vistraat 街道较为宽阔,为双向行驶车道。路面用高起的路缘石分隔了人行道和车行道,但是路缘石高度也仅有 6 cm 左右(图 3-3,图 3-4)。有的路段还用隔离柱加以强调分界,但是并没有连续的护栏。车行道多用柏油沥青铺就,边缘采用篦子或者透水砖排水。

图 3-3　Vistraat 道路一端
(来源:Bor de Kock)

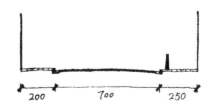

图 3-4　Vistraat 剖面图

桥梁作为较狭窄的纵向交通空间,它的安全防护设施比较完善:高达 10cm 的路缘石不仅清晰地分隔了人流和车流,而且还用醒目的黄色加以强调车道的边界,同时保护行驶安全。滨水设置连续的铸铁护栏,保证人们亲水活动的安全。不止在桥面上,在桥头的转弯处,也设置了护栏或者隔离柱,并且还在桥两端树立了交通标识提醒司机注意减速慢行(图3-5,图3-6)。

需要注意的是,荷兰法律规定,城市机动车道限速50 km/h,而这块区域内限速都在30 km/h以下,所以10 cm的路缘石足以保障行车安全。

图3-5 桥面

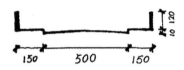

图3-6 桥面剖面图

4.2 纵、横向交通并重的道路

区域中这类道路占多数,采用了以下方法较好地平衡了纵向交通和横向通行:

(1)车行道不宽,双车道和单车道都有,线形设计上并不多做限制,比较顺畅。人车分离,但路缘石高不过5cm,而且多设坡道,增强横向的可达性,只在关键地方放置隔离柱,强化车行道边界(图3-7,图3-8)。

图3-7 转弯处的处理方法

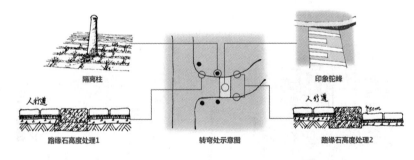

图3-8 转弯处的处理方法示意图

(2)部分人行道较宽,店家、住户可以摆设桌椅和花草在门外,美化街道的同时方便人们多种多样的街道活动;同时铺设彩色地砖,营造生活区氛围,控制进入车流。并且用统一的地砖颜色使车行道和人行道连成一片,或者利用视错觉来"缩窄"车道,约束车行(图3-9,

图 3-10)。

（3）设置地形或者铺设地砖使得车行路面凹凸不平，利用震动迫使司机减速；

（4）地面铺设的几乎都是透水砖，加上合理的地形设计，雨后只会在道路边缘有少量积水。部分路段通过地漏和箅子将雨水排入地下的合流制管网（图 3-11，图 3-12）。

彩色透水条砖是营造荷兰街道特色的重要材料，它们一般长 20 cm，宽 10 cm，颜色有红、蓝、黄、棕几种，明度和饱和度都不高，可以以各种方式混合铺设在车行道和人行道上，与传统建筑和现代建筑都很协调。不同于国内铺装讲究的平整和严格对齐，这种条砖往往看似铺得很随意，并且随着时间推移多有磨损，粗糙的表面辅以斑斓的色彩，显得质朴亲切。较宽的砖缝不仅增强了透水功能，还允许野草在其间生长，经过岁月的洗礼，更加富有韵味（图 3-13）。

图 3-9　印象约束实例

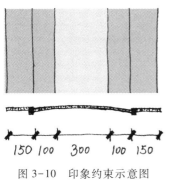

图 3-10　印象约束示意图

图 3-11　兼顾纵向、横向交通实例

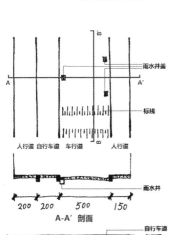

图 3-12　兼顾纵向、横向交通的道路示意图

图 3-13　彩砖铺地以及透水砖排水

图 3-14　滨水的人车混行道路

图 3-15　停车区域与印象边界
的重合

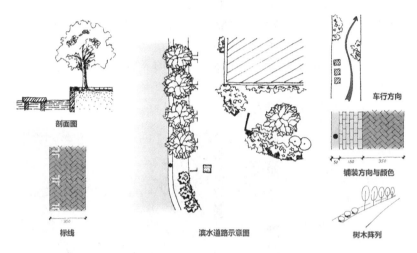

图 3-16　利用地砖形成印象
边界

4.3　以横向交通为主的道路

这类道路就是典型的 Woonerf,人车混行,共用一块路面,采用多种措施来营造街道的生活氛围,促进场所中各种活动发生。由于街道中车行缓慢,因此基本上不用道路安全设施,仅有少量标线表明停车区域。下面就以这一场地中的滨水街道为例(图 3-14~图 3-17),说明不用安全设施的街道如何保证道路安全和排水安全。

剖面图

标线

滨水道路示意图

车行方向

铺装方向与颜色

树木阵列

图 3-17　滨水道路处理方法示意图

(1)控制进入车流。地面铺设彩砖,营造住区氛围。行车空间仅够汽车单向通过,路口种植树木或者利用其他街道摆设来形成视觉障碍,令人产生不易进入的印象。

(2)减缓车速。利用地砖形成凹凸不平的地面,产生震动感。地面标线进一步在视觉上缩窄行车空间,加之街道中散布的植栽和街道家具,迫使车辆逶迤蛇行,从而减缓车速。

(3)强化边界。虽然不用路缘石和护栏形成凸起的边界,但是合理叠加功能区,巧用地砖、植物也可以达到类似的效果。滨水道路的临水一侧,既是停车空间也是绿化空间。路面上用不同颜色、不同方向的地砖标出了停车区域,而河边的车辆自然就形成了滨水道路的边界。即使在没有停车的时候,利用地砖标示的道路边缘和停车区形成的双重边界也给人们提供了足够的心理安全距离,加之沿河排列的树木、盆栽、隔离柱,人们会由于视错觉产生连续边界的印象,自觉保护自身安全。而当人们要进行亲水活动的时候,疏离的分隔又不阻碍横向可达性,人们可以在水边开展多种活动。

(4)滨水道路基本没有地漏和箅子,让雨水直接渗入地下,少量入河。非滨水道路会利用地形设计汇集不能下渗的雨水,通过地漏排入管网(图 3-18~图 3-20)。

4.4 小结

综上可知,对街道的各种功能给予足够的重视,合理进行功能与功能的叠加,然后赋予合适的表现形式,就能设计出富于活力的街道空间。而是否使用道路安全设施、使用哪些设施则要根据场地的具体情况而定。例如图 3-21 所示的场地,三种交通空间在此交汇,从哪一路段开始设置护栏、路缘石,如何设置都要到场地实际考察之后才能确定,不能大笔一挥将所有道路都一视同仁地按标准对待,路缘石、护栏等道路安全设施有利有弊,当它对行人的妨碍作用大于它的安全功用时,就应该果断放弃,而代以其他手段来保障道路安全,充分信任人们的理智,调动人们的积极性自发保证安全。

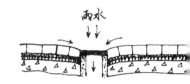

图 3-18 利用地形汇集雨水,用透水砖排水

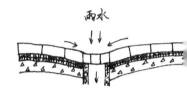

图 3-19 利用地形汇集雨水,用笸子排水

图 3-20 利用地形汇集雨水实例

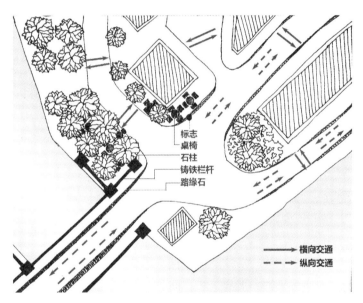

标志
桌椅
石柱
铸铁栏杆
路缘石

→ 横向交通
--→ 纵向交通

图 3-21 三种道路交汇处道路安全设施处理方法

5. 国内的可行性

必须看到,国外的成功经验并不一定适用于中国,需要通过对比进行区别:欧洲城市普遍规模较小,快速通勤交通主要存在于城区与郊区之间,城区之内行车速度不快。而中国城市由于人口众多,"摊大饼"现象严重,加之功能区分离,城区之内快速通行需求量很大。并且,密集的城市支路网系统是人车共存道路实施的前提,也是减少道路安全设施的前提。国外城市道路支路网密集,居住区内的支路以生活性功能为主,改造部分住区道路对城市交通的通畅和快捷没有太大

影响。而国内城市往往只重视快速路与主干道的建设，道路结构呈现干路多、支路少的特点。居住区内的很多支路不仅承担着生活性功能，还承担着城市交通功能，有些支路改造之后会加剧其他道路的拥堵。

但还是可以在不影响城市交通的情况下对支线道路、居住区道路、滨水道路进行改造，适当减少护栏、降低人行道高度甚至人车混行，采用线形改造、铺装设计和植栽设计，利用人的视觉错觉和心理作用，让人们自觉注意交通安全。同时促进街道的横向交流，创造无障碍的交通环境，丰富自发性活动和社交活动，叠加街道功能，从而提高街道活力。

参考文献

冯芪,李文杰,赵君黎.基于车辆动态仿真实验的公路桥梁路缘石合理高度研究[J].公路,2011(7):1-5.

简·雅各布斯.美国大城市的死与生[M].南京:译林出版社,2005,37.

扬·盖尔著,何人可译.交往与空间[M].北京:中国建筑工业出版社,2002,133-158.

*未特别注明的照片和图片均为笔者拍摄和绘制

郑重声明

高等教育出版社依法对本书享有专有出版权。任何未经许可的复制、销售行为均违反《中华人民共和国著作权法》,其行为人将承担相应的民事责任和行政责任;构成犯罪的,将被依法追究刑事责任。为了维护市场秩序,保护读者的合法权益,避免读者误用盗版书造成不良后果,我社将配合行政执法部门和司法机关对违法犯罪的单位和个人进行严厉打击。社会各界人士如发现上述侵权行为,希望及时举报,本社将奖励举报有功人员。

反盗版举报电话:(010)58581897　58582371　58581879

反盗版举报传真:(010)82086060

反盗版举报邮箱:dd@ hep.com.cn

通信地址:北京市西城区德外大街 4 号　高等教育出版社法务部

邮政编码:100120